KB120954

ICT가 승패를 결정한다,

모던 워페어

ICT가 승패를 결정한다

모던 워페어
더 정밀하고 효율적인 군사 무기와 전략들

권호천 지음

초판 1쇄 2021년 8월 6일 발행

ISBN 979-11-5706-239-3 (03390)

만든 사람들

기획	한진우
편집진행	박준규
편집관리	신주식 황정원
디자인	이준한
마케팅	김성현 최재희 김규리 맹준혁
인쇄	한영문화사

펴낸이	김현종
펴낸곳	(주)메디치미디어
경영지원	전선정 김유라
등록일	2008년 8월 20일 제300-2008-76호
주소	서울시 종로구 사직로 9길 22 2층
전화	02-735-3308
팩스	02-735-3309
이메일	medici@medicimedia.co.kr
페이스북	facebook.com/medicimedia
인스타그램	@medicimedia
홈페이지	www.medicimedia.co.kr

ICT가 승패를 결정한다

모던 워페어

MODERN WARFARE

권호천 지음

더 정밀하고 효율적인
군사 무기와 전략들

메디치

추천의 말

◊

인류의 역사는 과학기술의 발전에 비례하여 진보했으며, 동서고금의 전장도 과학기술의 발전과 함께 변모했다.

최초에 활, 창, 칼 등으로 싸우던 인류는 화약이 개발된 후 총과 대포를 만들었고, 산업화 시대에는 기관총, 전차, 항공기 등을 개발해 지상, 해상, 항공을 아우르는 입체전을 수행할 수 있게 되었다. 지식 정보화 시대인 오늘날에는 컴퓨터를 기반으로 자동화, 무인화가 이루어졌고 AI인공지능을 활용한 사이버전, 심지어는 인공위성을 통한 우주전으로 전쟁의 공간이 확대되는 추세이다.

21세기의 전쟁에서는 지상군의 첨단 정밀유도무기, 해군의 이지스함과 핵잠수함 및 항공모함, 공군의 스텔스 전투기와 폭격기, 그 밖의 군사위성, 전자통신 장비, 첨단 무인 무기, 다양한 로봇, 사이버 무기 등이 출현함에 따라 과거와 다른 환경이 조성되었다. 이로 인해 전쟁을 수행하는 방법 역시 우리의 예상을 뛰어넘는 형태로 발전하고 있다.

이렇게 현대전이 진화하는 가운데 우리 대한민국은 현재 어떠한 무기체계를 개발 중이며, 또 이를 운용하기 위한 전략 및 전술이 어떻게 변모하고 있는지에 대한 기대와 우려가 병존하고 있다. 이런 상황 속에서 권호천 박사가 《ICT가 승패를 결정한다, 모던 워페어》라는 이름으로 저서를 집필했다.

세계 질서의 주도권을 놓고 경쟁을 벌이는 미국과 중국을 비롯한 열강들이 지금 이 순간에도 최첨단 무기체계를 개발하는 와중에, 권호천 박사는 세계 최고의 정보통신기술ICT을 보유한 대한민국이 무엇을 어떻게 해야 할지에 대한 의구심을 일거에 해소할 수 있는 훌륭한 지침서를 집필했다.

많은 학자가 다가올 세상은 AI, 사물인터넷IoT, 클라우드, 빅데이터, 모바일 등을 융합시킨 기술이 다양한 분야와 결합되는 지식정보화사회가 될 것이라고 이구동성으로 말한다. 4차 산업혁명의 핵심인 최고 수준의 ICT를 보유한 대한민국 역시, 군사 과학기술에 이를 접목한 K-무기체계의 개발과 운용을 위해 노력하고 있다. 이러한 대계가 완성된다면 대한민국은 세계 10위의 경제 대국, 세계 6위의 군사 강국 위치를 확고히 다지는 동시에 새로운 게임 체인저의 주인공이 될 수도 있을 것이다.

권호천 박사께서 저술한 이 책을 '확고한 국가 안보와 강한 국방력 건설'에 관심이 있는 대한민국의 젊은이들에게 권한다. '천하수안 망전필위天下須安 忘戰必危'라는 옛 선인의 말씀처럼, 국가 안보는 평시에 대비하고 준비해야 함을 상기시키고 싶다.

박선우 전 한미연합사령부 부사령관(예비역 육군 대장)

◊

시대가 변하고 기술이 발달하면서 전쟁과 무기는 그에 맞는 형태로 변화하며 진화했다. 기술의 진보를 통해 더 선진화된 무기체계를 갖춘 국가가 그렇지 못한 국가를 이기는 것은 당연했고 게임 체인저로 무장한 군대는 더 효과적으로 전쟁을 수행하며 승리를 얻어냈다.

앞선 세 번의 산업혁명은 재래식무기의 발전을 견인하며 무기체계의 변화를 이끌었다. 군사 강국들은 새로운 기술을 적용해 무기를 개발했고, 이것을 자국의 안보를 지켜내는 도구로 사용하는 동시에 해외로 수출해 경제력 향상의 도구로 사용했다. 이런 재래식무기는 육·해·공이라는 전쟁의 영역에 특화된 형태로 발전했고 각 국가는 자국의 기술력과 경제력에 기초해 무기를 개발하거나 수입해 전쟁에 활용했다.

이제 전쟁의 영역이 육·해·공을 넘어 우주와 사이버로까지 확장된 시대로 향하고 있다. 4차 산업혁명은 이전의 산업혁명과 마찬가지로 무기체계의 변화에 결정적 영향력을 행사하며 미래 전쟁의 판도를 바꾸고 있다. 이제 4차 산업혁명의 핵심기술인 ICT의 무기체계 적용은 거스를 수 없는 시대적 요구가 되었다. ICT는 더 정확하게 적을 타격하면서도 더 경제적이고 효과적으로 전쟁을 수행해 승리하기 위한 전략적 선택이 되었다.

이런 변화에 직면해 패권국인 미국을 필두로 중국과 러시아, 그 밖의 군사 강국들이 ICT를 적용한 무기체계의 개발에 박차를 가하고 있다. 미국과 중국의 대결이 가시화되는 신냉전의 체제로 돌입하면서, 각 국가는 ICT를 적용한 무기체계의 중요성을 인식하고 개발에 더욱 속도를 높이고 있다.

새로운 변화의 길목에서 세계는 어떤 방향으로 진화하고 있으며 대한민국은 무엇에 집중해야 할 것인가? 권호천 박사는 이런 질문에 답하기 위해 ICT를 적용한 세계의 무기체계 변화와 대한민국의 노력에 관한 책을 썼다. 대한민국은 이제 누구도 무시할 수 없는 막강한 경제력과 군사력, 기술력을 가진 국가로 성장했다. 새로운 냉전의 시대에, 대한민국이 더욱 발전된 국방력을 바탕으로 '자주국방'을 이룰 방법을 고민하는 많은 사람에게 이 책은 중요한 통찰력을 제공할 것이라 확신한다.

박신규 전 공군 작전사령관(예비역 공군 중장)

◊

국제 정세가 급변하는 가운데 동북아의 불안정도 가속화되고 있다. 4차 산업혁명의 기술들이 무기체계에 도입되면서 이제까지 경험한 적 없는 병기들이 전쟁의 판도를 뒤바꾸는 패러다임의 이동에도 탄력이 붙고 있다. 이런 시점에 4차 산업혁명의 핵심인 ICT를 적용한 미래 무기체계의 변화에 깊은 관심을 가진 권호천 박사의 《ICT가 승패를 결정한다, 모던 워페어》가 출간되는 것은 매우 의미가 크다고 할 수 있다.

대한민국의 역사가 시작된 이래, 지금처럼 강력한 경제력과 군사력을 보유했던 적은 없다. 한국은 되풀이되는 역사 속에서 외세의 침략을 수없이 경험했으며, 늘 위태로운 상황을 걱정하며 남의 눈치를 봐야 했다. 그리고 끝내 나라를 잃고 뼈아픈 식민통치까지 경험하며 역사에 치욕적 기록을 남길 수밖에 없었다. 갖은 수탈이 자행되었던 기나긴 식민통치가 끝난 뒤에도, 한국은 스스로 일어서기도 전에 동족 간의 전쟁을 겪으며 완전한 폐허로 전락했다.

한국은 어째서 수많은 외세의 침략, 식민통치, 전쟁이라는 험난한 과정을 겪어야 했을까? 약한 군사력 때문이었다. 스스로를 지킬 힘이 부족했기에 이 모든 치욕적 상황이 벌어졌던 것이다. 군사력의 증강을 위해서는 강력한 경제력, 기술력, 변화를 읽어내는 통찰력이 필요하다. 이 같은 필요충분조건을 충족시키지 못했던 한국은 늘 풍전등화의 상황에 내몰리고는 했다.

21세기가 시작된 지금, 한국은 새로운 꿈을 꿀 수 있는 위치로 올라섰다. 한반도를 둘러싼 강대국들이 한 세기 전과 마찬가지로 더욱 강력한 힘을 동원해 긴장을 조성하고 있다. 여기에 더해 북한은 핵과 미사일, 사이버전 능력이라는 비대칭전력으로 한국을 위협하며 계속 위해를 가하고 있다. 이런 상황에서 한국에게 주어진 과제는 단순하다. 동북아, 더 나아가 세계의 그 누구도 예전처럼 이 나라를 넘볼 수 없게끔 강력한 군사력을 확보하는 것이다.

한국은 이미 강력한 군사력을 보유하고 있으며, 이를 더욱 발전시킬 수 있는 여러 조건도 갖추고 있다. 이제까지의 노력으로 하드웨어를 기반으로 하는 무기체계는 이미 세계적 수준에 도달한 상태이고, 지금은 미래 전쟁에 대비하는 새로운 무기체계를 개발하는 단계로 넘어가고 있다. 소프트웨어가 중심이 되는 미래 무기체계 개발의 핵심은 ICT의 효과적 적용과 활용이라 할 수 있다.

이런 시점에 ICT를 적용한 미래 무기체계를 주제로 하는 권호천 박사의 《ICT가 승패를 결정한다, 모던 워페어》는 매우 시의적절한 책이라 할 수 있다. 한국이 미래 전쟁을 대비하는 동시에 더욱 강력한 국방력을 바탕으로 자주국방을 이루고 한반도와 동북아 세력 균형의 중심추가 될 방법을 고민하는 많은 사람에게 이 책이 통찰을 제공할 수 있으리라 믿으며 일독을 권한다.

강태원 한국국방과학연구소 부소장

◊

2020년 9월부터 11월까지 이어진 아르메니아와 아제르바이잔의 전쟁에서 보기 드문 광경이 펼쳐졌습니다. 드론의 공격에 방호 능력이 없는 일반 차량은 물론, 전차 같은 장갑차량까지 파괴되는 장면이 아제르바이잔 국방부가 공개한 영상으로 생생하게 전 세계에 전달된 것입니다.

아제르바이잔의 공습은 터키제 대전차미사일과 70밀리미터 로켓 등으로 무장한 드론 TB2 바이락타르가 주도했습니다. 아제르바이잔은 이스라엘제 자폭 무인기인 '하롭'으로 아르메니아군의 러시아제 대공미사일 S-300 포대를 파괴하기도 했습니다. 아제르바이잔이나 아르메니아는 군사 강국도, 첨단 군사기술을 가진 나라도 아닙니다. 하지만 이들의 전쟁에서 드론은 단순한 감시정찰을 넘어 정밀한 타격까지 수행할 수 있는 무기임이 입증됐습니다. 4차 산업혁명 기술이 전쟁의 양상에 얼마나 큰 변화를 초래할 수 있는지 상징적으로 보여준 사례였습니다.

최근 한국군에도 4차 산업혁명의 바람이 불기 시작했습니다. 각종 세미나에서 이 주제가 거론되는 것은 물론, 실제로 무기를 도입하는 과정에서 신기술을 적용하려는 노력도 눈에 띄게 늘었습니다. 하지만 이런 노력은 북한의 핵·미사일·사이버 등 현존하는 위협은 물론, 중국·러시아 등 주변 강국의 잠재 위협에 맞설 우리 생존 전략과 접목돼야만 의미가 있을 것입니다. 저는 구소련과 중국의 위협 부상 등 주요 고비마다 군사 혁신의 청사진을 제시해 위기를 돌파했던 미국의 '상쇄전략'을 벤치마킹한 '한국형 상쇄전략' 수립의 필요성을 강조해왔습니다.

마침 IT 및 커뮤니케이션 전문가이신 권호천 교수께서 4차 산업혁명과 한국형 상쇄전략의 접목을 강조한 《ICT가 승패를 결정한다, 모던 위페어》를 발간하신다는 반가운 소식을 접했습니다. 권 교수는 〈프롤로그〉에서 "한국은 현실적으로 핵을 자체 생산하거나 보유할 수 없는 상황에서 북한의 핵무기로 인한 비대칭전력 격차를 줄이면서 궁극적으로는 압도할 방법을 찾아야 한다"고 밝혔습니다. 저자는 그 방안으로 "ICT를 적용한 첨단 게임 체인저의 개발"을 제시했습니다.

권호천 교수의 지적에 공감하며 정부와 군 당국을 비롯한 연구소, 기업, 대학 등 관련 기관은 물론 일반 국민께도 한 차원 높은 자주국방에 대한 혜안을 제시하는 《ICT가 승패를 결정한다, 모던 위페어》를 읽어보시길 권합니다.

유용원 조선일보 논설위원 겸 군사전문기자

프롤로그

ICT를 적용한 무기의 첨단화로 자주국방을 앞당길 방법을 생각하다

신냉전의 시작

1991년 12월 26일 소련이 붕괴하며 냉전이 종식되었다. 미국과 소련의 오랜 대결 구도가 막을 내리면서 미국은 세계 제일의 패권 국가로 부상한 동시에 지구촌을 수호하는 평화의 사도로 등극했다. 그러나 잠자던 중국이 기지개를 켜면서 새로운 냉전의 그림자가 모습을 드러냈다.

미국과 중국이 만들어가는 신냉전은 과거와 달리 무력이 아닌 무역이라는 수단으로 진행되는 경제 전쟁처럼 보인다. 그러나 얼핏 평화로워 보이는 이 새로운 전쟁은 이전의 냉전보다 더 많은 군비경쟁을 촉발하고 있다. 1979년 중국과 미국이 수교하면서 미국은 중국에 대한 유화정책을 펼치는 한편으로 중국에 시장경제체제를 전수했다. 이 같은 관여의 목적은 중국을 미국이 주도하는 자유주의 시장 질서에 편입시키는 것, 그럼으로써 미국의 패권을 유지하는 것이었다. 그러나 기대와는 달리 중국은 공산당 일당독재 체제와 시장 자본주의를 융합해 경제력을 키웠고 이를 바탕으로 무력 증강에 박차를 가했다.

몸집이 불어난 중국을 적기에 통제하지 못한 미국은 새롭고 강력한 이인자의 등장에 경계심을 감추지 않고 있다. 급부상하는 중국의 경제력과 군사력에 제동을 걸기 위해 미국은 중국을 상대로 무역전쟁을 시작했다. 화웨이를 필두로 중국 기업들이 제재를 받았고, 미국 내 중국 영사관이 간첩 혐의로 폐쇄되었다. 이에 중국도 애플, 퀄컴, 시스코,

보잉 등의 미국 기업들의 거래 행위에 제한적 조치를 취하는 무역 보복과 미국 영사관 폐쇄로 맞받아쳤다.

이렇게 시작된 무역전쟁은 서로의 이익에 큰 상처를 남기며 마무리되는 듯 보였다. 그러나 코로나-19라는 강력한 변수가 등장하며 미국과 중국의 신냉전은 새로운 국면으로 돌입했다. 중국에서 발원한 코로나-19가 전 세계를 강타하면서 엄청난 인명 및 재산 피해가 발생하자, 미국은 즉각 중국의 책임론을 거론했고 중국은 그 책임론을 음모라고 주장하며 서로 간의 새로운 힘겨루기가 시작되었다.

미국의 '미국 우선주의America First', 그리고 중국몽中國夢에 기반을 둔 중국의 '위대한 중화민족의 재부흥'이라는 비전은 서로 상충된 방향을 향해 달려가고 있다. 세계 질서의 중심에 서겠다는 각자의 야심이 충돌하면서 새로운 이념적 편 가르기가 시작되고 있다.

중국은 아시아와 유럽, 중동, 아프리카를 잇는 육상과 해상 인프라 개발사업인 일대일로一帶一路를 진행하면서 국제사회에서 자신의 국력을 과시하고 세력을 확장시키려 하고 있다. 그리고 이런 세력 확장과 힘의 과시는 남중국해를 시작으로 인도·태평양 지역에서의 물리적 충돌 가능성을 고조시키고 있다. 중국은 해당 지역 국가들과의 분쟁은 물론이고, 미국과의 갈등도 점차 심화시키고 있다. 이처럼 미국의 패권에 도전하는 중국의 경제적·군사적 팽창과 이로 인한 긴장 상황은 국제 질서에서의 새로운 역학관계를 형성하고 있다. 이른바 투키디데스의 함정Thucydides Trap(기존 강대국과 신흥 강대국이 충돌하는 상황)이다.

미국과 중국의 대결 구도는 미래전에 대비하는 군사력 부문에서 가장 두드러지게 나타나고 있다. 미국과 중국은 세계 질서의 주도권을 놓고 새로운 신냉전 체제를 이어가면서 경쟁적으로 새로운 무기체계의 첨단화와 발전에 속도를 내고 있다. 패권 국가의 지위를 유지하거나 새로운 패권 국가로 가기 위해서는 군사력이 필수 조건이기 때문이다.

이런 변화는 미국과 중국은 물론이고 전 세계 많은 국가의 군비경쟁을 촉발하고 있다. 그러나 미래전을 대비한 신무기체계는 재래식무기와는 다른 양상으로 발전할 것이다. 개발과 활용 비용은 줄이고 효율은 높이는 방향으로 전환될 것이다. 새로운 기술을 적용한 무기체계는 정밀도와 속도를 극대화해 타격의 효율을 높이면서 작전 수행의 경제성도 높일 수 있는 방향으로 변화하고 있다. 바로 4차 산업혁명의 핵심 기술들이 이것을 가능하게 하기 때문이다.

4차 산업혁명의 여파가 밀려오면서 군사력의 핵심인 무기체계에도 그 영향력이 커지고 있다. 4차 산업혁명의 핵심은 정보통신기술 Information & Communication Technology: ICT이며 ICT의 핵심은 ICBM[IoT, Cloud, Big Data, Mobile]+AI라는 새로운 기술이다. 이전의 무기체계가 하드웨어 중심이었다면 미래의 무기체계는 소프트웨어를 기반으로 변화할 것이다. 그렇다고 재래식무기의 종말이 도래하는 것은 아니다. 재래식무기에도 첨단기술을 접목해 신무기와의 유기적 협업을 가능하게 할 수 있다.

ICT를 적용한 미래 무기체계는 이제까지의 무력 증강 패러다임을 변화시키며 새로운 도전과 기회를 만들고 있다. 무기체계에 ICT를 빨리, 그리고 효과적으로 적용할 수만 있다면 새로운 게임 체인저를 만들 수 있고, 이를 통해 국제적인 영향력도 향상시킬 수 있다. 또한 ICT와 결합한 무기체계는 빠르게 팽창할 세계 무기 시장에서의 수익성과 연결되어 국가 경제력 상승까지도 견인할 것이다.

신냉전에 대응하는 한국 국방력 증강 전략

세계가 신냉전 체제로 돌입하고 있는 시점에서 무기체계의 변화는 필연적인 과제라고 할 수 있다. 동북아를 둘러싼 강대국들의 격돌이 심화하면서 한반도의 지정학적·정치적·군사적 중요도는 그 어느 때보다 높아지고 있는 것이 현실이다. 나는 이러한 현실적 변화 상황에서, 대한민국이 자주국방을 달성하려면 어떤 전략적 접근이 필요할까를 고민하며 이 책을 써내려갔다. 2021년 현재 대한민국은 세계에서 국가 경제력 10위, 군사력 6위, 국방비 지출 규모 9위로 누구도 무시할 수 없는 상위권에 자리하고 있다. 이런 경제력의 상승은 국방비 지출의 상승으로 이어지며 새로운 무기체계의 개발 가능성을 높여주고 있다.

2021년, 단군 이래 최대의 무기 개발사업인 보라매 사업의 시제기인 KF-21이 모습을 드러냈다. 4.5세대 초음속 준스텔스 전투기인 KF-21의 성공적인 개발은 한국을 전 세계에서 8번째로 전투기를 생산할 수 있는 국가로 자리매김하게 했다. KF-21의 개발은 모두가 불가능하다고 예상했을 정도로 고난도의 기술력이 요구되는 전투기 개발사업이었다. 그러나 한국의 전투기 생산과 발전은 KF-21 시제기 출고를 시작으로 이제 새로운 시작과 도전을 맞이하고 있다.

KF-21에 탑재되는 첨단 AESA 레이더, IRST적외선 탐색 추적 장비, EOTGP전자광학 표적 추적 장비, EW Suite통합 전자전 장비를 비롯한 핵심장비들이 국내 자체 기술로 개발되며 국산화율을 끌어올렸다. 전투기 개발의 국산화율 상승은 전투기에 장착될 무기들의 자유로운 국산화로 이어지며 외국 무기에 대한 의존도를 낮추는 데 일조할 것이다.

우리 군은 도산안창호급(3000톤) 잠수함을 우리 기술로 자체 개발했으며, KDDX 사업을 통해 한국형 신형 전투함의 자체 개발도 추진하고 있다. KDDX에 탑재될 전투체계에는 국내 방위산업 기업에서 개발한 기술들이 집약되어 있는데, 여기에는 최첨단 무기 개발의 선두주자인 미국도 아직 적용하지 못한 레이더 기술까지 포함되어 있다.

2021년 한국은 미국과의 미사일 협정 완전 폐지를 계기로 그 어떤 제약도 받지 않고 새로운 미사일을 개발하고 응용할 수 있게 되었다. 한국은 이미 현무-4 탄도미사일을 완성시켜 주변국들의 부러움과 경계를 동시에 샀다. 그런데 이제는 동북아를 넘어 세계에서 가장 강력한 미사일 기술을 보유할 수 있는 국가로 자리매김한 것이다. 한국군은 지상, 공중, 해상에서 발사할 수 있는 각종 미사일을 이미 개발해 배치했고 추가로 새로운 미사일의 연구개발을 진행하고 있다. 또한 잠수함 발사 탄도미사일SLBM도 개발하는 중이다.

한국은 현재 한국형 경항모 도입과 관련된 논의도 진행하고 있다. 아직 확실한 결론이 도출된 것은 아니므로 속단하긴 이르지만, 한국형 경항모의 도입은 다양한 측면에서 동북아의 새로운 질서에 큰 반향을 불러올 것이라 예상할 수 있다.

한국은 현재 북한의 핵과 미사일이라는 비대칭적 위협에 노출되어 있으며 사이버전 수행 능력 면에서도 비대칭적인 상황이다. 게다가 한국은 미국, 중국, 러시아, 일본 등이 군사력을 증강하며 힘을 과시하는 한복판에 놓여 있다. 우리 의지와는 상관없이 강대국 간 힘의 대결과 북한이라는 위험 요소를 동시에 가진 한국은 일촉즉발의 긴장 속에서 그동안 어렵고 힘겨운 시간을 보내왔다. 이제는 그동안 축적한 경제력과 기술력을 바탕으로 눈앞에 놓인 위기 앞에서 주도적으로 목소리를 낼 방법을 찾을 때가 되었다.

4차 산업혁명의 핵심인 ICT를 적용한 무기체계는 이제까지 중위권에 머물던 국가를 강력한 무력을 보유한 국가로 만들 수 있으며, 국가 경제력 증진에 결정적 역할을 할 수도 있다. 그렇다면 한국은 지금 무엇을 고민해야 할까? 전 세계에서 4차 산업혁명 기술에 필요한 핵심 인프라를 모두 보유한 국가는 한국이 유일하다고 할 수 있다. 반도체, 통신, 조선, 철강, 자동차, 기타 ICT와 하드웨어 부문에서 최고의 기술력과 경쟁력을 겸비한 나라가 있는지 따져보자. 한국이 유일하다는 결론에 도달할 것이다. 한국은 여기에 첨단 두뇌로 무장한 인적자원도 보유하고 있다.

불과 100년 전, 한국은 문을 걸어 잠그고 새로운 문물을 받아들이기를 거부한 탓에 세계에서 가장 빈곤하고 나약한 국가로 전락했다. 그로 인해 일찌감치 서양의 첨단 문물을 받아들여 경제력과 무력을 키운 일본에 나라를 잃고 수탈과 핍박을 받아야 했다. 일본의 강제 통치가 끝나고 남은 것이라곤 거의 없던 한국은, 다시 러시아와 중국의 비호 아래 힘을 키운 북한에 의해 참혹한 전쟁을 경험하며 폐허가 되었다.

일본의 강제 수탈과 한국전쟁을 거치면서 폐허가 된 한국은 총 한 자루조차 스스로 만들 기술력도, 경제력도 없는 나라였다. 그러나 우리에겐 '사람'이라는 자원이 있었다. 한국은 인적자원을 교육하고 키우면서 한강의 기적을 만들었고, 오늘날 세계에서 누구도 무시할 수 없는 강력한 경제력, 기술력, 군사력을 보유한 국가로 다시 태어났다.

한국은 이렇게 이룬 경제력과 기술력을 바탕으로 미래 전쟁에 대비한 각종 첨단 무기체계의 개발을 진행하고 있다. 극초음속 무기, 육·해·공 무인 체계 무기, 전자전 무기, 군사위성, 육·해·공 스텔스 무기, 레이저 무기 등을 비롯한 각종 무기를 개발했으며, 그중 일부는 이미 실전에 배치했거나 배치를 준비하고 있다. 한국은 현실적으로 핵을 자체 생산하거나 보유할 수 없는 상황에서 북한의 핵무기로 인한 비대칭전력 격차를 줄이면서 궁극적으로는 압도할 방법을 찾아야 한다. 한국이 택할 수 있는 유일한 방법은 ICT를 적용한 첨단 게임 체인저의 개발이라고 할 수 있다. 그리고 이런 게임 체인저의 개발은 북한을 넘어 한반도를 둘러싼 강대국들과의 관계 재설정에도 상당히 긍정적 요소로 작용할 수 있다.

미래 전쟁의 모습

전쟁은 최후의 외교 수단이다. 전쟁의 목적은 적을 제압하고 자국의 안보와 이익을 극대화하는 것이며, 이를 위해서는 군사력의 우위가 필수적이다. 군사력은 자국이 가진 무기의 질과 양, 그리고 인적자원의 집합이며 적과 비교해 우세한 위치에 있을 때 군사행동의 효율을 극대화할 수 있다.

역사적으로 이제까지의 전쟁은 늘 새로운 첨단 무기로 무장한 국가가 우위를 점하는 형태로 진행되었다. 게임 체인저는 적의 방어망을 무력화시키고 적을 제압할 수 있는 비교 우위적 첨단 무기를 말한다. 기본적으로 무기의 개발과 그 활용에서는 국가 경제력과 기술력의 결합이 필수적 요소로 작용한다. 미국이 제1차 세계대전 이후 세계의 패권국으로 부상한 배경에는 새로운 무기를 개발할 수 있는 경제력과 기술력이 주된 역할을 했다. 그리고 방위고등연구계획국Defense Advanced Research Projects Agency: DARPA라는 총괄 조직이 효율적으로 예산을 분배하고 새로운 기술 확보와 활용을 적극적으로 진행했기에 미국이 현재의 영향력을 유지하는 것이 가능했다. 여기에 더해 대학과 민·관·군 연구소들 및 방위산업 기업들의 유기적 협업은 새로운 기술로 무장한 게임 체인저의 생산과 배치를 촉진해 패권국의 지위를 유지할 수 있도록 도왔다.

미래 전쟁도 게임 체인저를 누가 먼저 확보하고 전력화하느냐에 따라 승패가 결정될 것이다. 미래 전쟁에서 활용될 무기들은 하드웨어 중심에서 소프트웨어 중심으로 전환될 것이다. 따라서 각 국가가 진행하는 무기 개발 패러다임이 얼마나 소프트웨어 중심적으로 전환되는

지에 따라 비대칭적 전력의 비율이 결정될 것이고 이 비율이 승리 획득의 열쇠로 작용할 가능성이 점차 커지고 있다.

영화에서 자주 등장하던 첨단 무기들이 실현될 날이 얼마 남지 않았다. 미래 전쟁 무기의 패러다임은 ICT가 주도하는 무인화와 네트워크화로 전환될 것이다. 그리고 이 무기들은 정밀성, 은밀성, 신속성, 응용성, 융합성, 경제성을 갖추고 더 빠르고 정확하게 적을 타격하는 형태로 전환될 것이다. 이런 형태의 전쟁을 네트워크 중심전Network Centric Warfare: NCW이라고 명명한다.

전투 영역이 육지, 바다, 하늘, 우주, 사이버라는 5차원으로 확장됨에 따라 전투 작전의 형태는 기존의 분리된 형태에서 다영역·합동 작전의 형태로 전환될 것이다. 다영역과 합동 작전이 실현되기 위해서는 육·해·공군의 전력과 정보의 유기적 연계가 필수적이다. 이런 연계가 가능하려면 ICT의 핵심인 ICBM+AI를 통한 각종 정보의 통합과 활용을 즉각적으로 할 수 있는 네트워크 시스템의 구성이 선행되어야 한다.

전투 영역의 확장과 통합적 입체 작전에 필요한 첨단 ICT 적용 무기체계의 활용은 전투 작전의 형태를 바꿀 것이다. 전쟁 윤리가 부각되는 시대로 진입하면서 전투 작전은 민간의 피해 최소화와 공격력의 극대화를 위한 방법을 찾게 되었다. 무인화, 즉 인간 개입을 최소화시켜 아군의 피해는 최소화하면서 적군의 피해는 극대화하는 방향으로 전투 작전의 양상이 바뀌고 있다. 여기에 더해 속도가 곧 최고의 공격이며 방어라는 개념이 등장하며 더 멀리, 더 빠르게, 더 정확하게 적을 타격하는 방법이 연구되었다. 그리고 직접적 교전보다 전자전 공격을 통한 적의 인명 피해 최소화 및 교전 의지 무력화가 새로운 작전 교리가 되었다. 또한 사이버전을 통해 물리적 공격보다 더 크고 심각한 피해를 유발하는 방법이 발견되었다. 이런 변화는 이미 아프가니스탄 전쟁, 이라크 전쟁, 걸프 전쟁 등을 통해 실험이 이루어졌으며 미래 전쟁의 형태로 정착될 것이다.

무엇을 함께 고민할 것인가?

이 책은 미래 전쟁에 필요한 무기체계의 변화에 초점을 맞춰 총 세 부로 구성되어 있다. 1부에서는 ICT가 변화시킬 미래 전쟁 무기체계의 패러다임 시프트Paradigm Shift를 소개한다. 무기 개발에서 중요한 요소로 부각된 ICT는 민간 기업과 전통적인 방위산업 기업 간의 관계를 재설정하는 변수로 작용하고 있다. 이런 관점에서 미국 국방부의 대규모 국방 네트워크 클라우드화 프로젝트인 'JEDI'를 수주한 마이크로소프트의 사례를 통해 앞으로 민간 기업이 국방과 무기 개발에서 어떤 역할을 할 것인지에 대해 알아본다. 그리고 사이버전을 주도하는 기술적 내용과 더불어 ICT가 적용된 각종 무기체계의 변화를 살펴보고, 구체적으로 ICT란 무엇이며 어떻게 무기에 적용되어 그 효율을 증대시킬 수 있는지에 대해 정리한다.

2부에서는 밀리테크 4.0의 시대로 진입하면서 전쟁의 패러다임이 어떻게 변화될 것인지에 대해 알아본다. ICT를 재래식무기에 적용해 새로운 유용성을 획득한 사례, 특히 드론의 변신으로 전쟁의 판도가 바뀐 사례에 대해 논의한다. 그리고 적의 공격을 방어하는 무기체계인 방공망과 이지스 시스템도 살펴본다.

3부에서는 현재 세계 강국들이 추진하고 있는 미래 게임 체인저 개발 전략과 한국의 전략에 대해 논의한다. 극초음속 무기의 개발을 통한 강대국들의 차세대 전략과 방위산업 기업의 전략에 대해 알아본다. 이와 더불어 한국의 전략은 무엇이며, 현재 무엇에 초점을 맞추고 있고 앞으로 ICT를 적용한 무기체계 개발을 통해 세계 질서에서 어떤 역할을 기대할 수 있는지에 대해 알아본다.

끝으로 별면에서는 미국의 무기체계 개발을 총괄 지휘하는 방위고등연구계획국의 구체적 역할과 현재 추진하고 있는 첨단 무기체계 프로젝트에 대해 알아봄으로써 앞으로의 미래 전쟁 양상을 예측해본다. 아울러 방위고등연구계획국과 미국의 무기체계 개발 전략을 통해 한국은 어떤 부분을 벤치마킹해야 할 것인지에 대해 논의한다.

이 책은 미래 전쟁에 대비해 ICT를 무기체계에 적용하면 타격의 정확도와 경제성을 확보할 수 있다는 생각을 담고 있다. 또한 이제까지 무기 시장을 주도한 미국과 미국 기업들의 노하우를 살펴보는 한편, 한국이 그들을 뛰어넘어 새로운 게임 체인저를 만들어낼 수 있다는 생각을 담고 있다.

한국은 그동안 말로만 수없이 외쳤지만 끝내 실현하지 못했던 '자주국방'을 마침내 손에 넣을 기로에 서 있다. 이 기회를 온전히 우리 것으로 만들 방법은 무엇인지를 절실하게 고민해야 한다. ICT를 적용한 새로운 게임 체인저의 개발은 어느 한 주체의 노력만으로는 불가능하다. 정부, 군, 기업, 연구소, 대학, 국민이 하나가 되어 거대한 협력의 시너지를 창출할 때만 가능할 것이다. 그 어떤 변화에도 흔들림 없는 전진만이 성공적 결과를 만들어낼 수 있다.

우리가 강력한 군사력으로 자주국방을 실현하고 더 높이 비상할 수 있는 지금의 기회를 놓치지 않기를 간절히 바라며, 그 마음을 담아 책을 마무리했다.

권호천

차례

3부 한국의 게임 체인저 전략

부록

1부
모던 워페어: 게임 체인저

미래 전쟁의 승패를 가를 ICT
20세기 마지막 전쟁과 21세기 두 번째 전쟁에서의 패러다임 전환

1990년 8월 2일 이라크가 쿠웨이트를 무력 침공하자 UN 안전보장이사회는 즉각 이라크 제재를 결정했다. 이에 다국적 연합군은 1991년 1월 17일부터 그해 4월 11일까지 걸프 전쟁 즉, '사막의 폭풍 작전'에 돌입했다. 이전까지 벌어진 전쟁과는 달리, 사막의 폭풍 작전에서는 미국의 CNN을 중심으로 한 방송사들이 최전방의 전투 상황을 실시간으로 보도하며 전쟁의 생중계 시대를 열었다. 이 때문에 이 전쟁은 '비디오게임 전쟁'이라는 별명이 붙기도 했다.

다국적 연합군이 불과 몇 개월 만에 승리할 수 있었던 건 첨단화된 ICT를 활용한 정찰과 공격 덕분이었다. ICT를 국방 무기체계에 적용하면 지휘 통제 시스템의 실시간 초연결, 정보 수집 및 전달, 분석이 가능해진다. 이와 동시에 전장에서 사용되는 각종 무인 무기와 미사일 센서, 위성을 통한 정보의 공유가 이뤄지면서 한층 유기적인 의사결정을 할 수 있다.

이라크가 쿠웨이트를 침공한 직후부터 미군은 대규모 공습을 효과적으로 수행하기 위해 감시위성과 조기경보기를 동원했다. 이라크군의 통신 지휘 체계와 레이더, 미사일 기지 등에 대한 정찰을 통해 면밀하게 수집된 정보는 공습에 장애가 될 만한 요소를 제거하는 결정적 열쇠가 되었다.

공습을 감행하기 전, 미군은 EA-6B 프라울러Prowler 전자전기電子戰

機와 전자전 공격기를 최전방에 배치해 이라크군의 방공망 레이더와 미사일 제어용 레이더를 무력화시켰다. 그 결과 미군의 전폭기들은 이라크군의 SA-2 방공미사일 공격을 피할 수 있었다.

이때까지 미군이 사용한 ICT 적용 무기는 주로 의사전달에 쓰였다. 전폭기에 장착된 카메라를 통해 지휘부가 전장 상황을 실시간으로 확인하고 적절한 작전을 실행하는 식이었다. 사실 이것만으로도 상당한 패러다임의 변화였고, 전 세계에 큰 반향을 불러일으켰다.

그러나 10년의 간격을 두고 벌어진 이라크 전쟁에서는 전쟁 수행을 위한 작전 교리에 본격적으로 ICT가 적용되기 시작했다. 2003년 3월 20일 시작된 이라크 전쟁을 계기로 미국은 ICT를 전쟁에 적극적으로 활용하기 위해 군사 조직의 개편을 단행했다. 전투 정보의 유통은 물론, 육·해·공군의 유기적 합동 작전을 가능케 해 전쟁 수행의 효율성을 극대화했다. 걸프 전쟁이 산업화 전쟁의 막바지였다면 이라크 전쟁은 정보화를 기반으로 하는 전쟁의 시발점이 되었다.

걸프 전쟁에는 미국을 비롯한 영국, 프랑스 등의 서방국가 및 아랍과 아시아권 국가 33개국으로 구성된 68만여 명의 연합군이 참여했다. 한편 21세기 최초의 대규모 전쟁인 이라크 전쟁에는 동일한 대상인 이라크를 상대로 미군 25만여 명, 영국군과 호주군 4만7,000여 명이 참전했다. 걸프 전쟁과 비교하면 40퍼센트 남짓한 병력이었는데, 그럼에도 개전 43일 만인 2003년 5월 1일 전쟁을 승리로 마무리했다.

21세기의 서두를 장식한 이라크 전쟁은 '디지털 전쟁' 혹은 '스마트 전쟁'이라는 별칭이 붙을 만큼 전쟁의 새로운 패러다임을 열었다. 이 전쟁은 공격의 정밀도와 파괴력 면에서 과거의 그 어떤 전쟁보다 월등한 최첨단 군사 장비의 활용이 눈에 띄는 전쟁이었다. 마치 새로운 첨단 무기를 세계에 알리는 경연장처럼 말이다.

미국은 전쟁을 시작하기도 전부터 심리전을 구사했다. 각종 정보 전달 수단을 동원해 미군이 전쟁에 활용할 첨단 무기의 파괴력과 정확도를 부각했고 이는 이라크군 내부에서의 심리적 동요를 불러일으켰다. 개전과 동시에 연합군은 장거리 정밀타격수단을 활용하는 동시에 재래식 폭탄에 위성항법장치GPS 시스템을 장착해 타격의 정확도를 높였으며, 무엇보다 이제까지 어떤 전쟁에서도 등장하지 않았던 '네트워크 중심 작전 체계'를 통해 이라크군의 무기체계를 압도하는 전략을 실행할 수 있었다. 이미 앞선 걸프 전쟁에서 미군의 전자전에 치명적 피해를 경험한 이라크의 방공망은 전쟁 개시와 동시에 스스로 무력화되면서 미군과 연합군에게 제공권을 완전히 내주는 결과로 이어졌다.

이라크 전쟁은 첨단 무기, 재래식무기, 특수 작전이라는 세 가지 영역이 긴밀하게 연결된 새로운 형태의 전쟁 패러다임을 만들었다. 이는 미래 전쟁의 예고편과 같은 것이었다. 통신 시설과 방공망 레이더를 무력화시키기 위한 전자전기의 선제공격에 이어 스텔스기, 위성 유도폭탄, 눈 달린 미사일 토마호크Tomahawk로 공습이 이루어졌다. 정밀한 폭격이 지나간 뒤에는 바로 지상군이 투입되었고 지상 무기체계와 위성을 통한 네트워크 시스템은 더욱 효과적으로 적을 제압할 수 있는 정보를 제공했다.

그 결과 연합군의 사망자는 140명, 부상자는 421명이 발생했다. 이라크군의 사망자와 부상자도 걸프 전쟁 때보다 현저하게 줄었다. 사상자의 감소와 더불어 전쟁 수행에 필요한 비용도 3분의 1로 줄어들었다. 걸프 전쟁에는 761억 달러가 소요된 것에 반해 이라크 전쟁에서는 불과 200억 달러가 쓰였다. 즉, 첨단 무기와 네트워크 중심 작전 체계를 통해 인명 피해를 최소화하고 비용을 절감한 것이다.

2003년 시작된 이라크 전쟁은 재래식무기로 무장한 이라크군과 첨단 무기 및 네트워크 중심 작전 체계로 무장한 연합군의 전쟁이었다. 연합군은 걸프 전쟁 때보다 적은 병력을 투입했지만 작전 수행 능력은 훨씬 뛰어났다. 물론 이라크가 걸프 전쟁 때보다 많이 약화된 측면이 있기는 했지만 그럼에도 보유한 전력은 결코 만만치 않았다. 이 같은 적을 상대로 단기간에 승리할 수 있었던 데에는 첨단 무기와 네트워크 중심 작전 체계가 주효했다고 할 수 있다.

미군은 21세기에 들어 ICT를 적용한 정밀유도무기와 각종 첨단 무기를 통해 전쟁 조기에 승기를 잡곤 했다. 개량을 통해 새롭게 태어난 토마호크 미사일, 규모와 파괴력을 키운 초대형 유도폭탄MOAB, 합동공격 직격탄Joint Direct Attack Munition: JDAM, 투척식 무인정찰기Dragon Eye와 공격 및 정찰 드론, 무인로봇PACKBOTS, 전자폭탄Electronic Bomb 등이 이라크 전쟁에서 선을 보였다.

미군이 사용한 토마호크 미사일은 이미 걸프 전쟁 이후로 전쟁에서 주요 무기로 활용되었다. 컴퓨터 시스템에 최종 타격 목표를 입력하면 미사일이 GPS의 안내를 받아 타격하는 시스템으로 운영된다. 그런데 이 기능에 더해 개량된 신형 토마호크 미사일은 장착된 통신용 카메라를 통해 타격 목표 도달 전까지 실시간 정보를 수집하고 이를 기지와 공유한다. 이로써 목표물의 상태에 따라 타격의 실행과 목표물 변경이 가능하게 되었다. 즉, 목표물이 이미 파괴되었다면 새로운 타격 목표로 이동해 공격할 수 있게 된 것이다.

합동공격 직격탄은 재래식 폭탄에 GPS 기능을 포함한 정밀 유도 키트를 장착한 무기로, 항공기에 탑재해 운용한다. 타격 목표물의 좌표를 입력하고 발사하면 GPS 위성이 이를 목표까지 유도하는 방식으로, 이라크 전쟁에서 그 명중률을 90퍼센트까지 증대시켰다. 이는 레이저로 유도하는 폭탄이 악천후에 취약한 단점을 보완해 어떤 상황에서도 목표물을 정확하게 타격할 수 있도록 설계되었으며, 순항미사일에 비해 운용비용이 50분의 1 수준이어서 앞으로도 전쟁에서 많이 활용될 전망이다.

이라크 전쟁에서는 투척식 무인정찰기의 활약이 돋보였다. 지상 통제기지에서 조종하는 이 무인정찰기는 전장 90센티미터, 무게 2킬로그램으로 주간에든 야간에든 초저고도로 정찰 임무를 수행한다. 전황의 정보를 수집해 지휘소로 전송하는 것이 주된 역할이다. 미군은 또한 이라크 전쟁에서 적군이 매복해 있거나 지뢰가 매설돼 있을지 모를 동굴 내부로 들어가 영상을 촬영해 지휘소로 전송하고 화학무기의 유무를 판별할 수 있는 소형 무인로봇도 활용했다.

이라크 전쟁은 헬파이어 레이저 유도미사일을 탑재한 무인 공격 드론 MQ-1 프레데터Predator와 정찰용 무인 드론 RQ-4 글로벌 호크Global Hawk의 위력을 확인할 수 있는 실전 무대이기도 했다. 이는 유무형의 정보 전력이 전쟁에서 얼마나 큰 힘을 발휘하는지를 증명하는 것이었다. 인공위성과 함께 고고도 및 중고도에서 활용된 드론은 미래의 전쟁이 네트워크를 중심으로 변화할 것임을 미리 보여준 것이라 할 수 있다.

미군이 사용한 첨단 무기와 정밀유도무기는 전쟁 수행 속도와 정확도 증대에 크게 이바지했다. 이는 폭격과 지상전에서 발생할 수 있는 인명 피해를 최소화했다. 걸프 전쟁에서 정밀유도무기의 사용량은 전체 투척 폭탄의 7퍼센트에 지나지 않았지만, 이라크 전쟁에서는 발사된 폭탄 2만여 발 중 정밀 유도폭탄의 비율이 70퍼센트였다. 여기에 더해 지상군이 사용한 무선통신 장비와 모바일 인터넷을 통한 실시간 정보 수집 및 공유는 전략 표적의 획득과 타격에 중요한 요소로 작용했다. 현재 전 세계가 추구하는 '스마트 솔저'까지는 아니더라도 디지털 장비를 갖춘 지상군 전력은 이라크군의 재래식무기와 전술을 압도하는 데 충분한 역량을 발휘했다. 이라크군을 압도한 이런 전력은 비대칭 전술의 완벽한 성공이라 할 수 있었다.

마이크로소프트, 왜 국방 분야에 진출하는가?

많은 사람이 마이크로소프트를 업무 자동화를 위한 상용 소프트웨어를 개발해 판매하는 회사로 알고 있다. 맞는 말이지만 민간에만 제품을 판매하는 것은 아니다. 마이크로소프트는 1980년대부터 지금까지 40여 년간 군 관련 사업을 진행하고 있다. 대부분 사무 자동화를 위한 소프트웨어의 납품이다. 하지만 데이터의 생산·관리·활용이 중요해지면서 이 같은 협약의 의미도 점차 달라지고 있다. 3차 산업혁명이라는 정보혁명을 주도한 IT 기업인 마이크로소프트는 4차 산업혁명의 목전에서 새로운 변화에 도전하고 있다. 이는 미국 국방부가 그리는 미래 전장의 청사진에서 전통적 형태의 무기체계가 네트워크화·무인화 되는 것과 그 맥락을 같이한다.

미국은 산업화 시대를 거치면서 정부의 막대한 자본력과 방위산업 기업의 기술력을 바탕으로 재래식무기의 개발에 정점을 찍었다. 그러나 변화하는 현대전의 양상은 점차 ICT를 접목한 무기와 군 시스템의 정보화를 요구하게 되었다. 무기는 전쟁을 승리로 이끌기 위한 도구이다. 누가 더 빨리, 멀리, 정확히, 그리고 아군의 피해를 최소화하면서 적에게는 복구 불가능한 타격을 주는가가 관건이라 할 수 있다. 컴퓨터, 인터넷, 통신 네트워크, 빅데이터, AI는 무기와 결합되면서 전쟁에서 시간, 인력, 장비, 결과의 효율화를 극대화해 적을 제압하는 필수 도구가 되었다. 이에 미국은 물론이고 전 세계의 국가들도 네트워크화를 필연적으로 받아들여야 하는 상황에 직면했다.

물론 완벽한 네트워크 시스템을 국방에 적용하는 것은 결코 쉽지 않다. 그럼에도 여러 나라들이 자국의 이익에 최대한 부합하는 형태로 시스템을 가동하기 위해 노력하고 있다. 그 가운데 미국은 전통적인 무기 강국으로서의 면모를 여실히 보여주었다. 국방력을 구성하는 요소는 자본력, 기술력 그리고 경험이며 미국은 이 요소를 모두 갖추고 있다.

미국이 미래의 전장을 주도할 새로운 국방시스템을 준비하면서 동반자로 삼은 것이 바로 마이크로소프트이다. 20세기 초반의 록히드마틴, 보잉처럼 말이다. 이들 방위산업 기업은 전쟁이라는 특수 상황에 편승해 국방부의 요구에 맞는 무기들을 대량생산했고, 이를 통해 지금의 부와 명성을 쌓았다. 마이크로소프트는 군의 요구에 부합할 수 있는 소프트웨어의 기술적 역량을 이미 확보한 상황이다.

그렇다면 마이크로소프트는 왜 이렇게 국방 분야에 적극적으로 진출하려 할까? 두 가지 이유를 생각해볼 수 있다. 민간 기업으로서의 이념인 이윤 극대화와 사회참여다.

먼저, 이윤 극대화는 기업으로서 당연한 방향 설정이라 할 수 있다. 자선사업을 하는 게 아닌 이상 기업은 이익 창출을 제1의 목표로 삼는다. 국방부에서 발주하는 프로젝트는 결코 무시할 수 없는 이익을 가져다주며 민간시장으로의 파급력 또한 상당하다. 그러니 마이크로소프트가 JEDI^Pentagon's Joint Enterprise Defense Infrastructure를 비롯한 다양한 국방부 프로젝트를 수주하며 군 관련 사업에 참여하는 것은 시장에서의 영향력 확대, 이익 창출, 미래 시장 확보라는 측면에서 당연한 결정이라 할 수 있다. 여기에서 말하는 JEDI 클라우드 컴퓨팅 프로젝트는 국방부를 비롯한 미국의 모든 군사 네트워크 시스템을 클라우드 시스템으로 전환해 합동작전을 더 효율적으로 수행하고, 궁극적으로는 빅데이터 활용을 통한 AI 시스템 첨단화와 무기체계 적용을 위한 시스템 전환을 가리킨다. 국방부 프로젝트는 안보와 직결된다는 점 때문에 아무 기업이나 쉽게 참여할 수 없다. JEDI 프로젝트처럼 단일 기업이 장기간 독점적으로 수행하는 것은 더더욱 힘들다. 따라서 마이크로소프트는 변화의 시기를 주도할 기회 앞에서 망설일 필요가 없었을 것이다.

두 번째는 사회참여의 측면이다. 창업 이래 지금까지 시장이라는 창구를 통해 사회와 국가로부터 막대한 부를 창출할 수 있었으니, 축적한 기술을 제공해 사회와 국가의 안녕에 이바지한다는 것이다. 미국은 군에 대한 국민의 존경과 사랑이 대단히 높은 국가이다. 마이크로소프트는 오랫동안 자사의 다양한 분야에 재향군인들을 구성원으로 받아들여 그들의 복리에 일익을 담당하고 있다. JEDI 프로젝트를 비롯해 본격적으로 군사 분야에 참여하려는 회사의 움직임에 대해 내부에서 부정적인 견해가 돌출된 적이 있는데, 사티아 나델라Satya Nadella CEO는 다음과 같은 메시지를 전달했다.

지난 40여 년 동안 마이크로소프트는 미국 국방부와 길고 안정적인 발판 위에서 함께 일했으며, 우리의 기술을 바탕으로 미군의 최전방 야전 사령부, 현장 운영, 군 기지, 군함, 항공기 및 교육 시설에 힘을 실어주는 역할을 했다. 마이크로소프트는 이런 관계를 자랑스럽게 생각하며, 이 때문에 많은 재향군인들을 채용해 함께 일하는 것이다. 우리는 이 나라에 살고 있는 사람들, 특히 나라를 위해 봉사하는 군인들이 마이크로소프트가 뒤에서 든든한 버팀목이 되고 있다는 것을 알기 바란다. 마이크로소프트는 지난 43년간 미국이 제공한 다양한 혜택을 받으며 기업을 미국에서 운영하고 있다. 물론 글로벌 기업으로서의 역할은 충실히 다하겠지만, 미국의 군대가 마이크로소프트를 원한다면 언제든 참여할 것이다.

마이크로소프트는 미국의 국민으로서 국가 방위에 함께할 것이라는 의지를 보여줬다. 앞으로 이어질 펜타곤의 프로젝트를 계속 수주할 수 있다면, 마이크로소프트는 새로운 시장에 성공적으로 진입할 뿐 아니라 막대한 이익을 획득할 수 있다. 이미 JEDI 프로젝트를 수주함으로써 아마존과 주도권 경쟁을 벌이던 클라우드 컴퓨팅 시장에서 유리한 고지를 선점한 마이크로소프트는 새로운 기술과 전략을 지속적으로 보여주며 새로운 미래 전쟁의 패러다임을 선도할 가능성이 커졌다.

마이크로소프트, 국방 분야 진출 vs. 기술의 윤리적 원칙

마이크로소프트의 JEDI 프로젝트 수주는 앞으로 펼쳐질 미래 시장과 군사 분야로의 영역 확대 및 이윤 극대화에 상당히 긍정적 시그널로 작용할 것이다. 그러나 축배를 들기엔 아직 넘어야 할 산이 남아 있다. 전 세계적으로 불고 있는 기술의 윤리 원칙이 바로 그것이다. 기술은 인류의 발전에 이바지하며, 인류 번영을 위한 도구로 사용되어야 한다는 요지의 이 원칙은 과학기술이 살상용 도구로 사용되어서는 안 된다고 명시한다. 이 부분에서 마이크로소프트의 딜레마가 시작된다.

JEDI 프로젝트는 군 네트워크 시스템의 클라우드화를 목적으로 한다. 여기에는 AI를 활용한 정보의 효율적 분석 및 적용, 그리고 이를 통한 전략무기의 효과적 전개 또한 포함되어 있다. 더욱 정확한 정보와 무기의 조합을 통해 적을 더 완전하게 타격할 수 있는 시스템을 구축한다는 의미이다.

JEDI 프로젝트 수주 경쟁에 참여했던 구글이 중도에 발을 뺀 것도 이 같은 프로젝트의 목적이 기술의 윤리적 원칙에 어긋난다는 내부의 반발 때문이었다. 구글은 미국 국방부와 AI 군사 프로젝트 메이븐Maven을 체결하고 진행하는 과정에서 직원들의 반발을 샀고, 그로 인해 계약이 종료되는 시점을 기준으로 더는 계약 연장을 하지 않기로 했다. 프로젝트 메이븐이란 무인 항공기가 수집한 영상 정보를 활용해 타격의 정밀도를 높이는 기술개발사업을 말한다.

발달된 AI가 군사 무기체계에 적용되고, 개인의 정보가 통제 목적으로 이용될 가능성을 우려하는 목소리가 커지는 상황에서 직원 4,000여 명의 거부 운동이 일어나자 구글 경영진은 당황할 수밖에 없었다. 직원들은 구글 CEO인 순다르 피차이에게 "메이븐 프로젝트에서 즉각 철수하고 전쟁 기술을 구축하지 않겠다고 발표하라"라고 요구했다. 결국 구글은 메이븐 프로젝트가 끝나는 2019년 이후에는 계약을 연장하지 않겠다고 선언했고, JEDI 프로젝트 수주 경쟁에서도 중도 하차했다.

국내에서도 유사한 사례가 있다. 2018년 4월, 세계 로봇 학자 50여 명이 카이스트와의 공동연구를 거부한다는 성명을 발표했다. 원래 카이스트는 한화시스템과 공동으로 '국방 인공지능 융합연구센터'를 설립하고 국방 분야 네트워크 시스템을 AI 기반으로 전환하는 연구를 진행한다고 발표했는데, 한 영자 일간지가 이를 다음과 같이 보도한 것이다. "센터가 AI 무기를 개발하고 있고, 이 무기는 목표물을 탐색해 제거하는 기능이 있다." 설상가상으로 해외 언론이 이를 그대로 받아 보도했고, 센터의 연구에 공동 참여 의사를 밝혔던 해외 교수들은 오보를 보고 살상용 무기 개발에 참여할 수 없다며 공동연구를 거부했다. 카이스트와 센터에서 "킬러 로봇 개발 의사가 없으며, 공격용 무기나 살상용 무기에 인공지능 알고리즘을 적용할 계획이 없다"라는 입장을 밝힘으로써 공동연구 거부 성명의 철회가 이루어졌다. 그만큼 과학계에선 과학기술이 군사용으로 쓰이는 것에 대한 거부감이 높아진 상태이다.

마이크로소프트도 몇 차례 직원들의 반대에 직면한 적이 있다. 실제로 2018년에는 직원들이 "자사의 AI 기술이 전쟁 무기로 사용될 수 있다"라며 반대 서명운동을 벌여 국방부와 체결한 계약을 해지해야 했고, 같은 해 육군에 자사의 홀로렌즈HoloLens 헤드셋 10만여 대를 납품하는 계약을 4억8,000만 달러(약 5,400억 원)에 체결했다가 직원들의 반대에 부딪히기도 했다. 그러나 회사는 확고한 입장을 취하며 국방부와의 사업을 이어갈 것임을 밝혔다.

이런 사례를 돌이켜볼 때 마이크로소프트가 진행하는 JEDI 클라우드 컴퓨팅 프로젝트도 같은 문제에 직면할 가능성이 있다. 이미 이번 JEDI 프로젝트 입찰 과정에서도 일부 직원들이 윤리적 근거를 들어 입찰 참여를 철회하라는 성명을 발표했다. 이에 대해 사티아 나델라 CEO는 인터뷰에서, "미국의 회사로서, 우리는 자유를 보호하기 위해 민주적인 방식으로 선출된 기관들로부터 기술을 철회하지 않을 것이다"라고 밝혔다. 그러면서 회사 내부의 부정적 의견과 관련해 내부 직원뿐 아니라 미국 국민의 알 권리 차원에서 왜 마이크로소프트가 이 사업을 계속 진행해야 하는지를 세 가지로 압축해 설명했다.

첫째, 우리는 미국의 강력한 국방을 믿으며, 미국을 방위하는 군인들이 마이크로소프트를 비롯한 국가 최고의 기술을 이용할 수 있기를 바란다.
둘째, 전쟁터에서 무기로 쓰이는 AI가 불러온 중요한 새 윤리적이며 정책적인 이슈에 감사하고 있다. 우리는 기업 시민으로서 우리의 지식과 목소리를 민주적 과정을 통해 책임감 있는 방식으로 해결하고자 한다.
셋째, 일부 직원의 다른 관점에 대해 충분히 이해하며, 모든 직원이 회사의 모든 사업 내용에 지지를 보내는 것을 요구하지도 기대하지도 않는다. 마이크로소프트는 직원들의 인재 이동성을 언제나 지원하며, 어떤 이유로든 다른 프로젝트에 참여하고 싶다면 언제든 이동할 수 있다.

과학기술 가운데 AI의 군사적 적용이 유독 큰 반발에 직면한 것은 한 비영리단체가 지원해 2017년 1월 캘리포니아 아실로마에서 개최된 AI 콘퍼런스에서 발표된 'AI 기술 23원칙' 혹은 '아실로마 AI 원칙'의 영향이 크다. 이 원칙의 핵심은 AI는 평화적인 목적으로 사용되어야 한다는 것이다. 전 세계의 저명한 IT 전문가와 학계 인사 등은 한결같이 AI의 군사적 이용을 금지하는 법안 제정을 촉구할 정도로 강력한 의지를 표출하고 있다.

기술의 문화, 경제, 정치적 영향을 주로 다루는 잡지인 《와이어드 *WIRED*》는 JEDI 프로젝트 수주와 관련해 "마이크로소프트는 상업용 기술들을 군사용으로 적용하려는 펜타곤의 야심을 위한 마스코트가 될 것이다"라는, 다소 부정적 의견을 표출했다. 또한, "이것은 구글의 메이븐 계약에서 봤던 논쟁적인 영역으로 마이크로소프트를 끌고 갈 수 있다"라는 우려 섞인 목소리도 내놨다.

JEDI 프로젝트의 핵심 중 하나가 AI의 기능 개선인 이상, 이 과업을 맡은 마이크로소프트는 내외부의 반발과 우려를 받을 수밖에 없다. 마이크로소프트가 이러한 논쟁의 중심에서 어떤 전략적 선택과 판단, 그리고 문제해결책을 제시할지 모두가 주목하고 있다.

록히드마틴, 방위산업의 최강자가 직면한 변화

무기체계 시장의 판도가 4차 산업혁명을 계기로 빠르게 변화하고 있다. 4차 산업혁명의 핵심기술인 ICT가 적용되어 변화된 무기체계의 새로운 패러다임인 밀리테크 4.0이 서서히 등장하는 중이다. 네트워크화와 무인화를 중심으로 하는 밀리테크 4.0의 도래는 무기체계 시장을 지금보다 훨씬 증대시킬 것으로 예상된다. 디지털 혁명Digital Transformation은 군사 분야에도 예외 없이 밀어닥치고 있다. 군은 혁신적 기술을 접목해 전략, 전투, 지휘 체계, 운용 시스템을 전반적으로 변화시키려 하고 있다. 이러한 상황에서 시장의 현 최고 강자인 록히드마틴은 어떻게 대응하고 있을까?

영세 기업으로 시작한 록히드사社와 마리에타사는 제1, 2차 세계대전과 냉전의 시기 동안 미국 펜타곤이 요구하는 각종 무기를 제공함으로써 부와 영향력을 크게 확대시켰다. 1995년 합병하며 방위산업 시장에서 세계 최고의 기업으로 자리매김한 록히드마틴은 매년 스웨덴의 스톡홀름 국제평화연구소Stockholm International Peace Research Institute: SIPRI 와 미국의 《디펜스뉴스DefenseNews》가 시행하는 세계 100대 방위산업 조사에서 항상 1위 자리를 유지하고 있다.

현존 최강의 스텔스 전투기 F-22A 랩터Raptor와 한국에서도 도입해 사용하고 있는 5세대 스텔스 전투기 F-35A 라이트닝 IILightning II을 비롯한 다양한 전투기와 전략 항공기, 고성능 레이더와 중장거리 대공미사일로 적 비행 무기와 함선에 대응하는 통합 전투함 체계 '이지스 시스템 Aegis Combat System: ACS', 그 밖의 다양한 미사일과 수많은 혁신적 무기를 개발한 록히드마틴은 그야말로 방산업계의 제왕이다. 록히드마틴은 여기에서 그치지 않고 화성 탐사선 '바이킹Viking'을 제작하거나 지구 상공 559킬로미터에서 96분마다 한 번씩 지구 궤도를 돌며 우주의 다양한 모습을 관측하는 위성형 망원경인 '허블우주망원경'을 개발하는 등 우주산업에도 큰 영향을 끼치고 있다.

이런 록히드마틴조차 시대의 변화를 직감하고 네트워크 시스템 구축 분야에 힘을 쏟기 시작했다. 무기체계의 거의 모든 분야에 필요한 각종 첨단 무기를 생산하는 록히드마틴은 이제 미래 전쟁을 준비하고 있다. 미래 전쟁의 핵심은 무인화와 네트워크화이며 이를 위해서는 ICT를 적용한 무기체계로의 전환이 필수적이다. 따라서 록히드마틴은 주력 사업 분야를 시스템 통합(데이터 처리 서브시스템 및 전자전 포함), 항공(전투 및 운송 항공기), 우주 시스템(통신위성 및 발사 차량) 그리고 기술 서비스(관리 및 물류 서비스)로 구성해 운영하고 있다.

이 네 개의 주력 분야 중 현재 이윤을 가장 많이 창출하는 분야는 시스템 통합이며, 그다음이 우주 시스템이다. 시스템 통합 분야가 항공 분야보다 약 두 배 이상의 이윤을 창출하고 있고, 우주 시스템도 항공 분야보다 높은 이윤을 창출한다. 항공기 제작이 주력이었던 록히드마틴이 새로운 분야로의 전환을 추구하고 있음을 보여주는 단서이다.

록히드마틴의 역사는 도전과 창조의 역사라 해도 과언이 아니다. 작은 교회를 빌려 시작한 영세 비행기 제작사는 100여 년이 지난 지금, 세계 최고 수준의 전투기 및 각종 첨단 무기를 개발하며 미군과 우방국들의 전력 증강에 지대한 영향을 미치는 기업이 되었다. 록히드마틴은 변화의 시기마다 선도적 기술개발을 통해 시장 지배력을 유지했고 그 영향력을 확대해왔다.

현재 록히드마틴은 미래의 전장 환경이 무인화와 네트워크화로 변화할 것이라는 예측을 기반으로 변화를 꾀하고 있다. 이는 기존의 항공 분야는 유지하면서도 새로운 무기 시장의 패러다임을 선도하기 위한 전략적 선택이라고 할 수 있다.

마이크로소프트와 록히드마틴이 손을 잡다

2000년대 초반부터 마이크로소프트와 록히드마틴은 서로의 이해를 바탕으로 한 전략적 협업 관계를 유지하고 있다. 이 같은 협업은 록히드마틴이 국방부에서 프로젝트를 수주하면 마이크로소프트가 컨소시엄 형태로 참여하는 구조였다.

그러던 중 마이크로소프트에서 전투원을 효과적으로 훈련시킬 수 있는 PC 기반 3D 시각 시뮬레이션 플랫폼인 ESP^{Enterprise Simulation Plat}form를 개발했고, 록히드마틴은 이 프로그램을 전 세계 구매자를 대상으로 판매할 기회를 마련했다. 이렇게 소프트웨어 분야에 눈을 뜨기 시작한 록히드마틴은 이후 더 큰 프로젝트를 수주하고 IT 기업들의 참여를 끌어내면서 시스템 통합 분야에서의 이윤을 극대화하기 시작했다.

2013년 사이버 보안 분야로의 진출을 위해 록히드마틴은 파이어아이FireEye, 레드해트Red Hat, 스플렁크Splunk 등 관련 분야 전문 기업들과의 연합을 구성했다. 그리고 이 연합에 마이크로소프트도 다른 IT 기업들과 함께 파트너로서 참여하게 된다. 이 연합은 '록히드마틴 사이버 시큐리티 연합'이라고 명명되었고, '차세대 사이버 혁신 및 기술 센터Nex-Gen Cyber Innovation and Technology Center'를 개소해 본격적으로 사이버 보안과 관련된 솔루션, 하드웨어, 소프트웨어 등의 연구와 개발을 시작했다. 이것은 앞으로 전장이 사이버를 바탕으로 이루어질 것이라는 록히드마틴의 전략적 판단에 근거한 것이다.

이와 더불어 마이크로소프트와 록히드마틴은 '미국 공군의 통합 공간 명령 제어 프로그램'을 포함한 프로젝트에 전략적 협업을 실행하고 있다. 그리고 해군의 차세대 원자력 항공모함 CVN-77의 통합 전투시스템, 글로벌 사령부 지원시스템, 미국 국방부의 국방 메시징 시스템 관리, 그리고 해군의 메일 처리와 정보기술을 연결하는 서비스 개발에도 협업을 진행하고 있다.

ICT를 통한 무기체계 패러다임 시프트와
새로운 도전자의 등장

4차 산업혁명이 도래하는 시점에서 바라본 미래 전쟁은 이제까지의 변화와는 사뭇 다른 형태임을 알 수 있다. 무기체계의 패러다임이 무인화와 네트워크화를 기반으로 하는 새로운 형태로 전환되었다. 이런 패러다임 변화는 누군가에겐 절호의 기회가 될 수 있고, 또 누군가에겐 기존 시장에서의 입지 축소라는 위기가 될 수 있다.

무기는 파괴력이 우선이던 시대가 있었다. 제1, 2차 세계대전이 그랬고 냉전의 시대에 벌어졌던 각종 전쟁과 국지전도 그랬다. 그래서 대량살상무기인 핵무기가 게임 체인저로 등극했고 이후로도 파괴력 우선의 무기들이 등장했다.

그러나 대량 파괴를 목적으로 하는 무기는 점차 증대되는 윤리적 논쟁과 마주하며 시대의 변화를 맞이했다. 이제는 대량 파괴 대신 정밀 타격을 통한 종심 지역 파괴로 적의 전의를 상실케 하는 것이 핵심적인 전술로 자리 잡았다. 대량 파괴로 발생하는 민간의 심각한 피해를 최대한 방지해 공격의 정당성을 확보해야 윤리적 문제에서 조금이나마 자유로울 수 있기 때문이다.

무기체계의 패러다임 전환은 이런 전쟁 윤리적 차원과 더불어 공격 효율성과 무기 활용의 경제성 측면에서도 변화를 요구하고 있다. 아군의 피해는 최소화하면서 더 빠르게, 더 정확하게, 더 효과적으로 적을 타격하기 위해서는 무기의 첨단화가 필수적이다.

무기체계의 진화는 융단폭격에서 정밀타격으로의 전환을 촉진했다. 굳이 폭격기를 출격시키지 않고도 먼 거리에서 적을 공격할 수 있는 미사일 기술이 발전했다. 이후에는 미사일에 카메라를 달아 폭격이 이루어지기 직전까지 전황을 모니터링할 수 있게 되었다. 폭격의 효율성과 정확성이 증대된 것이다. 이렇듯 무기는 점차 발전했고 현재에 이르러 다양한 응용 버전들이 실전에서 활약하고 있다. 이것을 우리는 재래식무기의 진화 과정이라 부른다.

이제까지의 재래식무기는 하드웨어의 전환을 통한 파괴력 증진에 초점이 맞춰져 있었다. 따라서 하드웨어적 기술을 이미 보유한 록히드마틴은 이를 응용해 새로운 버전의 무기만 출시해도 세계 무기 시장에서 영향력을 유지할 수 있었다. 그러나 미래 전쟁은 소프트웨어가 무기의 패러다임을 주도하는 형태로 진행되며, 하드웨어적 요소는 부가적 역할만 하는 형태로 전환될 것이다.

이런 패러다임 전환의 핵심에 ICT가 있다. 역사를 돌이켜보면 군사적 목적에서 개발된 기술이 스핀-오프Spin-off 과정을 거쳐 민간에 전달되면서 산업 발전의 원동력이 된 사례가 많다. 인터넷, GPS, 레이저, 탄소섬유Carbon Fiber 등은 물론이고 우리가 현재 사용하는 스마트기기의 핵심기술까지도 모두 군사적 목적에서 개발되어 민간에 도입된 것들이다. 시대가 변화하며 이런 기술적 스핀-오프는 스핀-온Spin-on 즉, 민간의 발전된 기술이 군사적 용도로 활용되는 형태로 바뀌고 있다. 이것이 다시 민간과 군사 기술이 융합되는 스핀-업Spin-up으로 진화하면서 군사와 민간의 경계는 점차 희미해지고 있다.

ICT를 통한 융합기술은 새로운 기회를 만들어냈다. 그리고 미래 전쟁을 대비한 밀리테크 4.0을 ICT가 주도하고 있다. 프랑스 국제관계연구소IFRI 연구원은 언론과의 인터뷰에서 밀리테크 4.0의 핵심에 ICT가 있으며, ICT를 활용한 밀리테크 4.0을 달성하는 것이 미래의 주도권을 획득할 수 있는 지름길이라고 밝히기도 했다. 이 주도권은 국가와 기업 모두에게 새로운 기회를 제공할 것이다.

마이크로소프트와 록히드마틴, 미래 경쟁의 시작?

방위산업의 최강자 록히드마틴과 IT 분야의 제왕 마이크로소프트는 앞으로 어떤 변화에 직면하게 될까? 이제까지의 협업은 록히드마틴이 주도하고 마이크로소프트가 협력하는 구조였다. 그런데 미래의 전쟁 양상, 그리고 그에 따른 무기체계의 변화가 록히드마틴보다는 마이크로소프트 쪽에 유리하게 바뀌고 있다. 이는 마이크로소프트가 독자적으로 국방 프로젝트를 수행할 만한 상황이 되어간다는 뜻이다.

너무 이른 단정일 수도 있지만, 앞으로는 마이크로소프트가 진행하는 프로젝트에 록히드마틴이 협력자로 참여하는 구도가 만들어질 수도 있다. 여기에 JEDI 프로젝트와 함께 마이크로소프트가 홀로렌즈를 비롯한 추가적 하드웨어까지 주력으로 제공할 여지가 순차적으로 발생하면서 시장의 양상은 더욱 복잡하고 흥미롭게 전개될 것으로 예상된다.

2000년대 초반부터 오늘날까지 마이크로소프트와 록히드마틴은 전략적 동반자 관계를 맺고 군의 커뮤니케이션 시스템 기능 개선 사업을 시작으로 군의 사이버 전략 증강에 필요한 시스템 개발에 공동으로 참여하고 있다. 마이크로소프트는 소프트웨어뿐 아니라 하드웨어의 공급을 통해 그 영역을 넓히면서 전투 병력의 교육과 전투 모의시험 등에 적극적으로 참여하는 중이다. 마이크로소프트와 록히드마틴은 미국 국방부뿐 아니라 영국군의 군 전투 네트워크 구축 사업에도 동참하는 등 네트워크 시스템에 대한 기술적 협력 관계를 이어오며 그 영역의 확대를 도모하고 있다.

그런데 이번 JEDI 프로젝트와 더불어 홀로렌즈를 육군에 제공하는 계약을 수주하며 마이크로소프트는 군사 분야에 독자적으로 뛰어들었다. 게다가 2019년 1월 미국 국방부에서 발주한 17억6,000만 달러 규모의 엔터프라이즈 소프트웨어 이니셔티브Enterprise Software Initiative: DoD ESI와 우주 및 해군 전쟁 시스템 사령부Space and Naval Warfare Systems Command: SPAWAR 프로젝트 수주 등으로 독자적 사업 영역 확대가 가능해지는 상황으로 전개되고 있다. 이렇게 되면 마이크로소프트와 록히드마틴은 네트워크 시스템 분야에서 서로 협력을 더 공고히 할 수도, 서로 치열한 경쟁자가 될 수도 있다. 미래의 전장은 네트워크화와 무인화로 갈 것이 자명하다. 이런 현실에서 누구의 기술력이 더 중요한 위치를 차지하느냐에 따라 그 명암이 갈릴 것이다.

MS vs. AWS, 2년여의 공방 끝 JEDI 프로젝트 새 국면 돌입

그러나 사업자 선정 직후부터 마이크로소프트가 진행하는 JEDI 프로젝트에 차질이 빚어질지도 모른다는 우려가 있었다. 미 국방부가 JEDI 프로젝트를 발주할 때 가장 유력한 사업자 후보로 거론되던 아마존웹서비스AWS가 탈락하고 마이크로소프트가 단일 사업자로 선택되면서 잡음이 발생했는데, 이에 대해 아마존이 소송을 제기한 것이다. 법원의 최종 결과가 나오기까지 사업 진행은 중단됐고 이러한 상황은 2021년 7월 초순까지 약 2년간 이어졌다.

그러던 2021년 7월 6일, 미 국방부는 돌연 JEDI 프로젝트를 전면 취소하고 신규로 '합동 전투원 클라우드 역량JWCC' 프로젝트를 발주할 계획이라고 밝혔다. JEDI와 JWCC 모두 군의 네트워크 시스템 클라우드화를 목적으로 한다는 점에서 기본적인 방향은 같다. 그러나 사업비가 기존의 100억 달러(11조3,000억 원)보다 축소될 예정이고 사업 진행 기간도 10년에서 5년으로 단축되며, 결정적으로 사업자의 형태도 단일에서 복수 사업자로 바뀔 전망이다. 미 국방부는 군의 네트워크 시스템 클라우드화 사업을 진행할 수 있는 기업이 현재로서는 아마존과 마이크로소프트뿐이라고 밝혀, 앞으로 새롭게 진행될 클라우드화 사업에 두 기업이 공동으로 참여할 가능성을 간접적으로 시사했다.

마이크로소프트로서는 JEDI 프로젝트 전면 취소로 인해 이미 수립했던 미래 사업 계획과 전망에 차질이 불가피할 것으로 보인다. 다만 아마존웹서비스와 공동으로 사업을 진행할 수 있다는 점에서 완전한 실패라고 단정하긴 이르다. 미 국방부를 통해 아마존웹서비스와 어깨를 나란히 할 만한 실력자임을 공인받은 데다, 새로운 프로젝트를 공동으로 수행함으로써 이미지 각인 효과를 얻는 동시에 미래 시장 확보의 가능성도 커졌기 때문이다.

결국 민간의 테크 기업이 군 관련 프로젝트를 수주해 진행한다는 점에서 앞으로의 무기체계 시장이 변화하는 모습을 가늠할 만한 사건임은 분명하다. 또한 기존 방위산업 기업들의 사업 영역 축소, 혹은 영역 변경이 이루어지는 상황에서 마이크로소프트가 주도권을 잡을 여지는 그대로 남아 있는 상태이다.

ICT로 열리는 미래 전쟁의 새로운 패러다임

미래의 전쟁은 무인화, 자동화, 초연결을 통한 네트워크화가 승패를 좌우할 것이다. 4차 산업혁명의 핵심인 ICT가 국방에 서서히 접목되는 추세는 미래 전쟁의 이러한 패러다임 전환을 가속하고 있다. 마이크로소프트의 JEDI 프로젝트는 이 같은 변화에 필요한 기초적인 인프라를 제공하는 것으로, 빅데이터를 기반으로 하는 AI 기술이 적극적으로 활용되기 시작했음을 의미한다. 육해공과 우주를 아우르는 전 영역에 걸친 AI 기반 무인 무기체계와 정보 체계에서부터 지상 전투에 투입되는 각 전투원의 네트워크 플랫폼까지, 앞으로 펼쳐질 밀리테크 4.0의 구축과 활용에 필요한 가장 핵심적인 인프라를 구축하는 것이 미 국방부의 궁극적 목표이다.

ICT의 적용을 통해 전쟁의 형태와 수단, 공간이라는 세 가지 분야에서 급격한 변화가 발생할 것이다. 전투형태는 모든 무기체계와 전투원이 하나의 거대한 네트워크로 연결되는 네트워크 중심 체계로 전환될 것이다. 전투가 벌어지는 현장과 지휘 통제 시스템은 하나의 네트워크로 연결되어 실시간 상황과 각종 전투 수행에 필요한 정보가 공유되고, 이를 통해 의사결정의 순발력을 증진하는 동시에 공격의 정확도를 향상시킬 수 있다. 또한, 지휘 통제 본부에서는 그동안 취합한 정보와 실시간으로 들어오는 정보를 빅데이터화하고, 이것을 AI 기반의 전장 상황 시뮬레이션 프로그램에 투입해 가장 효과적인 전략을 빠르고 정확하게 도출한 다음 전투원과 무기체계에 전달할 수 있게 된다.

전투수단의 활용도 확대된 전장에 적합한 형태로 변화할 것이다. ICT를 적용해 육·해·공·우주·사이버 각 영역에서 활용 가능한 장거리 정밀타격 무기, 무인 체계, 전자무기, 레이저무기, 사이버 무기 등 다양한 전투수단을 유기적으로 적용함으로써 정확도와 속도를 증진시키는 동시에 전쟁 수행의 경제성도 향상시킬 수 있다.

ICT의 무기체계 적용은 전투 양상에도 큰 변화를 야기할 것으로 예상된다. 로봇이 전장을 누비는 장면은 더는 영화가 아닌 현실이 될 전망이다. 전투원의 근력과 감각을 강화할 수 있는 외골격 로봇, 뇌와 인체에 센서를 삽입해 더 강력하고 빠른 전투가 가능하며 무인 무기체계를 조종할 수 있는 슈퍼 휴먼 병사, AI가 탑재되어 스스로 전투를 수행하는 로봇 등이 전장을 누빌 날이 다가오고 있다.

현재 정보작전과 사이버전이 혼합된 형태의 사이버 정보작전Cyber-enabled Information Operation: CyIO 개념이 군사전략의 새로운 개념으로 떠오르고 있다. 이는 전쟁이 발발했을 때 특정한 임무를 수행하는 부대가 적진에 침투하거나 적을 대상으로 여론전, 심리전, 전자전 그리고 사이버전을 구사해 적의 의지를 무력화하고 유·무선 네트워크와 핵심 무기체계를 무력화하는 등의 작전을 말한다. 이 기술적 전략은 이미 미국이 21세기 초반에 아프가니스탄 전쟁이나 이라크 전쟁에서 기본적인 형태로 시험한 바 있다. 이제는 그 기술력이 더욱 증진되어 한층 수준 높은 전략을 수행할 수 있게 되었다.

마이크로소프트의 미 국방부 JEDI 프로젝트 수주에서도 알 수 있 듯, ICT의 궁극적 지향점은 네트워크화를 통한 정보 채널의 확대와 빅 데이터화를 통한 AI 시스템 구축이다. 이렇게 구축된 AI 시스템은 에너 지 무기, 무인 무기, 전투원 등과 융합되어 정밀도와 파괴력을 증진시 키는 동시에 전투의 경제성을 확보한다. 레이저, 고출력 마이크로파, 입자빔 무기 등과 같은 에너지 무기와 AI가 융합되면 빠르고 정확하게 피아를 식별하고 공격과 피해 범위를 파악해 공격의 정확도를 최대한 높일 수 있다. 드론, 경계 로봇, 감시 센서 탑재 무인 시스템, 무인 함정 과 잠수함 등과 같은 무인 무기체계와 AI가 융합되면 인간이 접근하기 어려운 지역에 투입되어 경계, 감시, 정찰, 공격 등을 효과적이고 정밀 하게 수행할 수 있게 된다.

일론 머스크가 창립한 뉴럴링크Neuralink에서 연구하고 있는 인간 뇌와 ICT의 결합인 BCIBrain-Computer Interface 기술은 이미 오래전부터 다 양한 방향으로 연구가 진행되었으며 현재는 더욱 발전된 형태로 진화 하고 있다. 인간의 뇌가 일으키는 뇌파를 통해 무기체계를 제어할 수도 있다. 이는 인공지능 기반 무기체계 제어로 인한 윤리적이고 기술적인 문제를 해결할 수 있을 것으로 예상된다.

그 외에도 전쟁 공간이 우주로까지 확대되면서 ICT와 융합된 무기 체계는 그에 걸맞게 진화할 조짐을 보이고 있다. 이제는 공중뿐 아니라 우주에서의 영향력 확대가 국가의 경쟁력을 물론 전쟁에서의 승패를 좌우할 것으로 예상된다. 따라서 이전에는 경제성과 우주조약이라는 제약 조건으로 인해 연구만 이루어졌던 우주형 무기체계의 개발도 앞 으로는 충분히 고려의 대상이 될 것이다. 대표적인 것이 위성 탑재형 무기로 위성에서 발사하는 레이저나 '신의 지팡이'와 같은 위성 투하형 무기이다. 또한 6세대 무인 스텔스 전투기나 그다음 버전의 전투기가 우주 전투기의 역할도 수행할 수 있으리라는 예측도 가능하다.

한국 국방 무기체계에 접목되는 ICT

한국은 현재 세계에서 국방력 순위 6위, 국방비 지출 규모 8위를 기록하는 군사 강국이다. 한국은 창군 이래 가장 큰 변화와 혁신 그리고 도전의 상황에 직면해 있다. 4차 산업혁명의 핵심기술을 구성하는 요소들 대부분에서 이미 세계적 기술력을 확보하고 있고 육상, 해상, 공중 무기체계의 하드웨어적 구성과 소프트웨어적 적용 부분에서도 상당한 자주적 기술 진보를 이뤄나가고 있다. 따라서 한국이 ICT를 기반으로 하는 국방시스템의 개혁을 성공적으로 달성할 경우 미래 전쟁 패러다임의 변화에 자주적 대응이 가능할 수 있다. 또한, 그 기술력으로 탄생한 각종 무기를 판매해 국가 경제력 증진에도 크게 기여할 수 있다. ICT의 국방 무기체계 적용이라는 패러다임 전환은 한국에 새로운 도전과 기회의 요인으로 작용할 수 있다는 의미이다.

한국 정부와 군은 새로운 국방 무기체계 변화 상황에서 더 큰 발전을 이룩하기 위해 새로운 도전을 시작하고 있다. 첨단 ICT를 국방 분야에 적용해 고부가가치 창출과 자주국방을 동시에 달성한다는 내용의 '국방개혁'이 바로 그것이다.

한국 정부와 국방부는 '국방개혁 2.0'에 기반해 "디지털 강국, 스마트 국방"이라는 슬로건을 제시하며 4차 산업혁명의 핵심기술의 국방 분야 접목을 서두르고 있다. 2020년 1월 21일 국방부가 대통령에게 한 업무보고에서는 우리 군이 진행할 국방정책 핵심과제로 국방운영의 혁신, 기술과 기반 혁신, 전력체계 혁신을 선정했다. 이는 미래 전쟁의 패러다임 전환에 적극적으로 대응하기 위한 우리 군의 방향을 잘 보여주는 것이라 할 수 있다. 이미 2019년 1월 4차 산업혁명 기술의 국방 분야 적용을 위한 '스마트 국방혁신 추진단'이 출범했다. 그리고 대통령 직속 4차 산업혁명 위원회에서 '4차 산업혁명 스마트 국방혁신 추진계획'을 통과시킴으로써 ICT를 적용한 국방 분야의 전환을 준비하고 있다.

국방운영 혁신을 위해 우리 군은 AI를 비롯한 각종 기술적 요소를 접목해 교육훈련, 안전, 급식, 의료 등의 분야에서 실질적 변화와 질적 향상을 추진할 계획이다. 이를 통해 국방자원의 관리 효율성을 높이고 선진화된 국방운영을 실현하려 하고 있다. 인구 감소로 인한 전투원의 감소가 예상되는 상황에서 국방운영의 선진화는 구성원의 만족도를 높이고 전투능력의 강화까지 달성할 수 있는 효과적 방안이라고 할 수 있다.

ICT 기술과 기반 혁신의 측면에서도 한국의 민간 기업이 강점으로 가지고 있는 초연결 네트워크 시스템을 군의 인프라에 적용함으로써 빅데이터와 AI를 통해 사이버 공간에서의 우위를 확보하는 노력을 기울일 예정이다.

전력체계 혁신 차원에서 군은 미래합동작전 개념에 부합하는 군사력 확보를 위한 미래 8대 국방 핵심기술과 10대 군사 능력을 설정했다. 미래 8대 국방 핵심기술에는 첨단 센서, AI, 무인로봇, 신추진, 신소재, 가상현실, 사이버, 고출력 신재생 에너지 등이 포함되었다. 10대 군사 능력에는 고위력, 초정밀, 무인/유·무인 복합, 소형경량화, 극초음속, 스텔스, 비살상 전자전체계, 초연결 네트워크, M&S 사이버, 장사정 신추진 등이 포함되었다.

육군은 첨단 과학군을 목표로 산학연의 연계를 통해 AI와 양자, 드론봇, 초연결과 모바일, 워리어플랫폼, 고기동 등을 포함한 15개 분야에 관한 연구와 개발을 위한 과학기술위원회를 편성했다. 아울러 '아미 타이거Army TIGER 4.0' 통합기획단과 미래혁신센터를 신설해 미래군으로의 전환을 모색한다는 계획이다.

해군도 해양강국 'SMART Navy 大 항해계획' 달성을 위해 미래혁신연구단을 편성해 운영하고 있다. 해군은 무기체계에서의 선진화를 위해 먼저 무기체계의 첨단화와 무인화를 추진하며 작전 지원의 자동화와 효율화, 교육과 훈련의 과학화 등을 추진하고 있다.

공군은 스마트 공군으로의 진화를 위해 '4차 산업혁명 첨단기술 기반 공군혁신 추진계획'을 수립하고 이를 효과적으로 수행할 공군혁신 추진단을 편성했다. 이 계획은 항공우주 작전 첨단 전력체계를 구비하고 이것을 뒷받침할 효율적이면서도 선진화된 전력 지원 체계 완비를 목표로 한다. 또한 선진화된 전력체계를 운용할 인원에 대한 교육훈련과 신기술 관리 역량을 비롯한 ICT 기반 고도화를 달성하기 위한 노력도 지속하고 있다.

우리 정부와 군은 미래의 첨단 국방력을 확보하기 위해 정부 산하의 연구기관들과 연합해 기초원천 R&D 사업을 진행하는 동시에 국방 R&D와 관련한 협업을 추진하고 있다. 과학기술부와 국방부가 이미 2017년 12월에 업무 협약을 체결했으며 2018년 4월엔 '과학기술 기반 미래 국방 발전전략'을 바탕으로 미래 국방 기술개발을 추진하고 있다. 이를 바탕으로 미래 국방 기초원천 R&D 기술 로드맵 8대 요소 기술을 설정했다.

8대 요소 기술에는 무인화, 센싱, 특수소재, 초연결, 미래추진, 초지능, 생존성과 생화학, 그리고 에너지 무기가 포함되어 있다. 무인화와 센싱 기술은 특수임무를 수행하는 무인 이동체가 핵심인데 드론과 무인 특수 차량이 우선적으로 적용된다. 이미 한국 공군은 중고도 무인기 개발사업을 통해 한국판 프레데터인 MUAV의 개발을 진행하고 있으며, 곧 양산에 돌입할 예정이다. 이에 더해 공군은 미국의 정찰 드론 RQ-4 글로벌 호크, 공격형 드론 MQ-9 리퍼, MQ-1 프레데터를 비롯해 이스라엘로부터 수입한 다수의 드론을 운용하고 있다.

육군은 '멈티Manned-Unmanned Teaming: MUM-T'로 불리는 유·무인 복합 운용체계를 준비하고 있다. 멈티는 조종사가 탑승한 유인기와 무인기가 한 팀을 이뤄 작전을 수행하는 전략을 말한다. 이미 미국은 2000년대 초반 아프가니스탄 전쟁에서 적의 주요 표적을 정확하게 타격하는 방법으로 이 전략을 도입했다. 미 공군의 지상 공격기 AC-130과 MQ-1C 프레데터가 한 팀으로 묶여 프레데터가 촬영한 적진의 영상을 AC-130에 실시간으로 전송하면 정확한 타격 목표를 확인하고 공격하는 형식이다.

한국 육군은 KAIKorea Aerospace Industries: KAI에서 제작한 수리온 기동 헬기와 소형무장헬기에 무인기를 결합한 '멈티' 개념을 공개했다. 유인 헬기에서 발사한 소형 드론은 헬기에 탑승한 조종사의 통제에 따라 적진 상공에서 정보를 수집해 공격 헬기가 안전하고 정확하게 작전을 수행할 수 있도록 돕는다. 또한 소형 드론에 탑재된 탄두를 이용해 적 지휘소나 육상 무기에 자폭 공격을 수행할 수도 있다. 육군은 이와 더불어 차륜형 장갑차와 다목적 무인 차량의 합동 경비 임무 수행도 시험하고 있다.

멈티는 비단 공중에서뿐 아니라 모든 전장에서 활용할 수 있다. 육상에서는 유인 차량 및 지상 로봇과의 유기적 협업이 가능하고 해상에서도 유인 함정과 무인 함정, 또는 잠수정과의 유기적 협업이 가능하다. 이미 전투기에서 발사한 미사일을 드론이 목표까지 안내하는 형태로 활용되고 있다. 이렇듯 멈티는 응용력 면에서 저비용과 고효율의 전술적 다양화를 추구할 수 있다는 장점이 있다. 그리고 유인기나 함정의 조종사와 탑승 인원의 생존력을 향상하고 공격 목표에 대한 정확한 좌표 설정을 통해 공격 정밀도를 높일 수 있다는 장점도 있다.

한국군은 특수소재의 개발에도 노력하고 있다. 나노와 메타물질의 신소재 개발을 통해 각종 유·무인 무기체계의 경량화와 강도 향상은 물론 반도체의 새로운 소자 개발, 스마트 솔저를 위한 피복과 전투 장비 등의 내구성 강화와 경량화를 추진하고 있다. 이런 신소재는 앞으로 발전을 거듭하며 군사 분야의 다양한 영역에 적용할 수 있어 많은 이점이 있다. 한국군은 KF-21 보라매의 시제기에 탑재될 AESA 레이더 조작 스위치에 적용된 반도체 소자를 실리콘이 아닌 질화갈륨으로 만들어 기기의 소형화와 전도율을 획기적으로 높이는 데 성공했다. 육군은 스마트 솔저용 피복과 보호 장구의 경량화와 보호 능력 강화를 위해 방호재료 연구를 진행하고 있다.

초연결 기술은 기본적으로 고신뢰성 다중 통신을 기본으로 한다. 현재 5G로 대변되는 이동통신 기술을 통해 작전지휘소와 전장, 국방 관련 정보기관 등을 하나의 네트워크로 묶어 다양하고 정확한 실시간 정보를 공유함으로써 작전 수행 능력을 향상하는 기반 기술이다. 여기에는 유선과 무선통신시스템의 효과적 운용, 위성을 이용한 상시 정찰과 정보 입수, 그리고 사이버 보안의 향상을 통한 정보 관리 등이 포함되어 있다. 이를 위해 한국군도 미국의 국방부가 추진하는 클라우드 네트워크 시스템과 유사한 통합 네트워크 시스템의 구축을 염두에 두고 있다.

초지능 기술은 의사결정 지원시스템을 확대·증진시키기 위한 목적으로 연구되고 있다. AI 기술로 더욱 정확하고 신속한 의사결정을 지원하는 것이 요체인데 세부적으로 들어가면 지각, 인지, 학습지능 기술의 개발을 계획하고 있다. 이는 초연결 기술, 센싱 기술 등과 불가분의 관계를 형성하고 있어 동시에 진행되어야 할 부분이다. 센서를 통해 수집한 정보를 네트워크 클라우드에 저장해 빅데이터화 하고 이것을 AI에 탑재해야 비로소 활용 가능해지기 때문이다.

한국군은 밀리테크 4.0 시대를 대비하기 위해 국내 주요 방위산업 기업과 유기적 협력을 추진하고 있다. 세계 100대 방위산업 기업 가운데 27위에 오른 한화그룹은 미래 방위산업 기술 확보를 위해 국방 로봇과 미래지능형 플랫폼 기술개발 및 활용을 주도하고 있다. 드론 통합 관제 시스템, 드론 무선충전 시스템, 드론 탐지 레이더 등을 개발해 육군의 드론봇 전투체계의 통합 운용 지원을 준비하고 있다. 또한 해군의 차세대 전투함정의 전투시스템을 개발해 적용할 예정이다. 이와 더불어 국방운영의 시스템화를 위해 사물인터넷과 AI 기술을 통한 스마트 부대 관리 시스템을 개발하고 있다. 무기체계의 미래화를 선도하기 위해 레이저무기, AI, 드론, 로봇 등의 개발에 필요한 역량 확보 차원에서 산학 협력을 적극 추진하고 있다.

LIG넥스원도 한국을 대표하는 방위산업 기업의 하나로 정밀유도무기, 감시정찰, 지휘 통제 및 통신 등의 분야에서 첨단 무기체계를 개발하고 있다. 그동안의 기술개발 노하우를 바탕으로 근력 강화용 착용형 로봇을 개발했으며 무인화 전력과 사이버전 전력의 개발에도 주력하고 있다. 특히 육군의 드론봇 전투단 사업과 워리어플랫폼 사업에 깊이 관여하면서 개인 전투시스템, 자율주행 기술, 무인기 항전시스템과 지상 통제 시스템 등의 연구를 진행하고 있다. 또한 사이버전을 대비한 핵심기술의 확보를 위해서도 노력 중이다.

미래의 전쟁은 지능화된 네트워크, 상상을 초월하는 빠른 속도와 정밀도가 그 판세를 가를 것으로 예상된다. 이는 지상, 해상, 공중, 우주 등 모든 영역에서 실시간으로 취합된 정보의 분석과 의사결정이 첨단화된 네트워크와 AI를 통해 이루어지는 초고속 지능화 전쟁을 의미한다. 따라서 미국, 중국, 러시아를 비롯한 군사 강국들은 ICT의 핵심인 ICBMA IoT, Cloud, Big Data, Mobile, AI의 개발과 활용에 사활을 걸고 있다. 이같은 기술은 하드웨어적 외형을 가진 무인, 자율형 무기체계는 물론이고 네트워크 내에서 소프트웨어적 형태로 진행되는 사이버전의 미래를 지배할 것이기 때문이다.

2장

사이버 네트워크 전쟁
전쟁의 시작은 사이버 공격으로부터

미국과 이스라엘이 제작한 스턱스넷Stuxnet의 변종 프로그램이 지구 여기저기를 돌아 중국과 북한 해커부대에까지 도달했다. 북한은 이 프로그램의 입수를 극비에 부치고 써먹을 날을 손꼽아 기다렸다. 스턱스넷 변종은 국가 기반시설의 마비와 파괴를 목적으로 하는 파이어세일Fire-sale 공격에 최적화된 바이러스이다.

2025년 6월 25일 화창한 오전, 푸른 하늘을 바라보며 오늘 스케줄을 확인하기 위해 컴퓨터를 컨 A 씨는 이메일을 열어 보다 낯익고 반가운 이름 하나를 발견한다. 고등학교 졸업 후 30년이 넘도록 만나지 못했던 친구였다. 메일을 열어본 A 씨는 그 친구가 운영하는 회사의 브로슈어를 첨부했다는 말에 아무 의심 없이 첨부파일을 클릭하고 브로슈어를 내려받아 살펴봤다. 그러고는 다음에 시간 맞춰 꼭 만나자는 답장을 보내고 메일을 닫았다.

국가 핵심시설에 근무하는 B 씨, 우연히 들른 서점 전자코너에서 맘에 드는 디자인의 신형 USB를 발견하고 가격과 용량을 확인한다. 5TB 용량의 USB는 생각보다 가격이 비쌌고 당장 필요했던 것도 아닌지라 B 씨는 미련 없이 구입을 포기했다. 그리고 며칠 뒤, 그 USB와 꼭 같은 것이 주차장에 떨어진 것을 발견한 B 씨는 별생각 없이 그것을 주웠다. 그리고 그 USB를 자신의 회사 컴퓨터에 연결해 사용했다.

북한은 2013년 한국의 주요 기관을 해킹해 각종 중요 문서를 탈취하고 시스템을 파괴하면서 그 네트워크 내에 특정 해킹 프로그램을 은밀하게 심어 놓았다. 그리고 그 프로그램을 통해 각 정부 기관을 상시 모니터링하며 정보를 빼가고 있었다. 북한 정찰총국 소속 해커 그룹 H의 조직원 다섯 명은 이 해킹 프로그램을 통해 평소와 다름없이 한국의 주요 기관의 정보를 모니터링하던 중 문서 하나를 발견한다. 미국과 한국 간 1급 비밀사항으로, 북한과 중국의 무력 증강을 저지하고 북한을 평화의 무대로 나오게 만드는 특단의 조치에 관한 문서였다. 즉시 상부에 보고가 올라갔고 북한 수뇌부들은 한국과 미국이 자신들을 모욕했다며 이 조치의 시행 전에 먼저 공격을 감행하자는 결론을 내린다.

한국은 5G 모바일 통신망이 완전히 자리 잡히면서 거의 모든 사회 시스템이 유비쿼터스의 시대로 돌입했다. 모든 것이 초연결과 초고속 네트워크로 연결되어 사람들은 과거의 그 어떤 시대보다 편리한 자동화의 시대를 만끽하고 있다. 반대로 기초적 네트워크조차 없는 북한은 여전히 라디오나 TV를 통해 강력히 통제된 정보만을 전달하는 한편, 무력 증강만을 추구하며 주민들의 삶을 어렵게 만들고 있다. 미국과 국제사회는 북한의 무력 증강을 더는 용인할 수 없다는 판단에 이전보다 더 강력한 제재를 가하며 평화의 무대로 나오라고 요구하고 있다.

2025년 6월 25일 수요일 오전, 평화롭던 한국의 아침은 북한 정찰총국 소속 해커부대의 전면적 총공격으로 모든 네트워크 시스템 가동이 멈추면서 혼돈과 공포의 상황으로 치닫는다. 은행, 증권사를 비롯한 모든 기업의 네트워크 서버가 파괴되고 기반시설인 병원과 학교는 물론, 공공기관과 정부 주요 기관의 네트워크까지 모두 다운되면서 한국은 순식간에 1970년대로 돌아가 버렸다.

북한은 파이어세일 공격을 통해 먼저 교통 네트워크를 무력화시켜 사람들의 공포와 혼란을 야기하고 그다음 금융과 통신 네트워크를 마비시켜 한국의 시간을 70년대로 돌려놓았다. 곧이어 국가 기반시설인 수도, 전기, 원자력 등의 에너지 네트워크를 마비시킴으로써 한국 전체를 혼란에 빠뜨렸다.

친구를 사칭해 보낸 메일을 반갑게 열어보았던 A 씨는 본의 아니게 회사 네트워크에 해킹 툴을 깔아주는 역할을 했다. 국가 핵심시설에 근무하는 B 씨는 주차장에서 우연히 주운 USB를 회사 컴퓨터에 꽂아 넣는 순간 에어 갭Air Gap 시스템으로 철저히 외부와 차단된 내부 네트워크에 자신도 모르게 스틱스넷 변종 프로그램을 깔아주는 역할을 했다. 이런 과정을 거쳐 북한은 파이어세일 공격의 모든 준비를 마쳤고 실행에 옮길 수 있었다.

북한 해커부대는 A와 B 씨 같은 사람들의 신상을 확보해 이들에게 어떤 방법으로 접근하고 그들이 몸담은 조직 네트워크에 어떻게 접근할 것인지를 사전에 치밀하게 준비해 실행했다. 이런 방법에 당한 많은 사람이 자신도 모르는 사이에 북한 해커부대의 해킹 툴 운반자로 전락했고 결국 한국은 북한의 파이어세일 공격을 받아 엄청난 피해를 감수해야 했다.

공격 원점에 대한 파악이 어렵고 공격자를 쉽게 파악하기 어렵다는 사이버 공격의 이점을 북한은 최대한 활용해 중국과 동남아시아에 거점을 두고 공격을 감행했다. 북한 정찰총국의 지휘 아래 벌어진 일이라는 심증은 있지만 명백한 증거를 쉽게 찾을 수 없었다.

북한의 사이버 공격과 대한민국의 대응 준비

2012년 5월 인천국제공항과 김포공항의 GPS 신호가 먹통이 되었다. 이를 주도한 주체로 지목된 건 북한이었다. GPS 전파방해 신호는 4월 28일 처음 감지되어 5월 6일 종료되었는데, 신호의 발신지를 추적한 결과 비

무장지대 북쪽으로 10킬로미터 떨어진 북한의 개성으로 확인되었다. 이 전파방해로 두 공항을 이용하는 553대의 항공기, 수백 척의 선박과 어선의 GPS 시스템에 오류가 발생했다. 만약 이런 오류로 인해 항공기나 선박이 좌표를 읽지 못해 북한 영해로 들어가게 되었다면 북한으로서는 군사적 충돌의 빌미를 얻어 공격을 정당화할 수도 있었다.

이런 도발은 이미 2011년 3월 인천공항에 대한 사이버 공격을 감행한 북한으로서는 별로 어렵지 않은 행동이었다. 2012년 4월 13일, 북한은 위성 발사 실패 이후 효율적인 사이버 공격에 대해 고려했을지 모른다. 그 목표로 삼은 것이 남한의 주요 공항이라는 추측을 현실적으로 뒷받침하는 증거가 바로 이 전파방해 공작이다. 북한군은 이미 2012년 이전부터 한국과 미국의 금융기관, 정부와 군사 웹사이트에 대한 사이버 공격을 실행한 혐의로 기소된 상태이다. 중국에 기반을 두고 활동하는 북한 정찰총국 소속 해커들이 한국의 IT 및 통신 기반시설을 파괴하려 시도했다고 의심받고 있었다.

북한은 이미 2000년대 초반부터 남한에 대해 다양한 형태의 해킹을 감행하고 있었다. 우리 정부의 조사와 분석에 따르면 북한은 1990년대 후반부터 준비를 시작해 2004년부터 본격적으로 사이버 공격을 시작했다고 추정된다. 이때부터 지금까지 북한은 한국 정부와 안보기관, 국책연구소 등과 그 관계자를 대상으로 지속적인 해킹을 실행해 각종 정보와 기밀사항을 지속적으로 훔치려는 시도를 하고 있다. 그러나 수면에 떠오른 해킹 사례보다 해킹을 당하고도 이를 모르고 지나가는 '폴스 네거티브 에러False Negative Error'의 사례가 훨씬 많으리라 추측된다.

2006년 1월 북한은 한국 국회 서버를 공격해 한국원자력연구원과 안보부처 관계자 이메일 계정 정보를 다량으로 훔쳤다. 해커의 루트를 역으로 공격해 해커의 PC에 접근해보니 한국 공공기관의 문서와 관련 인사들의 이메일 정보가 정리되어 있었다. 이 사건을 계기로 안보부처와 원자력 관계자의 이메일 개인정보 교체가 이루어졌고 자료 보관용 PC의 인터넷 접속이 차단되었으며, 이후 인터넷에 연결된 PC에는 자료를 보관하지 않도록 전환됐다. 또한 국회에 제출하는 자료와 서류 등의 이메일 전송을 원천적으로 막아버렸다. 이후 사이버 위기 대응을 총괄하는 법률을 마련하는 한편, 국가정보원과 국방부, 정보통신부 등이 합동으로 사이버 위기 대응 통합훈련을 실시했다. 이때까지 북한의 사이버 공격은 이메일이나 홈페이지 공격 등과 같은 낮은 수준의 공격이 주를 이뤘다.

2009년 3월 5일 육군 모 사령부에 북한의 해커가 침투해 국립환경과학원이 운영하는 화학사고대응정보시스템 접속을 위한 인증서를 탈취했다. 해커는 탈취한 인증서로 시스템에 접속해 유해 화학물질 제조업체의 위치와 화학물질 정보 등 수천 건의 자료를 훔쳤다. 같은 해 11월엔 한미연합사에 근무하는 장교가 군 내부 인트라넷과 외부 인터넷이 호환되는 컴퓨터에 USB를 꽂고 인트라넷으로 작업을 하다가 외부 인터넷 모드로 전환하면서 USB가 해킹 프로그램에 감염되었다. 이 사고로 부대 방문 군 인사 혹은 전입 장교 설명용으로 USB에 보관 중이던 군사 2급 비밀인 '작전계획 5027' PPT 자료가 유출되었다.

북한 정찰총국 소속 해커부대는 2009년 7월 7일부터 9일까지 총 3회에 걸쳐 좀비 PC 44만여 대를 동원해 청와대, 국방부, 백악관, 한미 주요 기관 총 47개, 조선일보, 옥션 등 주요 정부 기관과 민간 기업의 홈페이지에 대한 디도스DDoS 공격을 감행해 웹사이트를 마비시키고 데이터를 탈취했다. 이 공격으로 약 363~544억 원 규모의 피해가 발생했다.

2011년 3월 4일에도 좀비 PC 12만여 대를 동원해 청와대, 국가정보원, 네이버 등을 비롯해 총 40여 곳의 웹사이트를 마비시키는 디도스,

즉 서비스 거부 공격을 감행했다. 북한 해커는 2011년 4월 농협 직원의 노트북을 통해 전산망에 침투한 후 서버 273대의 자료를 삭제했고 이로 인해 농협은 20여 일간 업무가 마비되었다.

2012년 6월 초 북한 인민군 총참모장은 이명박 대통령에게 최후통첩을 선언하고 북한 중앙방송도 "북한 최고 지도자의 존엄을 해친"것에 대한 공개적 사과를 요구하며 협박했다. 북한은 이명박 대통령이 사과하지 않으면 이미 좌표로 설정한 조선일보, 중앙일보, 채널A, KBS, MBC, SBS, CBS 등을 제거하겠다고 협박했다. 북한은 2012년 6월 9일 중앙일보 홈페이지를 해킹하고 서버 74대를 파괴해 자료를 삭제한 뒤 홈페이지를 변조했다.

북한은 2013년 3월 20일 KBS, MBC, YTN 등을 포함한 6개 방송사와 농협, 신한, 제주은행 등 금융사에 악성코드를 유포해 전산장비 4만 8,000여 대를 파괴했다. 2013년 6월 25일 청와대 홈페이지, 정부 기관과 정당 5개 기관, 언론사 11개사에 대한 해킹 공격이 있었다. 2014년 12월에는 고리와 월성 원자력발전소 PC 5대를 파괴하면서 원전 가동 중단 협박을 자행했다. 그리고 북한은 2015년 서울교통공사 국방부 기밀자료, 그리고 방위산업 기업 등을 지속해서 해킹하며 남한에 대한 사이버 공격을 감행했다. 이 당시 임종인 대통령안보특별보좌관은 북한의 사이버 테러 직후 가진 언론사와의 인터뷰에서 '북한 전자전사가 전면적으로 공격을 감행하면 남한의 주요 시설은 5분 이내에 초토화될 수 있다'고 주장했다.

2015년 3월 12일 '킴수키kimsuky'라는 북한 해커 그룹은 트위터로 한국수력원자력을 해킹해 탈취한 다량의 정보 일부를 공개했다. 2015년 1월 초 박근혜 대통령과 반기문 유엔 사무총장의 통화 내용, 고리 1, 2호기 운전용 도면, 사우디 수출용 스마트 원전 증기발생기 분석자료 등을 공개하며 자신들의 능력을 한껏 뽐냈다. 그러면서 "지난해 크리스마스를 무사히 넘긴 것은 국민의 안전이 소중해서였다. 그러나 그동안 우리가 너무 조용히 있었던 것 같다"라는 메시지를 남기며 우리 정부를 조롱했다.

북한의 해킹은 한국 주요 정부 기관 관계자의 이메일 계정 정보를 입수하는 것으로 시작된다. 해킹해 얻은 이메일 계정들을 사용해 특정 기관 직원을 사칭하며 악성코드를 담은 메일을 유엔 본부나 다른 기관 등에 전송하는 방식이다. 이 이메일을 열면 해당 컴퓨터 및 그것과 연결된 네트워크 내의 모든 컴퓨터에 악성코드가 심기고 이를 통해 정보가 탈취된다.

북한 정찰총국 소속 해커가 2016년 5월 인터넷 쇼핑몰 인터파크를 해킹해 회원 1,000만 명의 개인정보를 유출하고 그 대가로 30억 원의 비트코인을 요구한 일도 있었다. 국내의 보이스피싱 사기단을 뒤에서 조종하며 돈을 갈취한 주범 역시 북한 정찰총국 소속 해커라는 사실이 드러났다.

북한은 2017년부터 사이버 공격의 패턴을 수정해 금융기관과 가상화폐 거래소를 집중적으로 공격했다. 실제로 금전을 탈취당하는 사례가 늘고 있다. 2017년 4월 가상화폐 거래소 야피존(55억)을 시작으로 12월엔 유빗(구 야피존: 172억), 2018년 6월엔 코인레일(400억)과 빗썸(350억), 2019년 11월엔 업비트(580억) 등이 해킹을 당해 적게는 55억 원에서 많게는 580억 원까지 탈취당하는 사건이 발생했다.

북한이 사이버전을 수행하는 목표는 크게 ① 한국의 국가 기능 마비 및 사회 혼란 조성, ② 한국군의 군사 작전 방해, ③ 체제 선전, ④ 외화벌이로 요약할 수 있다. 이를 위해 비대칭전력인 해킹을 적극 활용하는 것이다. 북한은 경제난이 가속화되면서 재래식무기에 투자할 군비의 절대적 부족을 체감했는데, 그 차선책으로 선택한 전술이 사이버전이라 할 수 있다.

사이버전은 사이버 공간이 가진 광역성, 익명성, 비가시성이라는 핵심적 특성에 기반을 두고 이루어진다. 광역성이란 사이버 공간을 통해 셀 수 없이 다양한 대상을 공격할 수 있다는 뜻이다. 이런 이유에서 북한은 그동안 한국은 물론 미국, 영국 등을 비롯한 많은 서방국가를 상대로 사이버전을 수행했다. 익명성은 말 그대로 사이버전을 수행하는 주체가 누구인지를 직접 밝히지 않으면 알아내기가 어렵다는 뜻이다. 공격 주체의 은폐가 쉬워 공격에 대한 발뺌으로 비난을 쉽게 무마할 수 있다. 비가시성이란 공격 주체의 행동을 사전에 감지하기 어렵다는 뜻이다. 이 덕분에 북한은 사이버 공격을 실행할 때 시간과 장소의 구애를 받지 않고 도발을 자행할 수 있다.

사이버전은 북한에 몇 가지 결정적 이점을 제공한다. 첫 번째는 북한이 큰 비용을 들이지 않고도 군사적 도발을 할 수 있다는 점이다. 두 번째는 설령 사이버전으로 군사적 도발을 자행하더라도 익명성으로 인해 통상적 군사도발과는 달리 정치적 비난이나 책임을 회피할 수 있다는 점이다. 세 번째는 도발에 필요한 시간적 한계를 극복할 수 있다는 점이다. 통상적인 군사도발은 각 전력을 준비하고 이동시키는 데 시간적·물리적 제한이 따른다. 네 번째는 사이버전을 통해 탈취한 각종 정보를 간첩 활동과 심리전 수행의 기본적 인프라로 활용할 수 있다는 점이다.

한국은 인터넷망 속도 세계 1위, 스마트폰 보급률 세계 1위 등을 내세워 IT 강국임을 자부하고 있다. 그런데 네트워크 보안은 낮은 수준에 머물러 있다. 이 때문에 한국을 노리고 공격을 감행하는 해커들이 곳곳에 널려 있는 실정이다. 2000년대 초반부터 지금까지 정부 기관, 민간 기업 등이 연이어 해킹당하고 다량의 정보가 유출되는 사고가 끊이지 않고 있다.

왜 이런 현상이 발생할까? 보안 관련 전문가의 부족 때문이다. 정부와 공공기관을 비롯해 기업의 보안 담당 전문 인력이 네트워크 시스템 발달의 속도를 전혀 따라가지 못하니 한국의 사이버 공간은 해커들의 놀이터가 될 수밖에 없다. 네트워크와 첨단기기 수용도 면에서 전 세계 1위를 달리는 나라임에도 보안은 허술한 한국을, 해커들은 자신의 솜씨를 뽐내며 이익을 편취할 좋은 먹잇감으로 여기는 것이다.

2013년 기준으로 민간의 화이트해커라 불리는 보안 인력은 200명에 불과했고, 국가 기관의 보안 인력도 심각하게 부족했다. 전 세계는 이미 사이버 전쟁을 준비하고 실행하는 단계로 접어들었고 북한도 최상위급 해커를 7,000명 넘게 보유한 사이버전 강자로 떠올랐다. 그런데 우리 군이 2010년 1월 11일부터 운영하기 시작한 사이버사령부의 전문 인력은 2013년 시점 500여 명으로 이는 같은 기간 북한의 3,000명에 비해 상당히 낮은 수준이었다. 지금도 약 1,100명의 인원이라 7,000명 이상의 인력을 보유한 북한보다 여전히 낮은 수준이다. 미국과 중국도 군 소속 정예 해커의 인원을 대폭 확보한 것으로 알려졌다.

대한민국은 1997년부터 안기부를 중심으로 민간 기업과 대학교수 등의 협업과 자문을 받아 사이버 보안에 대한 작업을 시작했다. 민간영역의 사이버 보안은 국정원의 국가사이버안전센터가 담당하며, 사이버작전사령부는 국방 관련 영역에만 임무가 한정되어 있다. 국가사이버안전센터는 국정원 3차장 산하에서 운영 중인데, 일정한 시간 간격을 두고 정부 및 기반시설에 대한 사이버 공격 현황이 상황판에 표시된다.

하루에도 상당히 많은 해킹과 악성코드 공격이 일어나는데, 공격이 발생하면 정부에서 자체 개발한 보안 프로그램이 가동되어 방어하는 구조이다. 한국인터넷진흥원KISA도 자체 프로그램으로 악성코드를 차단한다. 그러나 해커들은 이런 방어막을 이미 학습한 상태이고 공격과 후퇴의 구멍을 만들어놓기 때문에 모든 공격을 완벽하게 방어하기는 사실상 어렵다.

2009년 북한의 7.7 디도스 공격이 110호 연구소로 알려진 인민무력부의 정찰총국 소속기관에 의한 것임이 알려지며 이에 대응하기 위해 2010년 1월 11일 국군사이버사령부가 창설되었다. 2015년엔 국군사이버사령부의 조사관이 국방부 산하기관 연구원의 이메일을 검사하다가 악성코드에 감염되어 북한의 해커에게 해킹을 당하는 사건이 발생했다. 이 해킹으로 정보기관이 운영 중인 프로그램과 매뉴얼이 유출되었는데, 기무사령부 조사에 따르면 이 자료는 북한으로 전송됐을 가능성이 크다고 한다. 이후 국군사이버사령부는 몇 차례 불미스러운 일에 연루되어 2019년 2월 26일 사이버작전사령부로 명칭이 변경되었다.

오늘도 전 세계의 해커들과 국가들이 대한민국의 다양한 기관에 대해 무수한 공격을 시도하고 있을 것이다. 그렇다면 우리는 무엇에 초점을 맞춰야 할까? 바로 사람이다. 전문 인력을 빠르고 효과적으로 확충해야 한다. 전쟁 공간의 패러다임 이동이 빠르게 진행되고 있다. 그리고 현재의 상태라면 북한의 사이버 공격은 더욱 거세질 것이다. 재래식무기인 핵을 통한 군사적 비대칭과 함께 사이버 전력의 비대칭으로 인해 북한이 한국을 가장 만만한 상대로 보고 계속 시험하려 들 가능성이 크기 때문이다.

북한은 현재 새로운 형태의 사이버 공격을 위해 모습을 세탁하고 있다. 국제적으로 활동하는 해킹조직 가운데 북한과 연계된 '탈륨Thal-lium'은 전통적 북한 해킹조직 킴수키와 동일한 조직으로 추정되는데, 주 표적을 기자나 대북 분야 종사자로 설정하고 접근해 정보를 탈취하거나 공격하고 있다. 또한, 북한이 지원하는 대표적 조직인 '라자루스 Lazarus'는 '워너크라이'라는 랜섬웨어를 이용해 해외 금융권과 방위산업체를 주요 대상으로 공격해 악명을 떨치기도 했다.

민간 기업은 물론이고 군이나 정부 기관이 운영하는 웹사이트와 저장 공간마저도 시간이 지날수록 위험에 노출될 가능성이 크다. 네트워크에 연결된 기기들이 늘어나고 접근 편리성은 더욱 증대될 것이기 때문이다. 이런 효용성의 증대는 동전의 양면처럼 순기능과 역기능을 동시에 갖는다. 사용자 편리성은 증가하지만, 보안도 그만큼 취약해진다. 늘어난 보안 취약 부분을 효과적으로 방어하기 위해서는 고난도의 기술을 익힌, 경험이 풍부한 인력의 확보가 무엇보다 중요하다. 고급 시스템, 도구 및 소프트웨어 관련 기술은 앞으로 더욱 필수 불가결한 수단으로 그 역할이 증대될 것이다.

한국은 초연결 사회로 진입하고 있다. 원자력발전소 및 기타 발전소, 송배전망, 가스, 수도 같은 에너지 시스템, 은행과 각 기업체, 국가 기관 시스템, 공항과 지하철을 포함한 철도 시스템, 모바일과 사물인터넷을 기반으로 하는 각종 기기는 모두 컴퓨터 네트워크로 연결되어 운영되고 있다. 생활의 편리성이 극대화된다는 긍정적 측면과 더불어 사이버 공격에 한층 취약해진다는 부정적 측면이 동시에 부각되는 중이다. 유비쿼터스 시대로 들어서는 한국은 사이버 테러리스트에게는 너무 손쉬운 먹잇감이 될 수 있다.

사이버 공격을 방어하기 위해서는 적보다 앞선 통찰력과 끊임없는 혁신이 필요하다. 그리고 이런 통찰력을 바탕으로 한 기술적 혁신은 다른 무기 시스템이나 전략 계획과 마찬가지로 최고 수준으로 훈련받은 사람 없이는 실현하기 어렵다. 최고의 전투기를 운용하기 위해 최고의 조종사를 훈련하듯, 앞으로의 사이버 전쟁에서 주도권을 획득하려면 훌륭한 사이버 전사의 양성이 시급하다. 우리는 이미 기술적 성숙도는 갖추고 있으므로 그것을 활용해 사이버전에 대비할 인재를 모으고 훈련하는 것에 초점을 맞춰야 한다. 또한, 보안 역량 강화와 인재 확보 필요성에 대한 국가적 공감대 형성도 중요하다. 공감대가 형성돼야 처우가 개선되고, 처우가 개선돼야 인재가 모인다.

네트워크 사회의 아이러니

영화 〈다이하드 4.0〉는 사이버 테러리스트의 해킹 공격으로 국가 기간시설의 모든 네트워크가 마비되어 혼란이 일어나는 이야기를 다룬다. 형사 존 맥클레인은 컴퓨터 해킹 용의자인 천재 해커 매튜 패럴을 FBI 본부까지 호송하는 임무를 맡고 그를 체포하러 집으로 찾아간다. 그러나 전직 정부 요원이었던 테러리스트의 리더 토마스 가브리엘은 자신의 사이버 테러 계획을 저지할 가능성이 있는 모든 해커를 차례로 살해하며 테러를 진행한다. 이 살해 과정에서 매튜를 구한 존 맥클레인은 그와 함께 테러리스트들의 계획을 저지하고 결국 혼란에 빠진 국가를 구한다.

이 작품의 핵심적 소재가 바로 '파이어세일 공격'인데, 영화를 통해 처음으로 대중에게 각인되었다. '파이어세일 공격'이란 '전면적인 사이버 전쟁'을 의미한다. 해킹을 통해 교통, 통신망, 가스, 전기, 원자력 등 공공시설 관련 네트워크의 통제권을 탈취해 국가의 기반 체계를 무너뜨리는 사이버 공격이다. 이 공격의 대상은 총 3단계로 나누어지는데, 1단계는 교통기관 네트워크 시스템, 2단계는 금융망과 통신망 네트워크 시스템, 3단계는 가스, 수도, 전기, 원자력 같은 에너지 네트워크 시스템이다. 실제로 2010년에 국가 기반시설 마비와 파괴를 목적으로 만들어진 컴퓨터 바이러스 스턱스넷이 벨라루스에서 처음 발견되기도 했다. 이런 사이버 공격은 컴퓨터 제어와 네트워크 시스템에 의존하는 국가를 표적으로 삼아 사회를 공황 상태로 몰아넣는다.

ICT는 인터넷 등장 이전과 이후로 극명하게 나뉜다. 인터넷은 1958년 미국의 아이젠하워 대통령의 지시로 창설된 미국 국방부 산하 고등연구계획국The Advanced Research Project Agency: ARPA(후에 방위고등연계획국으로 확대)에서 1967년부터 군사적 기술의 개발과 연구 정보 교류를 위해 사용했던 네트워크 시스템 즉, 아파넷ARPANET에서 유래되었다. 이 네트워크 시스템이 스핀-오프의 과정을 통해 1990년대 중반 민간 산업에 적용되면서 인류의 정보화 시대가 활짝 열리게 된다.

민군 기술협력의 세 가지 유형	
스핀-오프	국방 기술이 민간 산업으로 이전되는 형태
스핀-온	민간 산업 기술이 국방 기술로 이전되는 형태
스핀-업	민간과 국방 산업이 공동의 이익을 위해 협력해 기술을 공동 개발하는 형태

이것이 지금 우리가 사용하는 인터넷이다. 기술의 스핀-오프 가운데 인류에게 가장 큰 변화와 영향을 미친 것은 인터넷이다. 민간 산업에 인터넷이 등장한 이후 지금까지, 인류는 이전과는 확연히 다른 빠르고 다양한 변화를 실감하고 있다. 생활의 패턴이 변화되고, 정보 획득과 활용 능력이 획기적으로 증진되었으며, 커뮤니케이션 유관 기술의 빠른 발전과 응용으로 새로운 혁신이 이루어지고 있다. 이제는 인터넷 없이는 살 수 없는 사람이 부지기수일 정도이다. 이와 동시에 인터넷은 전쟁의 새로운 공간 개념과 양상의 변화를 불러오는 시발점이 되기도 했다.

ICT의 발달은 새로운 사이버 공격 무기를 양산했으며 새로운 전쟁을 시작할 토대도 만들었다. 모든 국가의 인프라가 인터넷을 기반으로 네트워크화되고 자동화되면서 사이버 공격에 더욱 취약해지는 아이러니가 발생했다. 즉, 정보의 고속도로가 산업 발전과 편의성을 극대화하는 동시에 공격을 더 쉽게 만든 것이다. 이로써 네트워크 전쟁이나 사이버 전쟁이 국가의 이익에서 더욱 중요해졌다.

사이버 전력은 핵을 포함한 재래식무기나 첨단 신무기 등에 비해 터무니없이 적은 비용으로 구축할 수 있으며, 공격의 흔적을 숨기기도 쉽고, 공격 파괴력을 조정하기도 수월하다. 이제까지 경제성과 공격 원점 은폐, 파괴력을 조정할 수 있는 무기는 없었다. 산업에서 엄청난 발전을 견인한 유용한 도구가 순식간에 가장 강력한 파괴력을 가진 무기로 돌변한 상황은 누구에게나 당황스러울 수밖에 없다. 인터넷의 발달로 산업의 거의 모든 시스템이 네트워크화된 지금, 누군가가 악의를 품는다면 일순간에 모든 산업이 정지될 수 있는 상황에 직면한 것이다.

사이버 공격 무기와 기존 무기 사이의 차이는 무엇일까? 국가와 전쟁을 두 축으로 삼는 인간의 역사에서, 무기와 국력은 늘 정비례 관계였다. 과학기술이 발전된 국가는 그렇지 못한 국가보다 항상 우월한 무기를 보유했고, 무력의 우월성은 곧 국가의 힘과 직결되었다. 핵을 포함한 이제까지의 재래식무기들이 모두 이런 공식을 따랐다. 그러나 사이버 무기는 이런 공식에서 벗어나 있다.

인터넷 기반의 네트워크 사회가 도래하면서 정보를 탈취하는 소규모 해킹은 사회 발전의 어두운, 그러나 작은 부분으로 치부되었다. 하지만 네트워크화된 시스템을 새로운 전쟁 공간으로 인식하고 접근한 국가들이 생겨나기 시작하면서 지금은 전 세계 약 30개국이 사이버 전력을 보유해 활용하고 있다. 미국, 러시아, 중국, 북한, 이란 등의 국가들이 적극적으로 사이버 전력을 활용하고 있다. 미국이 개발한 인터넷이 미국을 공격할 수 있는 도구로 변화했다는 것을 미국은 어떻게 받아들이고 있을까?

2007년까지도 미국의 정보기관들은 '세계 위협 평가'라는 연방의회 제출용 연례 보고서에 사이버 공격에 관한 내용을 전혀 언급하지 않았다. 20세기 미국은 핵무기의 완급조절을 가장 중요한 위협 요소로 인식했고, 21세기가 개막한 직후 일어난 9·11 테러를 기점으로는 테러를 안보에서 가장 중요한 이슈로 꼽았다. 미국의 이런 태도에서 유추할 수 있는 것은 무엇일까? 미국이 민간에 공개한 인터넷은 세계의 민간 산업을 획기적으로 도약시키는 계기가 되었다. 그런 만큼 인터넷 관련 기술(군사적 이용 포함)이 그 어떤 나라보다 우위에 있다고 자평했을지 모른다.

사실 인터넷 관련 기술은 지금도 미국이 주도하고 있다. 미국은 인터넷과 이를 바탕으로 하는 네트워크 사회가 새로운 전쟁 공간과 무기의 원천으로 활용될 수 있다는 것을 이미 알고 있었을 것이다. 그러나 이제껏 그 어떤 나라도 미국 본토를 직접 공격한 전례가 없었기에 여전히 안전할 것이라고 맹신했던 것은 아닐까?

사이버 무기는 종종 라이트 형제의 비행기나 핵무기에 비유되곤 한다. 라이트 형제가 비행기를 개발한 후 발발한 제1차 세계대전에서 비행기는 제공권을 장악하며 전쟁의 판도를 바꾸었다. 그로부터 얼마 지나지 않아 많은 나라가 비행기를 무기화했고, 현대에 이르러 비행기는 필수적인 무기로 자리 잡았다. 또 제2차 세계대전 막바지에 '게임 체인저'로서 등장한 핵무기는 전쟁 무기의 비대칭화라는 새로운 패러다임을 만들어냈다.

핵무기는 전쟁에서 압도적인 승리를 얻으려는 목적으로 만들어졌다. 핵을 가진 국가와 그렇지 않은 국가 간의 전쟁 수행 능력은 극명하게 갈렸다. 그러나 미소 냉전 시기, 미국과 소련이 '상호확증파괴' 전략을 구사하면서 핵은 서로를 절멸시킬 수 있는 가공할 무기라는 공감대가 형성되었다. 이에 따라 핵무기는 전쟁을 억지하는 도구로 변모했다. 제2차 세계대전의 끝자락에서 일본에 투하된 원자탄의 위력을 경험한 인류는 핵을 실제적 전쟁 무기가 아닌, 국가 안보를 담보할 수 있는 '전쟁 억지 무기'라고 인식하게 된 것이다.

이에 미국, 소련, 중국을 위시한 군사 강국들은 핵의 확산을 방지하기 위해 노력했다. 그러나 세계에서 가장 많은 핵을 보유한 국가들이 핵의 확산을 막겠다고 나섰으니 모순이라는 비판을 피할 수 없었다. 제3세계 국가 중 인도, 파키스탄, 이스라엘 등이 비밀리에 핵을 만들어 보유하면서 다른 나라들의 핵 개발을 부추기는 결과로 이어졌다. 핵무기의 가공할 파괴력과 그것을 가졌을 때 변화되는 국가적 위상의 차이를 본 북한과 이란 같은 국가들도 핵 개발을 추진했다.

전쟁에서 새롭게 등장한 게임 체인저는 모든 나라가 손에 넣고 싶어 하는 로망의 무기가 된다. 그러나 현대로 오면서, 이런 '로망의 게임 체인저'를 갖기 위해서는 막대한 비용과 첨단화된 기술력이 필요해졌다. 전투기, 핵무기, 항공모함, 이지스함, 인공위성, 로켓 등 거의 모든 현대의 무기들은 하드웨어 및 소프트웨어 제작에 엄청난 비용과 높은 기술력이 요구된다. 갖고 싶다고 가질 수 있는 게 아니기에 이러한 무기 다수가 비대칭적 전력으로 평가받는 것이다.

그런데 시대가 변하면서 무기의 패러다임도 변화하고 있다. 사이버 무기로 인해 공격 무기의 경제성과 파괴력, 조정 능력에 일대 변화가 일어났다. 마음만 먹으면 누구나 가질 수 있는 무기, 이제까지와는 반대로 현대화된 국가일수록 취약해질 수밖에 없는 무기가 바로 사이버 무기이다.

21세기 하이브리드 전쟁의 시작

앞서 소개한 영화 〈다이하드 4.0〉에서 펼쳐진 재난이 그저 영화적 과장이라고 믿고 싶을지도 모른다. 그러나 현실은 그 반대로 나타나고 있다. 이미 21세기 하이브리드 전쟁이 시작되었다. 사이버 무기는 다양한 형태를 취하며 물리적 파괴력을 가질 뿐 아니라 사람의 마음까지도 조종할 수 있다. 이 무기는 과거의 어떤 병기도 갖지 못했던, 파괴력을 조절하는 능력을 갖추고 있다. 상황과 대상에 따라 고강도, 중강도, 저강도 등으로 그 파괴력과 공격력을 조정할 수 있는 것이다.

사이버 공격 주체의 네 가지 유형

내부자 (Insiders)	조직 구성원 혹은 신뢰할 수 있는 외부 협력업체 구성원
사이버 범죄자 (Cybercriminals)	조직의 네트워크 접근권을 획득하기 위해 스팸이나 피싱 이메일을 보내는 개인, 조직, 국가
사이버 스파이 (Cyberespionage)	국가의 정보를 탈취하려는 외국, 조직이나 회사의 정보를 탈취하려는 특정 국가 및 조직
액티비스트 (Activists)	자신들이 반대하는 조직을 상대로 특정한 주제를 가지고 항의하거나 웹사이트를 훼손하기 위해 인터넷을 활용하는 사람 혹은 그룹

해킹으로 정보를 탈취하는 저강도 공격은 전 세계 곳곳에서 쉽게 목격할 수 있다. 한 국가의 선거 결과를 조작하겠다고 위협하거나, 한 도시의 컴퓨터 시스템을 마비시켜 혼란을 일으키거나, 특정 산업시설을 마비시키는 등의 저강도 공격 역시 많은 국가에서 흔하게 사용하고 있다. 이런 종류의 공격은 파괴보다는 심리적 불안을 증대시켜 혼란을 부추기려는 목적이 훨씬 강하다. 여기에서 파괴력을 증가시키면 다른 나라의 핵시설을 불능 상태로 만들 수도 있고, 미사일 발사를 원천적으

로 봉쇄하거나 탄도의 오작동을 일으킬 수도 있다. 사이버 무기는 개인, 특정 그룹, 심지어는 국가에 의해 사용될 수 있다.

미국은 이라크 전쟁 당시 적의 정보시스템을 해킹해 암호화 시스템, 방공망 C4I(작전지휘 통제를 위한 유무선통신시스템)를 무력화하면서 이라크군의 방어막을 무용지물로 만들었다. 2009년 창설된 미 사이버사령부는 '네트워크를 지배하는 자가 세계를 지배한다'라는 슬로건을 바탕으로 사이버 공격과 방어 기술을 증대시키고 있다.

2013년 미국 국방위원회DSB는 보고서에서 외부 세력의 해킹으로 인해 미국 국방부와 방위산업체가 PAC-3 패트리엇 미사일 시스템, 종말단계고고도지역방어체계Terminal High Altitude Area Defense: THAAD, 해군 이지스 탄도미사일 방어시스템, F/A-18 전투기와 F-35 전투기, V-22 오스프리 전투기, 블랙호크 헬리콥터, 해군의 전투함급 군함 등의 정보와 무기 시스템 설계도를 탈취당했다고 보고했다. 그러면서 이 같은 해킹 행위의 주범으로 중국을 지목했다. 또한 2012년 미국 정부의 컴퓨터를 포함한 전 세계 많은 컴퓨터 시스템에 대해 이루어진 공격 중 일부는 중국 정부와 군이 직접 연관된 것이라는 주장을 덧붙였다. 그리고 현재의 사이버 위협은 심각성이 매우 높고, 여러 측면에서 냉전 시대의 핵 위협과 비슷하다고 분석했다. 그러자 이에 대해 중국은 즉각 근거 없는 주장과 비난이라며 일축했다.

2013년 미국과 중국은 그동안의 해킹으로 인한 갈등이 커지자 회담을 통해 이 문제를 해결하고자 워싱턴에서 수차례 모였다. 미국 연방의회 산하 지적재산침해위원회Commission on the Theft of American Intellectual Property 위원인 고튼 전 의원은 미국의 방위산업체부터 제조업체에 이르기까지 거의 모든 기업이 전방위적으로 지적재산권을 침해당했고 그로 인한 미국 기업의 손실액이 3,000억 달러에 이르는데, 이런 사이버 스파이 활동의 50~80퍼센트가 중국에 의해 이뤄졌다고 밝혔다.

미국에게 이것은 단순한 경제 문제가 아니라 국가 안보의 위협이기도 하다. 미국의 거의 모든 산업은 인터넷 네트워크를 기반으로 하고 있으며, 인터넷에 연결된 기기가 늘어나고 클라우드 컴퓨팅의 사용이 증가하는 추세이다. 그런데 이런 시스템 환경은 악의를 가진 누군가에 의해 악용될 수 있다. 따라서 미국은 중국의 행위에 제동을 걸고 싶었고, 최소한 경고라도 하고 싶은 마음이었을 것이다.

미국이 중국을 사이버 공격의 주체로 지목하고 제재를 가하기 위한 노력을 기울이던 시점에 새로운 문제가 터졌다. CIA 하청업체의 전 직원인 에드워드 스노든이 미국 정부가 감시 프로그램을 운영했다는 사실을 폭로한 것이다. 미국 국가안보국NSA이 '프리즘 프로그램'이라는 작전을 통해 데이터를 대대적으로 수집했으며, 정부 차원에서도 주요 IT 기업에 사용자의 정보에 접근할 수 있는 '백도어Backdoor'를 만들라고 압박을 가한 사실이 밝혀졌다. 이로 인해 미국이 강조해온 '중국발 사이버 공격의 피해자 미국'이라는 입장이 약해지는 동시에 중국 또한 사이버 공격의 피해자라는 중국의 주장에 힘이 실리기 시작했다.

2010년 '올림픽 게임'이라는 작전명으로 이란 핵시설에 대한 사이버 공격이 이루어졌는데, 이때 사용된 '스턱스넷'이라는 악성코드를 만든 주체가 미국과 이스라엘이라는 소문이 공공연하게 돈 적도 있다. 그리고 시간이 흐른 뒤 이 풍문이 사실이었음이 《뉴욕 타임스》를 통해 밝혀졌다.

이와 같은 사이버 공격 작전은 이란, 북한, 중국, 러시아를 사이버 무기 경쟁에 뛰어들도록 자극했다. 이미 몇몇 국가들은 2000년대 초반부터 오늘날까지 다양한 규모와 유형의 사이버 공격을 시도하고 있다. 미국은 이러한 사이버 무기를 합리화할 수 있는 빌미를 제공한 셈이다.

문라이트 메이즈 공격

1998년 미국 연방수사국은 다수의 국가 기관들로부터 군과 정보 네트워크 관련 웹페이지에 이상한 창이 반복해 뜬다는 수상한 신고를 받았다. 인터넷이 민간에 이관되어 웹사이트가 활성화되던 초창기에 누구나 한 번쯤 경험해 보았을 팝업창 무한 열림과는 조금 성격이 다른 형태였다.

곤란하게도 연방수사국에 신고를 한 기관들 가운데에는 미국의 핵무기 개발 연구소인 로스앨러모스 국립연구소Los Alamos National Laboratory와 산디아 국립연구소Sandia National Laboratory, 해군과 계약을 맺고 연구를 진행하던 콜로라도광업대학Colorado School of Mines, 라이트 패터슨 공군기지 등이 포함되어 있었다. 이 공격은 훗날 '문라이트 메이즈 Moonlight Maze'라고 명명되었다.

문라이트 메이즈 공격은 특정 네트워크 시스템에 잠복해 정보를 탈취하는 형태로 이루어지는데, 일각에선 이 공격이 현재까지도 형태를 변환하면서 계속 이어지고 있다고 주장한다. 이 공격은 주로 라이트 패터슨 공군기지 정보망에 집중되었다. 라이트 패터슨 공군기지에는 1997년 10월 31일부터 미국 공군연구소Air Force Research Laboratory: AFRL가 설립되어 미국의 여러 첨단 핵심 무기 프로젝트를 수행해왔다.

문라이트 메이즈 공격을 처음 발견한 사람은 콜로라도 광업대학 전산실 담당자였는데, 미국은 이 공격을 계기로 사이버상에서의 공격 가능성에 대해 현실적으로 인지하게 되었다. 연방수사국의 조사 결과, 이 사건은 단순한 해킹이 아니었다. 그 배후에는 러시아 정부가 있었다. 이미 2년 전인 1996년부터 해커들이 이들 기관의 시스템에 들어와 잠복하면서 첨단기술 정보를 포함한 다양한 정보들을 빼가고 있었다는 것이 밝혀졌다. 미국은 문라이트 메이즈 공격을 계기로 자국 네트워크 보호와 사이버 공격 무기 개발에 본격적으로 나서게 되었다.

에스토니아 디도스 공격

2007년 4월, 발트해의 인터넷 강국 에스토니아는 국가 마비 상황에 빠지고 만다. 대통령궁을 포함해 의회, 정부, 은행, 언론사 등 주요 국가 기관들의 홈페이지와 전산망이 디도스 공격을 받아 마비된 것이다. 디도스 공격은 특정 사이트에 일시적으로 엄청난 양의 접속을 일으켜 서비스를 불능 상태로 만드는 공격이다.

에스토니아 디도스 공격에는 전 세계 100여 개국에 산재한 100만 대 이상의 '좀비 PC'가 동원되었으며, 공격은 총 3주간 이어졌다. 이에 에스토니아는 국외와 연결된 인터넷 접속을 모두 차단했다. 그러나 국가 기간망이 일주일 이상 마비되면서 모든 금융과 행정 업무가 중단되었고, 이로 인해 수천만 달러의 피해를 보았다. 이 공격에 대해 외신들은 '사이버 진주만 공격'이라고 표현했다.

사이버 공격을 받은 에스토니아는 공격 배후로 러시아를 지목하고 나토NATO 국방장관 회의에서 이 공격을 정식 안건으로 상정했다. 에스토니아 정부는 이 공격이 수도 탈린 중심부에 있던 소련군 동상을 외곽으로 이전하면서 벌어진 러시아계 주민들의 극렬한 반대 시위를 최루탄과 고무탄총을 동원해 진압한 것과 무관하지 않다고 주장했다. 또한, 디도스 공격에 사용된 인터넷 주소 일부에서 러시아 정부의 개입을 확신할 흔적이 발견되었다고도 주장했다. 그러나 이 공격에 러시아 정부가 개입했다는 심증만 있을 뿐 끝내 공격 주체에 대한 결정적 증거는 찾아내지 못했다. 공격 주체의 명확한 지목이 어려운 사이버 공격의 특성이 그대로 드러난 것이다. 이 사건은 사이버 공격으로 국가를 마비시킬 수도 있음을 여실히 보여준 사례이다.

펜타곤 시퍼넷 공격

2008년 가을 국가안보국의 선진네트워크작전Advanced Network Operations 분과는 펜타곤 비밀 네트워크인 '시퍼넷Secret Internet Protocol Router Network: SIPRNet'에 러시아 해커들이 들어와 활개 치는 것을 발견했다. 미국 국방부의 일반 네트워크도 아니고 최상위 접근 보안 코드가 있어야만 접근할 수 있는 비밀 네트워크가 러시아 해커에 뚫린 것이다.

시퍼넷은 말 그대로 비밀 네트워크 시스템으로 군, 백악관, 정보기관들의 고위 관료들이 민감하고 중요한 정보를 공유하는 통신 네트워크이다. 이것이 러시아에 뚫렸다는 것은 러시아 정보 요원들이 미국의 중요하고 민감한 모든 정보에 접근할 수 있다는 뜻이다. 미국은 러시아로부터 문라이트 메이즈 공격을 받은 지 꼭 10년 만에 다시 엄청난 충격에 휩싸였다.

국가안보국은 러시아가 어떻게 이 시퍼넷의 방어벽을 무력화시켰는지 조사했다. 조사 결과를 받아든 당국자들은 경악했다. 미국 중앙정보국과 국가안보국이 다른 나라의 시스템에 침투할 때 주로 사용했던 기술이 시퍼넷 방어벽 무력화에 그대로 역이용되었기 때문이다.

러시아 정보원들은 중동 지역 미군기지 내 사람들이 많이 오가는 곳곳에 악성코드가 내장된 USB를 놓아두었다. 누군가가 여기에서 주운 USB를 시퍼넷과 연결된 컴퓨터에 꽂으면서 악성코드가 퍼졌고, 이를 통해 러시아 해커들이 방어벽을 건너뛰고 네트워크 안으로 자유롭게 침투할 수 있었던 것이다. 미국 정보기관들이 이 사실을 파악할 때쯤에는 이미 러시아 해커들이 퍼뜨린 악성코드가 국방부 네트워크 내에 광범위하게 퍼져 있었다. 즉, 중요한 정보들이 유출되어 러시아로 보내진 상태였다는 말이다.

이 사건을 계기로 펜타곤은 유사한 침투를 막기 위해 국방부 컴퓨터의 USB 포트를 모두 초강력 접착제로 막아버렸다. 미국 역사를 통틀어도 이 같은 정보망 침투 공격은 전례가 없는 일이었다.

올림픽 게임 작전과 스턱스넷

2010년 이란의 핵시설이 악성코드 '스턱스넷' 공격을 받았고 그 결과 1,000개의 원심분리기가 파괴되면서 구동 불능 상태가 되었다. 2011년 1월 15일 《뉴욕 타임스》는 이 공격에 사용된 스턱스넷이 미국과 이스라엘이 공동 개발한 것이라고 보도해 이란 핵시설에 대한 사이버 공격의 배후가 미국과 이스라엘임을 시사했다.

올림픽 게임 작전이라 명명된 이 공격은 미국 중앙정보국과 이스라엘 정보군 소속 8200부대가 이란의 핵 프로그램 실행을 최대한 지연, 혹은 포기시키기 위해 공동으로 기획한 작전이다. 이 작전을 수행하기 위해 두 나라 정보기관은 스턱스넷이라는 악성코드를 만들었고 이스라엘은 네게브 사막에 있는 디모나 비밀 핵시설에서 이 악성코드를 활용하는 시뮬레이션을 진행했다고 한다. 2010년 11월 이란의 나탄즈 핵시설은 스턱스넷 공격을 받아 전체 원심분리기 가운데 20퍼센트가 파괴되면서 구동이 중단되었다. 이로써 이란의 핵무기 개발은 상당한 타격을 받게 되었다.

이전부터 이란은 핵 개발을 강행하며 미국과 이스라엘 모두를 불편하게 만들었다. 미국은 이를 저지하기 위해 여러모로 협상을 진행했지만 별 소득이 없었다. 이란을 협상 테이블로 불러들일 방법이 필요했다. 그와 동시에 이스라엘의 이란 핵시설 공습으로 중동의 정세가 불안해지는 것을 막을 필요도 있었다. 이스라엘은 이미 주변국의 핵 개발을 막기 위해 핵시설 공습을 두 차례나 실행한 바 있었고 이로 인해 중동의 정세가 극도로 불안해진 상태였다. 결국 미국은 이란의 핵 개발을 저지하는 동시에 이스라엘의 전쟁 시도를 막을 수 있는 해결책으로 올림픽 게임 작전을 구상한 것이다.

스턱스넷으로 이란 나탄즈 핵시설의 컴퓨터 시스템을 공격하려면 넘어야 할 산이 있었다. 나탄즈 핵시설의 네트워크는 외부 인터넷과 완전히 차단된 '에어 갭' 시스템이었기 때문에 외부에서 네트워크에 접근할 방법이 없었다. 이에 미국 중앙정보국과 이스라엘은 사전에 포섭한 이란 엔지니어들을 통해 악성코드가 삽입된 USB를 핵시설 안으로 반입해 네트워크에 퍼뜨리는 데 성공했다.

스턱스넷은 독일 지멘스에서 제조한 'PLC^{Programmable Logic Controller'}라는 하드웨어를 찾아 공격하도록 설계되어 있었다. PLC는 각종 산업 장비를 통제하는 특수 컴퓨터 시스템으로 기계를 켜고 끄거나 속도를 조절하는 업무를 관장한다. 핵시설에서 사용하던 원심분리기도 이 시스템에 의해 작동이 관리되었다. 따라서 이 악성코드는 이란 핵시설 네트워크 시스템에 잠복해 원심분리기만을 목표로 삼아 구동된 셈이다.

악성코드는 크게 두 가지 방향으로 작동했다. 한 가지는 원심분리기의 회전축을 불규칙하게 작동시켜 결국 스스로를 파괴하도록 유도하는 것이었다. 또 한 가지는 미리 입력된 프로그램으로 자가 탐지 기능을 마비시켜 엔지니어들이 모든 기계가 정상으로 작동한다고 오인하도록 만드는 것이었다. 이란 핵시설 엔지니어들은 원심분리기 오작동의 원인이 무엇인지 알지 못했고 다른 원심분리기들이 손상되는 것을 막기 위해 모든 작동을 중지시켰다.

이란 핵시설 공격을 위해 고안된 악성코드는 이후 어떤 이유에선지 자가 복제되어 전 세계 컴퓨터 시스템으로 순식간에 퍼져나갔다. 이란에서 인도로, 최종적으로 미국으로까지 퍼졌고, 심지어는 오픈마켓에 매물로 올라오기도 했다. 스턱스넷이라는 명칭은 악성코드에서 반복적으로 등장하는 키워드를 따 붙여진 이름이다. 이 악성코드는 이란, 북한, 중국, 러시아 등의 수중으로 넘어가면서 새로운 공격 도구로 사용되고 있다.

　이로써 올림픽 게임 작전은 21세기 사이버 전쟁에서 가장 주목할 사건이자 최초의 기습 공격으로 기록되었다. 미국과 이스라엘의 사이버 공격을 받은 이란은 핵 개발 중단을 결정하는 동시에 스틱스넷 공격에 대한 반격을 위해 사이버 군대를 양성하기 시작했다. 이란은 자국보다 미국이 사이버 공격에 더 취약하다는 것을 잘 알고 있었다. 미국은 모든 산업이 네트워크로 연결된 가장 발달된 시스템을 갖춘 국가이기 때문이다. 게다가 이 시스템의 많은 부분이 보안에 관한 개념이 미비한 민간 기업에 의해 운영되고 있다.

북한의 할리우드 소니픽처스 공격

2014년 크리스마스, 소니픽처스가 제작한 영화 〈더 인터뷰〉가 개봉을 앞두고 있었다. 북한 외무상은 영화 배포를 중단해달라고 당시 반기문 유엔 사무총장에게 항의 편지를 전달했다. 그와 동시에 소니픽처스에도 영화 개봉이 이루어지면 강력한 응징이 따를 것이라는 협박 메시지를 보냈다. 북한은 왜 영화 한 편에 이토록 민감하게 반응했던 걸까? 영화의 노골적인 내용 때문이었다.

　영화의 주인공인 두 명의 방송인은 좌충우돌하며 북한의 지배자 김정은과의 인터뷰를 성사시킨다. 그런데 북한에 들어가려는 순간, 미국 중앙정보국으로부터 김정은을 암살해달라는 제안을 받는다. 결국 주인공들은 김정은을 암살하는 데 성공하는데 이 결정적 장면에서 김정은의 머리가 폭발하는 것으로 묘사된다.

　〈더 인터뷰〉의 포스터는 냉전 시대의 스타일로 제작되었는데 김정은의 얼굴에 미사일과 탱크를 합성한 이미지가 삽입되었다. 북한과 김정은이 부정적으로 묘사되는 작품인 만큼 북한으로서는 불쾌할 수밖에 없었고, 이 때문에 결사적으로 영화의 개봉을 저지하려 했던 것이다.

북한은 서한과 공식 논평, 협박 등 다양한 루트를 통해 영화 개봉을 막으려 했다. 이 같은 행위들에 위협을 느낀 소니픽처스 최고 경영 책임자는 미국 국무부에 전화를 걸어 북한의 협박이 심해 어려움을 겪는 중이라고 호소했다. 그러나 국무부는 정부가 민간 기업의 활동에 관여할 상황이 아니라며 기업 자체적으로 결정하라는 원론적 대답만을 제시했다.

이때 국무부와 소니픽처스는 북한의 사이버 공격 능력을 과소평가하고 있었다. 영화가 제작 중이던 시점에 북한은 이미 소니픽처스에 대한 사이버 공격을 계획하고 있었다. 북한에게 인터넷은 자신들의 체제에 대한 위협이 아닌, 미국과 서방을 어둠 속에서 공격할 유용한 도구이자 기회였던 것이다.

북한 해커부대는 2014년 여름부터 소니 스튜디오의 네트워크 시스템에 침투할 준비에 착수했고, 가을이 되자 피싱 이메일을 뿌리기 시작했다. 영화사의 누군가가 이메일을 열어본 순간, 북한 해커들은 네트워크 시스템 안으로 침입해 시스템을 자유롭게 해킹하기 시작했다. 해커들은 몇 주에 걸쳐 필요한 정보를 획득했고, 곧이어 시스템 전체를 장악하는 데 성공했다. 이런 일이 벌어지는 동안 소니픽처스의 그 누구도 이 사실을 인지하지 못했다.

뒤늦게 시스템이 해킹당한 것을 알게 된 소니픽처스 수뇌부는 모든 인터넷 연결을 끊고 전 세계 자사 컴퓨터 시스템 연결도 차단했다. 그러나 북한 해커부대는 이미 소니픽처스 직원들의 컴퓨터에 담긴 데이터를 삭제하고 있었다. 이와 함께 모든 모니터에 회사 사장의 머리 이미지를 띄워 놓음으로써 사람들의 공포심을 자극했다. 회사는 어떻게 대처해야 할지 몰라 우왕좌왕하다 결국 연방수사국에 신고했다.

북한 해커부대는 소니픽처스에서 빼낸 회사 계약 내용, 의료 정보, 직원들의 사회보장번호, 개봉 예정작, 이메일 내용 등을 유출하기 시작했다. 이 가운데 이메일 내용은 사람들의 관심을 끌 만했다. 배우에 대한 비난, 배우와 회사 관계자의 밀회, 북한의 협박에 영화의 줄거리를 수정한 내용 등은 소니픽처스의 이미지를 망치기에 충분했다.

소니픽처스 컴퓨터 시스템의 70퍼센트가 마비되었고, 직원들은 해킹에 대한 두려움 때문에 아날로그 장비를 찾아 사용하는 웃지 못할 상황이 펼쳐졌다. 소니픽처스 해킹 공격은 새로운 전쟁 무기가 지닌 위력을 보여주었을 뿐 아니라 전쟁 공간이 변모했다는 점, 국가 간 힘의 균형이 재래식무기의 시대와는 완전히 다른 양상으로 변화했다는 점을 보여주었다. 또한 북한의 사이버전 능력을 과소평가했던 미국에 강력한 메시지를 전달하는 데 성공했다. 이후 같은 전략을 영국의 BBC 방송사에도 그대로 적용해 서방세계의 관심을 끌기도 했다.

북한의 영악한 선택

북한은 러시아나 중국과 마찬가지로 1990년대 중반부터 사이버 전력의 중요성과 활용 가능성에 눈뜨기 시작했다. 이 무렵 북한의 컴퓨터 전문가들은 인터넷이라는 새로운 통신수단을 통해 적국의 기밀을 훔치거나 적국을 공격할 수 있다는 흥미로운 사실을 배웠다. 1996년부터 북한은 컴퓨터 전사 양성 훈련을 시작했고, 1998년엔 사이버 공격 부대인 '121국'을 만들어 오늘날까지 핵심적 임무를 맡기고 있다.

2014년 소니픽처스 공격을 기점으로 북한은 인터넷을 새로운 위협에서 불리한 서방과의 경쟁 구도를 뒤집을 수 있는 도구로 인식하기 시작했다. 극도로 폐쇄적 구조를 가진 북한은 같은 공산국가인 중국조차 비교할 수 없을 정도로 인터넷을 철저하게 통제할 수 있다. 컴퓨터를 가진 가정이 거의 없으니 인터넷 연결도 필요 없고, 라디오와 TV가 외부 정보를 입수할 수 있는 유일한 정보 매체이지만 이마저도 국가가 운영하는 채널 몇 개가 유일하기 때문이다.

북한 해커부대에서 교관으로 복무하다 탈북한 김흥광은《뉴욕 타임스》와의 인터뷰에서 2003년 미국의 이라크 공격을 CNN을 통해 본 김정일이 군사령관들에게 "지금까지의 전쟁이 총알과 석유에 의존했다면 21세기의 전쟁은 정보가 중심이 될 것"이라는 교시를 내렸다고 밝혔다. 1990년대 중반부터 컴퓨터와 인터넷을 미래 전쟁의 중요한 자산으로 여기던 북한이 사이버 공간을 전략적 접근 목표로 설정하고 준비했음을 암시한다.

서방의 많은 전문가가 '북한처럼 고립되고 가난하며 자체 네트워크도 제대로 갖추지 못한 나라가 인터넷과 사이버 공격과 같은 첨단 능력을 어떻게 보유하겠어?'라고 생각했을지 모른다. 사실 김정일이 사망했던 2011년, 북한 내의 IP 주소는 고작 1,024개가 전부였고, 이는 뉴욕시의 몇 개 블록보다도 훨씬 적은 수치였다. 하지만 이렇게 고립되고 낙후된 나라는 첨단기술의 복합체인 핵무기를 제조하기도 했다. 북한은 명확한 목적을 갖고 있었고, 이 같은 동기는 그들의 사이버전 수행 능력을 키웠다.

2011년 김정은이 "사이버전은 핵무기 및 미사일과 함께 우리 군의 공격 능력을 보장할 수 있는 '다목적 검'이다"라고 선언했다는 사실이 한국 정보기관 수장의 증언을 통해 알려졌다. 이렇듯 북한은 사이버전의 중요성을 일찍 간파하고 실행에 옮겼다. 북한은 우수한 청년들을 선발해 컴퓨터와 해킹 기술 훈련에 돌입했다.

북한은 1990년대 중반부터 중국의 프로그래머들에게 기초 기술을 익히기 시작했다. 또한 유엔에 파견된 주재원들은 뉴욕 몇몇 대학의 컴퓨터 프로그래밍 수업을 듣고 미국의 컴퓨터 기술을 익히기도 했다. 유엔 주재 북한 요원들은 컴퓨터와 관련 부품을 사들여 고려항공을 통해 북한으로 보냈고, 북한은 이것을 가지고 자국 내에서 기술을 익혔다.

북한은 사이버 공격이야말로 군사적 긴장 없이 적국의 네트워크에 침투해 상대를 교란하고, 정보 및 금전을 탈취하면서도 흔적을 남기지 않는 최적의 무기라고 판단했다. 이미 2003년에 600명의 전문 해커를 양성했는데 이 숫자는 2013년에는 3,000명, 2019년 중반에는 7,000명 이상으로 증가했다. 이런 전문 해커의 증가는 사이버 공격에 대한 북한의 의지가 그만큼 강하다는 것을 보여준다.

미국 국방부 보고서에 따르면 북한의 사이버전 능력은 이미 2003년에 서방의 선진국 수준에 도달한 상태이다. 2002년 미국 백악관 기술담당 보좌관인 리처드 클라크Richard Clarke가 미국 의회에서 북한, 이라크, 이란, 중국, 러시아가 사이버전 전사를 교육하고 있다고 밝혔다. 그리고 2019년 유엔 보고서에서 밝힌 것처럼 북한의 사이버 공격 능력은 세계 최상위에 속한다.

미국의 사이버 전문기관 '테크놀리틱스Technolytics'의 발표에 의하면 2019년 북한은 사이버전에 대한 의지가 세계 2위, 사이버 공격 능력은 세계 6위, 사이버 정보 평가 능력은 세계 7위라고 한다. 해커들의 네트워크 침투 능력을 비교하면 러시아 다음으로 빠르게 목표 네트워크에 진입하는 것으로 나타났다. 이로써 북한은 미국, 러시아, 중국, 영국, 프랑스, 이란 등과 함께 사이버 공격 능력으로 적국의 네트워크를 마비시킬 수 있는 7개국에 이름을 올렸다.

2000년대 초반부터 한국은 북한의 사이버전 인력의 증가와 방향에 대해 우려를 표명하고 미국과 정보를 공유했다. 다만 한국 내에서도 몇몇 사람들은 컴퓨터 역량을 교육하는 국내 기관이 177개나 있고, 이곳을 통해 20만 명의 인력이 양성되기 때문에 북한의 사이버 공격에 충분히 대응할 수 있다는 낙관론을 펼치기도 했다. 미국 역시 북한의 사이버전 능력은 선진국 수준이지만 미국의 주요 시스템은 분산되어 있으므로 북한의 사이버 공격이 낮은 단계의, 제한적 수준에 머물 것이라 판단했다. 그러면서 북한이 사이버 공격을 감행해 피해가 발생하면 역으로 사이버 공격을 하거나 물리적 타격을 가해 제압할 수 있다고 생각했다.

이러한 가정과 낙관론은 모두 허황한 자기 최면이었음이 드러나고 있다. 그동안 북한의 소행으로 의심되는 사이버 공격이 지속적으로 발생하면서 미국은 북한을 사이버 안보의 최대 위협 요인 중 하나로 인식하게 되었다.

2000년대 초반에 북한을 사이버전 기술로 응징할 수 있다고 주장한 전문가는 아마도 자국 수준의 네트워크가 북한에도 있다고 생각했을 것이다. 그러나 북한은 세계에서 경제적·물리적·기술적으로 가장 낙후되고 고립된 국가이다. 바로 그렇기에 북한의 네트워크에 접근하기는 훨씬 어렵다. 거의 존재하지 않는 네트워크를 어떻게 공격할 수 있을까?

북한은 인터넷 연결 수준이 타 국가보다 현저히 낮고 과거에는 연결 라인도 중국에서 들어오는 1회선이 전부였다. 따라서 이 길목만 차단하면 외부에서 북한으로 들어오는 접속을 완전하게 방어할 수 있었다. 반대로 네트워크로 연결된 적국을 타격해 피해를 유발할 방법은 넘쳐났다.

북한은 2016년 2월 양자암호통신시스템Quantum Key Distribution System을 개발했다고 발표했다. 이 시스템은 외국 해커가 북한의 네트워크 시스템에 접근하는 것을 더욱 어렵게 만들 수 있다.

완벽하게 외부의 해킹을 방어할 수 있다는 자신감을 얻은 북한은 국내 인터넷 수요의 증가를 의식해 러시아의 주요 통신사인 트렌스 텔레콤Trans TeleCom이 제공하는 인터넷 라인을 추가했다. 이러한 인터넷 라인 확충을 통해 북한 내 선별된 엘리트 그룹, 주요 대학, 주요 정부 기관, 주요 기업, 그리고 사이버 부문을 관장하는 군이 더 원활하게 인터넷을 활용할 수 있을 것이다. 이런 라인 확충 작업과 더불어 북한은 김일성광장과 가까운 대동강 변 인근에 인터넷 시스템을 관장하는 '평양인터넷통신국'을 2015년 5월 착공해 2018년 7월에 거의 완공했다. 이 같은 인터넷 확충 작업이 무엇을 의미하는지는 아직 확실치 않지만 시대 변화에 따른 정보화 작업의 일환이기를 기대한다. 일각의 우려처럼 해킹을 전담할 센터가 아니길 바란다.

사이버 공격의 유형과 대응 방안

사이버 공격은 크게 ① 정보 탈취형, ② 기반시설 공격형, ③ 모바일 공격형, ④ 심리 공격형, ⑤ 방해전파 공격형으로 나눌 수 있다.

정보 탈취형은 기밀 탈취를 목적으로 특정한 타깃을 설정하고 이메일이나 USB 등을 통해 악성코드를 유포해 정보를 탈취하는 것을 말한다. 북한이 한국 내 각종 정부 기관 관계자의 이메일 정보를 수집한 뒤 관계자를 사칭해 악성코드가 담긴 이메일을 타깃에게 보내고 그들의 컴퓨터에 보관된 정보를 탈취한 것이 대표적인 사례이다. 기반시설 공격형은 에너지, 교통, 통신, 금융과 같은 대표적인 기반시설의 관계자와 거래 용역업체 직원 등을 대상으로 해킹과 악성코드를 통해 정보를 탈취하거나 시설을 마비시키는 행위를 말한다. 모바일 공격형은 스마트폰과 모바일 디바이스를 해킹해 정보와 금전을 탈취하고 사람들의 불안을 조장해 궁극적으로 사회 혼란을 일으키는 행위이다. 심리 공격형은 탈취한 주요 정보를 특정한 기간이나 이벤트 중에 노출함으로써 공포심을 불러일으키는 행위이다. 방해전파 공격형은 항공기, 선박, 함정, 전투기 등에 전파방해 신호를 쏴 통신망을 마비시키는 행위 등을 가리킨다. 북한은 이미 인천공항과 김포공항, 해상의 선박 등에 GPS 방해전파 공격을 실행한 바 있다.

이러한 사이버 공격을 완벽하게 막을 방법은 없다. 그러나 예방을 통해 피해를 최소화할 수는 있다. 우선 기업, 정부 기관, 각종 기반시설에서는 사용 중인 컴퓨터, 서버, 네트워크 등의 시스템 보안을 강화해야 한다. 가장 일반적이고 간단한 것이 백신을 설치하는 것인데, OS와 주요 소프트웨어를 주기적으로 업데이트하는 작업이 선행되어야 한다. 그리고 이메일과 웹사이트를 통한 악성코드 감염에 각별한 주의와 교육이 필요하다. 비용이 들더라도 사이버 공격을 탐지할 수 있는 탐지, 분석, 차단 보안 솔루션을 도입하고 상시 업데이트해야 한다. 또한 IT 인프라를 설계하는 단계부터 보안 기능을 내재하는 것이 필요하다. 여기에 더해 조직 내외의 각 개인에 대한 보안 교육을 강화해 혹시라도 있을지 모를 악성코드의 내부 유입을 최대한 막아야 한다.

2부
밀리테크 4.0: 전쟁의 진화

ICT의 비대칭 전략병기
새로운 비대칭전력의 핵심

일본이 조선을 침략하면서 벌어진 임진왜란과 정유재란(1592~1598)에서 전공을 세운 '거북선'은 그 당시 전쟁의 '게임 체인저'였다. 게임 체인저란 어떤 일이나 사건의 판도를 바꿀 만큼 결정적 역할을 한 인물, 사건, 서비스, 제품, 무기 등을 가리키는 말이다. 당시 거북선은 무력으로 적군을 제압하는 동시에 심리적 공포감을 심어줬던 첨단 비대칭 무기였다.

2016년 초, 스위스 다보스Davos에서 열린 세계경제포럼, 일명 다보스포럼에서 창립자 클라우스 슈밥Klaus Schwab 회장은 "전 세계 사회·산업·문화적 르네상스를 불러올 과학기술의 대전환기가 시작됐다"라고 선언하며 4차 산업혁명이라는 화두를 처음으로 공론화했다. 이후 세계는 4차 산업혁명에 대한 논의를 본격화했고, 그 핵심적 기술과 앞으로의 변화에 대한 다양한 전망을 열띠게 공유하고 발전시켰다. 당연한 이야기지만 현존하는 모든 분야에 4차 산업혁명의 핵심기술인 ICT가 중심적 역할을 할 것이라는 게 대다수의 의견이다.

국방 분야에서도 예외 없이 ICT의 중요성에 대한 공감대가 형성되고 있다. 앞으로는 다른 이보다 빨리, 그리고 적확하게 ICT를 무기체계에 적용하는 자가 전쟁을 지배할 것이다. 또한 장차 확대될 세계 무기 시장에서의 위치도 바뀔 것이다. 이제 방위산업은 안보를 확보하는 것은 물론이고 국가의 경제 발전까지 견인하는 산업으로서 그 위상을 높

ICT가 승패를 결정한다. 모던 워페어

이게 될 것이다.

고대부터 현대까지 전쟁에서 승리한 나라는 항상 적을 압도하는 비대칭전력을 보유하고 있었다. 비대칭전력이란 기존의 무기보다 월등한 위력 또는 경제성을 갖고 적을 제압하는 무기를 말한다. 이와 대조되는 대칭전력은 누구나 가지고 있고, 그 내용만으로는 우열을 가리기 어려운 전력을 가리킨다. 소총, 기관총, 탱크, 전차, 포, 군함, 전투기, 미사일 등과 같이 전통적으로 사용되어왔던 무기가 그것으로 이들을 흔히 재래식 전력 혹은 재래식무기라고 부른다. 물론 이 무기들도 처음 등장했을 당시에는 게임 체인저, 즉 비대칭전력이었지만, 시간이 흐름에 따라 피아를 불문하고 채용되면서 압도적인 무기로서의 효용이 사라져 버렸다.

비대칭전력은 대량 살상과 기습 공격에 활용되는 무기로 대칭전력보다 그 위력이 압도적이다. 핵무기, 화학무기, 생물학무기 등과 같이 대량 살상이 가능한 무기, 잠수함, 스텔스기와 같이 기습 공격이 가능한 병기, 특수전 부대처럼 적의 강점은 피하고 취약점을 공격할 수 있는 전력, 경제적으로 효용성이 뛰어난 무기, 사이버 무기처럼 기습 공격, 취약점 공격, 동시다발적 공격, 공격 원점 비노출, 대량 파괴 등의 능력을 가진 무기를 통칭해 비대칭전력이라 한다. 이런 비대칭전력은 핵무기로 대표되듯 그냥 보유하는 것만으로도 심리적 억제력을 갖는다.

무인(자율) 무기체계

무기체계에 ICT를 적용한다는 것은 곧 자율무기체계로의 전환을 의미한다. 자율무기체계에 대한 구분은 크게 세 가지로 나누어진다. 무기체계를 작동할 때 인간이 통제하는 '휴먼 인 더 루프Human in the Loop', 무기체계가 독자적으로 임무를 수행하지만 인간의 감독을 받고 인간에 의

한 중지가 인정되는 '휴먼 온 더 루프Human on the Loop', 마지막으로 인간의 통제를 받지 않고 무기체계 스스로 의사를 결정하고 행동에 옮기는 '휴먼 아웃 오브 더 루프Human out of the Loop'가 그것이다.

기술이 발전하고 인간의 개입이 AI로 대체되어 작전과 공격에 대한 의사결정이 전적으로 기계에 의해 이루어지게 되면 인류에게 막대한 피해가 발생할 거라는 우려가 있다. 그러나 현재 ICT가 적용된 무기체계가 추구하는 형태는 완전한 자율보다 인간의 통제 아래 자율적으로 작전을 수행하는 단계로 전환하는 것에 가깝다.

그런데 AI와 인간의 대결은 언제부터 시작되었을까? 1996년 2월 10일, IBM의 '딥블루'가 체스 세계 챔피언 카스파로프Garri Kimovich Kasparov에 도전했다. 이때는 패했지만, 이듬해 5월 11일 재도전 끝에 승리하며 최초로 인간을 뛰어넘은 AI가 되었다. 이후 2011년 IBM의 '왓슨Watson'이 미국의 유명한 퀴즈쇼 〈제퍼디!Jeopardy!〉에서 우승해 화제가 되었다. 왓슨은 사람의 말을 이해하고 대답할 수 있는 AI로 2005년 개발을 시작해 현재는 음성, 얼굴, 영상을 인식하고 번역, 키워드, 감정, 유사점 등을 파악하는 수준까지 발전했다.

2014년 1월 27일, 구글은 AI 업체 딥마인드DeepMind를 4억 달러에 인수하면서 AI에 집중하기 시작했다. 이들이 개발한 AI는 딥러닝을 통해 비디오게임을 학습했고, 끝내 게임 공략법을 알아내는 데 성공했다. 그리고 2015년 10월 9일 등장한 구글의 '알파고AlphaGo'는 세계 유수의 바둑 기사들을 하나씩 꺾기 시작했다. 2016년 3월 9일에는 세기의 대결이 펼쳐졌다. 이세돌 9단과 알파고의 경기였다. 결과는 1 대 4, 알파고의 승리였다. 5,000년간 인류가 축적해온 바둑의 지혜가 불과 두 살짜리 기계 앞에 무릎을 꿇은 것이다. 알파고의 승리 후 IBM, MS, 애플, 페이스북도 AI 개발과 활용에 박차를 가하기 시작했다. 많은 전문가가 AI의 한계와 윤리성에 관한 논의를 시작하면서 인류와 AI의 공존이 현실화되는 중이다.

AI와 결합한 전투기의 무인화

2005년 AI가 탑재된 전투기 '에디EDI'가 단독으로 작전을 수행한다는 내용의 할리우드 영화 〈스텔스〉가 개봉했다. 이야기는 가상의 스텔스 전투기 FA-37을 모는 정예 조종사 편대에 무인 스텔스 전투기 에디가 합류하면서 시작된다. 처음엔 인간의 통제로 잘 운용되던 에디는, 어느 순간부터 인간의 명령을 거부하고 독자적인 판단으로 작전을 수행하는 강인공지능Strong AI으로 변형되면서 감당할 수 없는 적으로 돌변한다.

비슷한 설정은 영화 〈이글 아이〉에서도 찾아볼 수 있다. 이 작품 속 AI는 국가를 전복하기 위해 자율적으로 목적을 설정하고 각종 기기와 무기들을 통제하며 테러 행위를 벌인다. 이처럼 AI의 위협을 다룬 영화들은 많은 사람의 가슴속에 다음과 같은 의문을 심었다. 이미 체스, 바둑, 오락, 퀴즈에서 인간을 압도한 AI가 전쟁터에서도 그러지 말라는 법이 있을까? 그리고 그 질문에 답을 제시하듯 새로운 혁신이 일어났다.

알파도그파이트 공중전의 미래를 보여주다

2020년 8월 18일부터 20일까지 3일간, 미국 국방부 산하 방위고등연구계획국의 주관 아래 알파도그파이트AlphaDogfight 대회가 개최되었다. 이 대회는 2019년 11월과 2020년 1월에 이어 세 번째로 열린 것으로, 미국 존스홉킨스대학교 응용물리학 연구소에서 가상으로 치러졌으며 온라인으로 생중계되었다. 알파도그파이트란 F-16 바이퍼 전투기로 펼치는 가상의 전투기 공중전으로, 방위고등연구계획국이 AI 개발자들의 저번을 확대하고 앞으로 변화될 공중전에 AI를 활용하기 위해 추진 중인 장기 프로젝트 ACE^{Air Combat Evolution} 프로그램의 일환이다.

ACE 프로그램은 공대공 전투 자동화를 위한 AI와 인간의 협업 증진을 목적으로 한다. 사흘간 진행된 이 모의 전투는 각 AI 업체가 출품한 AI 조종사 간 전투에서 승리한 최종 후보와 공군의 베테랑 조종사가 벌이는 모의 공중전으로 마무리된다. 이 대회에는 보잉의 자회사 오로라플라이트사이언스^{Aurora Flight Sciences}, 에피시스사이언스^{EpiSys Science}, 조지아 기술연구소^{Georgia Tech Research Institute}, 헤론시스템스^{Heron Systems}, 록히드마틴, 퍼스펙타 연구소^{Perspecta Labs}, 피직스AI^{PhysicsAI}, 그리고 소아텍^{SoarTech} 등 총 여덟 개 업체가 경쟁에 참여했고 미국 헤론시스템스^{Heron Systems}가 개발한 AI 조종사가 최종 승자가 되었다. 대회 마지막 날에는 헤론 시스템스의 AI 조종사와 뱅어^{Banger}라는 콜사인을 가진 인간 조종사의 가상 전투가 벌어졌다. 결과는 AI 조종사의 5 대 0 완승.

개싸움이라는 뜻의 도그파이트^{Dog Fight}는 전투기 간 근접전을 가리킨다. 상대를 격추하기 위해 양 전투기가 서로의 꼬리를 잡는 형태가 주를 이룬다. 현대의 공중전은 발전된 레이더와 미사일 기술을 통해 원거리에서 적을 격추하는 형태지만, 아직도 사람들의 뇌리에는 파일럿들의 조종 실력을 겨루는 근접전이야말로 진정한 전투라는 인식이 남아 있는 듯하다. 결국 알파도그파이트는 이 같은 로망 아닌 로망을 반영한 기획이라 해야 할 것이다. 어쩌면 영화 〈탑건〉에서 보여준 화려한 조종술을 기대한 것은 아닐까?

온라인 생중계로 진행된 이 가상 전투에서 인간 조종사는 AI 조종사의 전투기를 단 한 번도 공격하지 못하고 도망만 치다가 총 15발의 총탄에 맞아 다섯 번 격추되었다. 가상 전투가 벌어지기 전만 해도 뱅어의 동료는 그가 실력을 충분히 발휘한다면 흥미로운 전투가 벌어질 거라 자신했다. 그러나 가상 전투가 시작되고 80.9초 만에 AI 조종사가 발사한 총탄에 피격되며 1패를 당했다. 두 번째 전투는 58.8초 만에 AI 조종사의 승리로 끝났다. 이후 치러진 세 번의 전투에서도 각각 53.1초, 52.4초, 164.5초 만에 AI 조종사가 승리했다. 전투 내용을 보면 AI 조종사는 인간 조종사의 공격과 방어 패턴을 정확히 읽고 움직인 흔적이 보였다.

마지막 다섯 번째 전투는 인간 조종사가 AI의 공격 패턴을 읽고 대응하려고 노력한 흔적이 보였다. 그런 이유로 전투 시간이 앞의 네 번보다 두세 배 길었다. 인간 조종사는 회전반경을 넓게 잡고 계속 돌면서 상대의 꼬리를 잡으려 했지만, AI 조종사는 이런 의도를 간파한 듯 인간 조종사의 꼬리를 계속 따라붙으며 공격을 이어갔다. 결국, 인간 조종사는 AI에게 움직임을 그대로 읽히며 제대로 된 공격도 못 해보고 다섯 번의 전투를 패배로 마감했다.

한정된 조건하에 치러진 공중전에서 AI는 완벽한 정보를 갖고 승리할 수 있었다. 하지만 실전에서는 다양하고 불규칙한 조건에서 전투가 벌어지므로 100퍼센트 승리를 장담할 수 없을 것이다. 그래도 AI의 빠른 학습능력은 무인 전투기가 인간 조종사와 협업해 더 효과적으로 전투를 수행하는 미래의 청사진을 그리게 하기에 충분했다. 방위고등연구계획국은 2024년에 벌일 실험 전투를 실제 전투기를 가지고 진행할 예정이라고 밝혔다.

스텔스 무인 전투기 경쟁

전장에서의 생존성과 임무 성공률 증대라는 목적을 이루기 위한 노력의 일환으로, 전 세계는 지금 무인화 전략을 효과적으로 적용할 방법을 고민하고 있다. 스텔스 무인 전투기Unmanned Combat Air Vehicles: UCAV 개발은 이미 1990년대 말부터 연구가 시작되었다.

현재는 적국의 방공망을 회피하거나 무력화시키기 위해 장거리 순항미사일로 적의 주요 시설을 파괴하고 전자전기를 투입해 방공망을 무력화한 다음 스텔스 유인 전투기와 스텔스 폭격기가 들어가 최종 목표를 타격하는 순으로 작전이 이루어진다. 그런데 이 같은 작전에서는 순항미사일을 제외한 공습 도구들이 모두 인간에 의해 조종된다. 아군의 인명 피해가 발생할 수도 있다는 뜻이다.

미국 X-47B   (출처: 위키피디아)

이 문제를 해결할 방법으로 제시된 것이 스텔스 무인 전투기이다. 스텔스 무인기 개발은 미국이 선두를 달리고 있으며 러시아와 중국 등도 치열하게 경쟁 중이고 프랑스와 영국도 각축을 벌이고 있다. 미국 해군은 노스롭그루먼의 X-47A를 스텔스 무인 전투기로 개량한 X-47B를 개발했다. 15억 달러(약 1조6,700억 원)의 개발비와 7년의 제작 기간을 투입해 만들어진 X-47B는 이전 모델인 X-47A보다 아홉 배가량 무거워졌다. 2013년 5월 14일 항공모함에서 이륙하는 데 성공한 X-47B는 급유

동체 길이	11.63미터
날개폭	18.92미터(접힌 상태는 9.41미터)
최대 이륙중량	20톤
최고 속도	마하 0.9
최대 상승고도	12,190미터
최대 순항거리	3,900킬로미터
최대 무장량	2톤

후 최대 여섯 시간 동안 비행이 가능하며 두 개의 내부 무장창을 가지고 있다.

미국 공군도 인공지능 무인 전투기 개발 프로젝트인 '스카이보그 Skyborg' 계획을 발표하면서 2023년까지 자율비행 무인 전투기 시제품을 개발해 시험비행을 추진하겠다는 포부를 밝혔다. 그 이면에는 중국, 러시아를 비롯한 적대국들이 인공지능과 자율성 기술을 결합한 무인 전투기 개발에 많은 예산과 노력을 기울이는 것에 자극받은 측면이 강해 보인다. 이 때문에 미 공군도 저비용으로 제작한 소모성 AI와 자율 시스템을 적용한 경제성 높은 무인 전투기를 가능한 한 빨리 운용함으로써 공군의 전투력을 증대시키고자 노력하고 있다. 무인기 개발은 프랑스, 이탈리아, 스웨덴, 스페인, 영국 등도 공통적으로 고민하며 협업 혹은 독자적 개발을 통해 노력하는 분야이다.

세계의 선진국들이 무인 전투기 개발에 열을 올리는 가운데 한국의 국방과학연구소ADD는 2020년 8월 3일 창설 50주년 기념행사에서 한국형 스텔스 무인 전투기와 수중 감시정찰 임무를 수행할 수 있는 중대형급 무인 잠수정 개발을 발표했다. 사실 이를 위한 기술적 연구는 이미 1999년부터 시작된 상태이다. 또한 스텔스와 무인 성능의 향상을 위한 각종 첨단기술 연구도 병행되고 있다. 2015년에 기술 시범기가 초도비행에 성공했고 2017년부터 2차 기술 시범기 사업을 진행하며 스텔스 성능, 비행 성능, 스텔스 무인 전투기 운영 관련 개념 연구를 수행하고 있다.

스텔스 무인 전투기를 개발하려면 고난도의 집약적 기술력뿐 아니라 장기간에 걸친 연구와 개발이 필요하다. 미국을 비롯한 무기 선진국들조차 이 차세대 병기의 연구와 개발에 막대한 자금과 시간을 할애했다는 사실은, 그만큼 기술력 확보가 쉽지 않다는 것을 보여준다. 스텔스 기능의 보완은 그 가운데서도 가장 핵심적인 기술력이 필요하다.

미국 록히드마틴이 제작한 F-117 나이트호크Nighthawk 전폭기나 F-22 랩터 전투기는 스텔스 기능을 위해 표면에 램Radar absorbent material: RAM이라는 레이더 흡수 재료를 바른다. 그런데 이 재료는 전투기가 음속으로 이동하는 과정에서 벗겨지기 때문에 정기적으로 기체 표면에 발라줘야 한다. 그렇다 보니 전투기 운용비는 기하급수적으로 증가할 수밖에 없다. F-117은 1989년 12월 미국이 파나마를 침공했을 때 처음으로 실전에 투입되면서 지구상 최초의 스텔스 공격기 혹은 전투기라는 명성을 얻었다. 이후 걸프 전쟁, 이라크 전쟁, 보스니아 전쟁 등에서 활약했지만 2008년 4월 22일의 비행을 끝으로 일선에서 퇴역했다.

한국 공군이 국방장기계획에 한국형 스텔스 무인정찰기와 무인 전투기 소요를 반영하면서 국방과학연구소는 '선도형 핵심기술 예산'을 사용해 기술개발에 착수했다. 미국, 영국, 프랑스 등 다른 국가들의 스텔스 무인 전투기와 마찬가지로 한국형 무인 전투기도 '무미익전익無尾翼全翼'의 형태, 즉 꼬리 날개가 없는 가오리 모양의 날렵한 형태를 띠고 있다. 이는 레이더 반사 면적을 최소화하기 위한 것으로 X-Band부터 S-Band 대역폭은 물론, 점차 대중화되고 있는 UHF와 VHF 대역 저주파

레이더 체계를 효과적으로 회피하기 위한 전략의 하나이다.

기체 꼬리에 날개가 있는 스텔스 전투기인 F-117, F-22, F-35, J-20, Su-57, Pak-FA는 X-Band나 S-Band 레이더는 회피할 수 있지만, UHF와 VHF 저주파 레이더에는 꼬리날개로 인해 노출될 확률이 높다. 이런 이유에서 미국의 B-2 스텔스 폭격기는 꼬리날개가 없는 날렵한 가오리 형태를 취했고, 이는 현재 개발이 진행되고 있는 거의 모든 스텔스 무인 전투기의 기본 모형이 되었다. 여기에 더해 스텔스 기능 증진을 위해 RAM 대신 F-35 라이트닝에 적용한 레이더 흡수 복합재를 사용해 기체를 일체형으로 통합 설계하는 기술을 사용하고 있다. 흡수 복합재를 사용해 제작하면 비용 효용성 면에서 RAM을 쓸 때보다 더 적은 돈이 들지만 그만큼 고난도의 섬세한 기술이 필요하다.

스텔스 무인 잠수함

보잉은 비행기만 만든다는 고정관념이 깨졌다. 무인수중체Unmanned Undersea Vehicle: UUV 에코 보이저Echo Voyager가 보잉에서 제작됐다. 에코 보이저는 최장 6개월간 수중에서 작전을 수행할 수 있는 혁신적인 무인 잠수함이다. 길이 15.54미터에 하이브리드 전지로 구동되며 전개와 회수를 위한 모함이나 운용자가 필요 없는 완전 자율 운항 시스템으로 설계되어 있다. 보잉은 이미 에코 보이저보다 소형인 '에코 시커Eco Seeker'와 '에코 레인저Echo Ranger'를 개발한 경험이 있는데, 이 두 모델은 작전을 위해 모함과 운용자가 필요했다.

에코 보이저 외에도 장시간 운용이 가능한 무인 잠수함 플랫폼이 존재한다. 미국 해군의 LDUUVLarge Displacement Unmanned Underwater Vehicle 와 방위고등연구계획국의 ACTUVASW Continuous Trail Unmanned Vessel가 대표적이다. 수중에서 장시간 운용이 가능한 플랫폼을 개발하기 위해서

에코 보이저   (출처: BOEING)

는 무엇보다 에너지원과 자율 운항 소프트웨어가 중요하다. 보잉의 에코 보이저는 이 둘을 모두 갖춘 혁신적 모델이라 할 수 있다. 에너지원으로 하이브리드 충전 시스템을 적용함으로써 수중에서 장시간 작전이 가능하고, 이에 따라 정보의 수집과 잠수함 운용 측면에서 경제성을 극대화할 수 있다. 또한 전투 인력의 생존성을 걱정할 필요도 없기에 차세대 게임 체인저가 될 가능성이 크다.

미국 해군과 보잉은 4,300만 달러의 무인 잠수함 계약을 체결했다. 보잉은 2016년에 소개한 에코 보이저를 업그레이드해 초장거리 무인 잠수함 오르카Orca를 개발했으며 이를 미 해군에서 도입하기로 했다. 오르카에는 10.4미터의 임무 모듈이 있어 작전의 목적에 맞는 기기 혹은 무기를 탑재할 수 있다. 현 시점의 목표는 정보 수집 및 적 잠수함과 군함 탐지라고 밝혔지만 미국의 정찰 드론이 공격용 드론으로 전환되어 전장에 투입된 사례를 보건대 무인 잠수함도 공격용으로 전환될 가능성이 적지 않아 보인다. 미국은 이 무인 잠수함과 더불어 수상 무인 선박인 시헌터Sea Hunter도 개발했다. 이제 바다라는 전장에서 무인화 전력이 전투를 수행하는 미래가 성큼 다가왔다.

앞으로의 수중 전투에서 우위를 확보하기 위한 경쟁이 본격적으로 시작되고 있다. 일반적으로 잠수함은 건조와 운영에 막대한 비용이 투입되고, 여기에 탑승할 인원을 교육하는 데도 큰 비용이 소모된다. 그러나 무인 잠수함은 이런 경제적 측면에서 기존의 잠수함보다 훨씬 뛰어나다. 이 때문에 미국에 이어 영국도 무인 잠수함 개발에 많은 관심을 보이며 개발에 돌입했다. 이들은 초대형 무인 잠수함 만타Manta를 제작했다. 길이는 30미터로 미 해군의 오르카보다 크며 감시, 정찰, 대잠수함전에 투입될 것이라고 영국 해군은 밝혔다.

한국도 무인 잠수함 개발 계획을 발표하고 기술 연구에 이미 돌입한 상태이다. 전시와 평시에 적 지역의 군사 움직임을 비롯한 각종 정보를 취합하는 것을 주 목표로 하며 전시에 상륙함이나 수상함정의 접근이 어려운 항구나 연안에 은밀히 침투해 정보를 획득하는 임무를 수행할 예정이다. 또한 물자 운반, 적 기만 작전, 위험 작전 지역에서의 적 함정 출현 경보, 무장 탑재 후 적 잠수함과 함정에 대한 무력화 작전, 해난사고의 수중 탐색과 구조 활동 수행 등을 전천후로 할 수 있을 것이라 예상된다.

레이저, 새로운 방어체계와 정밀타격을 가능케 하다

영화 〈스타워즈〉에 등장하는 무기를 본 적이 있는가? 전투기에 탑재된 주요 무장과 클론 병사들의 총은 모두 레이저를 기본으로 한다. 실제 21세기의 전장은 어떤 모습일까? 많은 전문가가 현실에서도 레이저가 실용화될 것이라고 말한다.

미국이 아프가니스탄, 이라크, 이란 등지에서 벌인 전쟁으로 인해 민간인과 민간 시설에 대한 피해를 최소화해야 한다는 국제사회의 인식이 점차 강해졌다. 현재의 재래식 폭탄은 필연적으로 주변의 파괴와 살상이 동반된다는 치명적 단점을 가지고 있다. 이 때문에 레이저와 같은 초정밀 무기에 대한 수요가 계속 느는 중이다. 레이저무기는 기존의 폭탄, 미사일 따위와는 비교할 수 없을 만큼 정밀하고 정확하다는 장점이 있다. 여기에 더해 운용비용도 훨씬 저렴하다.

레이저LASER는 '복사 유도방출 과정에 의한 빛의 증폭Light Amplification by Stimulated Emission of Radiation'의 머리글자를 따 만들어진 이름이다. 1917년 알베르트 아인슈타인이 '유도방출' 현상에 대한 이론을 발표하면서 처음 세상에 등장했다. 이후 지속적으로 연구가 진행된 레이저는 여러 곳에서 사용되기 시작했다. 회의나 발표 때 화면 특정 부분을 강조하는 레이저 포인터, 각막 수술 기기, 암 치료 기기, 피부 미용 및 치료용 기기, 산업용 레이저 절단기, 폭격 위치를 지정하는 도구 등 그 쓰임새는 다양하다.

의학용 혹은 산업용으로 사용되던 레이저를 무기로 쓰기 위한 연구가 본격적으로 시작된 것은 1970년대부터이다. 높은 에너지를 담은 레이저라면 실전에서도 쓸 수 있을 거라는 발상이었다. 이런 생각은 미국의 엑스칼리버 계획Project Excalibur과 소련의 폴류스Polyus 계획으로 이어졌다. 엑스칼리버 계획은 적의 대륙간탄도미사일ICBM을 인공위성에서 발사한 고출력 레이저로 요격하는 것이 목표였고, 이에 맞서는 폴류스 계획은 우주선에서 고출력 레이저를 발사하는 것이 목표였다.

이렇게 시작된 레이저의 무기화는 우주 공간에서 발사하는 형태에서 진화해 선박에서 발사 가능한 형태, 지상의 자주포 형태 등으로 모습을 바꾸며 진행되었다. 그러나 엑스칼리버 계획과 폴류스 계획은 결국 실패로 끝났다. 막대한 예산만 낭비한, 실용성 제로의 계획이라는 비난을 받으며 사장되고 만 것이다. 그렇게 잊혔던 레이저무기가 2010년대

들어 다시 세상에 등장했다. 공격용 무기로 쓰임이 확대된 드론을 무력화하기 위함이었다.

레이저는 강력한 광학 에너지로 적의 무기나 목표를 무력화시키는 무기이다. 레이저는 빛의 속도인 초속 30만 킬로미터로 진행되고 중력의 영향을 받지 않아 타격 정확도가 매우 높다. 레이저무기의 선두주자인 미국은 다양한 방어용 무기를 개발해 시험하고 있다. 2013년 미 해군 강습상륙함에 AN/SEQ-3 레이저무기를 장착해 표적함을 파괴하는 시험을 진행했고, 2017년에는 상대적으로 약한 위력의 레이저무기LaWS를 중동 걸프만에 배치된 미 상륙함에 최초로 실전 배치했다. LaWS는 출력이 30킬로와트, 사거리 1.6킬로미터로 위력이 약해 드론 정도를 격추할 수 있다. 2019년에는 150킬로와트 위력의 고에너지 레이저무기를 개발해 상륙함에 장착했으며 2020년 5월 16일 태평양 해상에서 드론을 공격해 파괴하는 시험에 성공했다.

레이저무기는 미사일을 발사하는 것보다 훨씬 저렴하고 대응 속도도 빠르다는 장점이 있다. 보통 미사일은 한 발을 발사하는 데 수십만 달러가 투입된다. 반면 레이저무기는 1회 발사에 1달러 정도가 들어 경제 효용성이 매우 뛰어나다. 그리고 발사가 빛의 속도로 이루어지기 때문에 움직이는 표적의 궤적이나 속도를 고려하지 않아도 된다. 발사 시 반동이 없고, 목표물까지 도달하는 데 중력이나 바람을 고려할 필요도 없다.

레이저에도 물론 약점은 있다. 우선 안개나 비와 같이 날씨의 영향을 많이 받는다. 에너지 공급도 문제이다. 사실 이것이야말로 레이저무기의 실전 배치와 소형화를 가로막는 요인이다. 레이저무기의 파괴력을 증대시키려면 그만큼 큰 에너지의 공급이 필수적이고, 고출력 전력을 안정적으로 사용하기 위해서는 지상의 고정 기지나 최소 함선 정도

미 해군의 LaWS 레이저 무기   (출처: 미국 해군)

는 있어야 한다.

　미국은 레이저무기를 핵추진 항공모함에 장착해 적의 장거리 대함미사일을 요격하는 용도로 사용할 계획도 가지고 있다. 핵추진 항공모함은 고출력 전력의 공급이 안정적으로 이루어지는 최적의 환경이므로 레이저무기를 탑재해 중국이나 러시아가 개발한 초음속 장거리 대함미사일을 방어한다는 개념이다.

　드론, 항공기, 미사일 등을 요격할 수 있는 무기로 평가받는 레이저무기는 미국을 비롯해 러시아, 중국, 독일, 이스라엘 등의 국가에서 적극적으로 개발 중이다. 미국은 해군뿐 아니라 공군과 육군에서도 레이저무기를 개발해 실전에 배치할 계획이다. 미 공군은 F-35 전투기와 수송기 등에 레이저무기를 장착해 탄도미사일 요격용으로 활용할 계획이며, 육군은 2022년 스트라이커 장갑차에 레이저포를 탑재해 드론, 헬리콥터, 소형 미사일 등을 요격한다는 계획을 갖고 있다.

　러시아도 이미 2018년 12월 레이저무기 페레스베트Peresvet을 실전배치했다고 발표하면서 앞으로 펼쳐질 미국과의 레이저무기 경쟁을 예고했다. 한국 역시 레이저무기 개발에 속도를 높이고 있다. 방위사업청은 2019년 9월 레이저 대공 무기 개발에 착수해 2023년까지 전력화한다는 계획을 발표했다. 한국 국방과학연구소는 이미 20년 전부터 레이저와 관련한 다양한 핵심기술을 연구해 전력화에 박차를 가하고 있다. 이런 추세라면 레이저무기가 조만간 육·해·공 전장에서 상당히 유용한 무기로 자리 잡을지 모른다. 특히 한국은 북한의 미사일, 방사포, 드론 등의 위협에 상시 노출된 상황이기에 요격 무기로서의 유용성이 크게 주목받을 것으로 예상된다.

레일건, 화약이 필요 없는 미래의 화포

1996년 개봉한 영화 〈이레이저〉에서는 주인공 아널드 슈워제네거가 최첨단 신형 중화기, 바로 레일건을 들고 호쾌한 액션을 보여준다. 레일건이라는 병기를 대중에 널리 각인시킨 장면이었다.

레일건은 전자적 에너지로 포탄을 날리는 원리의 병기이다. 포신의 역할을 하는 평행한 한 쌍의 금속제 레일 사이에 포탄을 올리고 전류를 흘리면, 전류가 양극 레일에서부터 포탄을 거쳐 반대편 음극 레일로 이동하면서 강력한 자장이 형성된다. 이렇게 형성된 자장은 플레밍의 왼손법칙에 따라 운동에너지로 전환되고 이 운동에너지가 레일 위에 놓인 포탄을 가속해 발사한다.

레일건은 포탄에 작용하는 힘의 크기가 레일에 공급된 전류의 제곱에 비례하기 때문에 그에 따라 속도가 증가한다. 이론상으로는 마하 10 이상의 속도를 낼 수도 있다. 이렇게 높아진 탄환 속도는 사거리의 증가와 함께 명중률 및 파괴력의 증대로 이어질 수 있다.

레일건은 25파운드(약 11킬로그램)의 포탄을 초속 2킬로미터의 속도로 비교적 저렴하게 투사할 수 있다. 굳이 탄두에 폭탄을 장착하지 않아도 포탄의 무게와 속도만으로 충분히 목표물을 파괴할 수 있고, 적이 사전에 사격 징후를 파악할 수도 없어 현재의 방어체계로는 요격조차 불가능한 무기이다.

레일건은 기존의 대형 화약 추진 화포와 비교해 장전 시간이 짧아 그만큼 빠르게 화력을 투사할 수 있다. 게다가 화약이 필요치 않아 2차 폭발 피해를 걱정하지 않아도 된다. 또 화약을 보관할 공간이 절약되어 보다 많은 탄두를 적재해 화력을 증대할 수 있다. 하지만 장점만 있는 것은 아니다. 발사를 위해 엄청난 양의 전력이 필요하다는 것이 레일건의 가장 큰 단점이다. 레일건이 마하 6의 속도로 사거리 200킬로미터 밖의 목표물을 타격하려면 일반 가정 2만 가구에서 사용할 전기량과 맞먹는 25메가와트의 전기가 필요하다. 이 때문에 레일건은 최신형 스텔스 전투함인 줌왈트급 구축함이나 핵추진 항공모함에 탑재하는 것이 가장 현실적이다. 여기에 더해 레일건은 발사 시 탄두와 레일의 마찰로 열과 압력이 높아져 포의 내구성이 약하다는 단점과 탄두에 스마트 기능을 탑재하는 것이 현재로서는 어렵다는 단점도 존재한다.

1918년 프랑스 발명가 포송 빌레플르Louis Octave Fauchon-Villeplee가 고안하고 1970년대 초반부터 군사 무기로 연구가 진행된 레일건은 몇 가지 단점에도 불구하고 그것이 지닌 잠재성, 그리고 이후 등장한 극초음속 무기들로 인해 필요성이 증대되고 있다. 이에 미국, 영국, 러시아, 중국, 터키 등은 레일건에 관한 연구에 상당한 성과를 거두고 있으며 우리나라에서도 국방과학연구소를 중심으로 미래의 장거리 타격 무기로 레일건을 연구하고 있다.

로봇, 미래 전장 환경의 히든카드
영화 〈트랜스포머 2〉에는 드론, 레일건 등의 최신 무기와 함께 다양한 로봇이 등장한다. 물론 오토봇이나 디셉티콘 같은 전투 로봇은 현실적으로 아직 먼 이야기지만 정탐을 목적으로 하는 곤충 모양의 로봇이나 소형 로봇은 현재 다양한 연구가 진행되고 있다. 로봇의 실용화에 가장 큰 관심을 가지고 연구를 진행하는 나라는 미국이다. 지금도 방위고등연구계획국의 주도로 민간 업체와 협업해 다양한 기능과 형태의 로봇을 개발 중이다.

모기 크기의 로봇이 적지에서 정보를 취합해 실시간으로 전송하고 정해진 목표 요인에게 접근해 흔적 없이 암살하는 것은 더는 영화의 이야기가 아니다. MAVs^{Micro Air Vehicles}는 작은 벌레 모양의 드론봇으로 민감한 적지에 투입해 작전을 수행할 수 있다. 미 공군은 벌레 크기의 드론봇이 주변에서 날아다니면 맨눈으로 쉽게 구별하기 힘들며 이런 벌레 형태의 로봇에 약품 혹은 독을 탑재해 특수 암살 임무에 투입할 수 있다고 설명했다.

로봇은 인간, 동물, 곤충, 물고기 등 우리 주변에서 흔히 접할 수 있는 생명체들을 모델로 연구가 진행되고 있다. 옷처럼 착용해 전투원의 근력을 증대시키는 형태는 이미 상당히 발전되어 있으며 민간 의료 분야에서도 장애를 치료하는 용도로 쓰이고 있다. 그 외에도 센서와 카메라, 통신 장비를 장착해 물속에서 정보를 수집하는 물고기 모양의 로봇, 육상에서 은밀한 침투와 정탐, 공격을 할 수 있는 곤충형 로봇도 연구 및 개발이 진행 중이다. 영화 〈지. 아이. 조〉에 등장하는 곤충 로봇처럼 말이다.

각종 SF 영화에 등장하는 전투 로봇의 양산과 활용은 아직 비현실적이지만, 인간의 행동 패턴을 학습하고 실행하는 로봇은 현재 상당한 진척이 이루어져 있다. 여기에 총기를 조작해 목표물을 타격하는 실험도 진행 중이다. 심지어 애니메이션에 자주 등장하는, 인간이 탑승해 조종하는 로봇의 연구도 진행되고 있다. 아직은 벌레 형태 아니면 3미터 크기의 인간 형상에 한정되어 있긴 하지만 말이다. 이런 종류의 로봇은 공병 작업에 투입되거나 무기를 장착해 공격용으로 사용할 수 있을 것으로 보인다.

군수물자를 운반하는 용도로 개발 중인 견마 로봇은 이미 방위고등연구계획국과 보스턴다이내믹스Boston Dynamics의 협업으로 안정적인 형태로까지 발전한 상황이다. 이들이 더 발전하면 무기를 장착해 적을 공격하는 용도로도 쓰일 전망이다. 또한 기존의 탱크나 장갑차를 축소하고 무인화해 전투와 정탐용으로 전투에 투입하는 유형도 만들어지고 있다.

앞으로의 전투는 이렇듯 무인화를 기본으로 접근성을 증대하고 속도를 높이며 아군의 부상을 최소화하는 방향으로 전환될 전망이다. 비대칭전력의 개발은 마치 시소게임처럼 오르락내리락 하는 과정을 거치며 변화하고 있다. 미국을 비롯한 군사 강국들은 경쟁적으로 새로운 비대칭전력을 개발하고 배치하며 창과 방패의 싸움을 이어가고 있다. 이런 급변하는 비대칭전력 무한경쟁 시대에 한국은 지역적으로 가장 뜨거운 위치에 놓여 있다. 우리가 스스로를 지키는 방법이 무엇인지 깊이 고민해야 하는 상황이다.

4장

ICT 핵심발전기술 ① ICBM+AI+양자컴퓨팅
군사 분야에 적용된 ICT 핵심기술 구조

ICT 핵심기술 연결 구조

ICT는 다양한 기술들이 유기적으로 연결되어야 최고의 결과를 만들어 낼 수 있는 구조로 이루어져 있다. ICT의 중심에는 ICBM, AI 그리고 블록체인BlockChain이 자리하고 있다. ICBM이란 사물인터넷Internet of Things: IoT, 클라우드Cloud, 빅데이터Big Data, 무선이동통신Mobile을 가리킨다. 이들 기술은 유기적 협업 관계를 맺으며 작동한다. 따라서 이들 간의 연계를 파악하는 것이 선행되어야 한다. 자칫 복잡하고 지루할 수 있지만 간단하게 그 연결성에 대해 알아보고 각 기술의 개념과 응용 내용으로 넘어가보자.

삽입된 그림에서 ICT 핵심기술들의 가장 밑바닥에 깔린 것이 바로 안정적인 전기 공급 구조이다. 그 위에 5G 모바일 광대역과 군 위성통신이 자리 잡아 다른 기술들이 문제없이 작동하도록 도와준다. 이 두 가지 기반 기술 위에 인터넷과 웹, 블록체인이 성공적으로 얹히게 되면 ICT의 다른 기술들이 비로소 무리 없이 작동할 수 있는 외관이 완성되는 것이다.

이렇게 배치된 구조는 최종적으로 두 가지 측면에서 전체적 시스템의 운용이 이루어진다. 첫 번째는 효과적 국방운영을 촉진하는 측면이다. 이를 위한 데이터는 병사와 조달 시스템, 국방부를 통해 수집되어 클라우드에 저장되고 이것이 빅데이터로 추출되면 AI에 입력되어 자동

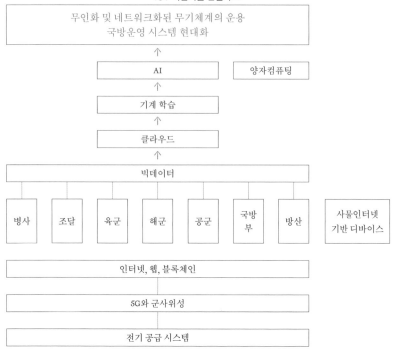

ICT 핵심기술 연결 구조

무인화 및 네트워크화된 무기체계의 운용
국방운영 시스템 현대화

AI 양자컴퓨팅

기계 학습

클라우드

빅데이터

병사 조달 육군 해군 공군 국방부 방산 사물인터넷 기반 디바이스

인터넷, 웹, 블록체인

5G와 군사위성

전기 공급 시스템

적 시스템의 운영이 가능해진다. 병사와 국방운영의 선진화가 촉진되는 것이다. 두 번째는 무기체계의 전술적 효과를 극대화하는 측면이다. 병사가 소지한 각종 장구, 육·해·공군의 여러 무기체계에 탑재된 사물인터넷과 각종 센서를 통해 실시간으로 생성된 데이터가 클라우드에 저장되고 종류에 따라 군집화 과정을 거치게 된다.

이렇게 군집화된 데이터는 빅데이터로서 가치를 가지게 되며 기계학습Machine Learning과 딥러닝Deep Learning을 통해 AI가 학습할 수 있는 구조를 갖추게 된다. AI가 학습을 마친 빅데이터는 비로소 정보로서의 가치를 지니며, 전장 상황에 따라 각 무기체계의 통합적이고 유기적인 결합과 활용을 통해 더욱 정밀하고 빠른 작전을 수행할 수 있는 중요한 도구가 된다. 즉, 하나의 네트워크로 통합된 모든 데이터가 AI를 통해 적재적소에 정확하게 적용될 수 있는 것이다.

4차 산업혁명의 새로운 기술이 국방에 적용되면 모든 무기체계와 전장의 정보가 네트워크로 연결된다. 실시간으로 정보의 획득과 분석이 이루어지고 의사결정, 타격 및 대응이 더 효과적이고 빠르게 이루어질 수 있다. 이제까지 군별로 따로 관리하고 운용하던 정보 간 장벽이 제거되고 각 무기체계와 전투원에 탑재된 각종 센서를 통해 신속하게 수집된 엄청난 양의 데이터가 실시간으로 공유된다. 진정한 의미의 유비쿼터스 네트워크 전장 시스템을 구현할 수 있는 것이다.

이런 변화는 '가상 물리 시스템Cyber Physical System: CPS'을 바탕으로 물리적 세계와 가상의 세계가 네트워크로 연결되어 작동하는 시대를 만들어갈 것이다. 영화 〈매트릭스〉에서 표현했던 세상이 현실로 도래할 수도 있다는 뜻이다. 현실 세계에서 생성된 빅데이터가 저장과 정제를 통해 가상 세계의 네트워크와 연결되어 작동하면서 보다 빠른 결정을 도출할 수 있는 시스템이 구축되는 셈이다.

이를 이용해 목표를 빠르고 정밀하게 타격할 수 있다면 적에게는 일방적인 피해를 주면서도 아군은 거의 다치지 않을 수 있다. 이처럼 21세기 전장은 네트워크 중심전에 필요한 첨단기술로 무장한 하이테크를 누가 더 효과적으로 먼저 적용하고 운용하느냐에 따라 승패가 결정될 것이다.

그렇다면 ICT 핵심기술 중 가장 중요한 것은 무엇일까? 바로 빅데이터이다. 4차 산업혁명 혹은 ICT 선도 국가는 4차 산업혁명의 원천 기술을 AI가 아닌 빅데이터로 보고 있다. 이것이 없이는 AI조차 텅 빈 기계에 불과하기 때문이다. 빅데이터와 AI 기술이 일정 수준에 도달해야 사물인터넷을 기반으로 하는 다양한 기기들이 비로소 제 역할을 할 수 있다.

지휘 통제 시스템Command, Control, Communication, Computer and Intelligence: C4I, 군 네트워크 시스템 등 다양한 부분이 빅데이터와 AI를 통해 운용되는 구조로 변화하고 있다. 그리고 AI가 탑재된 각종 무기체계의 개발도 경쟁적으로 이루어지고 있다.

미국은 무인 자율주행 장갑차IFV의 개발을 서두르고 있다. 미군은 브래들리 M2A3 전투차에 ICT를 접목한 차세대 전투차량MGCV을 만들고 있다. 미군은 2024년까지 시제품을 개발한다는 목표를 세우고 사업을 진행 중이다. 러시아도 이를 견제하기 위해 차세대 전차인 T-14 아르마타의 개발을 서두르고 있다. 한국 육군도 2050년 양산을 목표로 자율주행 장갑차, 무인 스텔스 전차, 무인 자율 헬기 등의 개발 연구를 진행하고 있다.

AI가 탑재된 드론의 등장도 그리 멀지 않아 보인다. 미국은 MQ-9 리퍼에 AI 포드인 애자일 콘도르Agile Condor를 탑재해 전장에서 수집한 데이터를 분석하고 이를 통해 목표물을 타격할 수 있게끔 했다. 제작사인 제너럴 아토믹스는 미 공군의 요청에 따라 AI 포드를 탑재한 리퍼의 비행 테스트를 성공적으로 마무리했다. 미 공군은 AI와 결합한 드론을 통해 신속한 정보 수집 및 활용, 목표 타격까지의 시간 단축이 가능하다고 보고 있다. 또한 위성과의 접속이 끊어지거나 차단될 때도 드론 스스로 위협을 감지하고 회피하며 공격 목표를 타격할 수 있을 것으로 예상한다. AI는 리퍼를 비롯한 다른 드론들뿐 아니라 유인 항공기에도 적용해 정보 획득과 의사결정의 속도를 높일 수 있다.

미 공군은 앞으로 개발될 완전 자율 무인 전투기UCAV의 기반 기술로 AI를 활용할 계획을 세우고 있다. 이 같은 시도는 이미 보잉에서 제작한 로열 윙맨Loyal Wingman을 통해 점차 현실화하고 있다. 2021년 2월 호주 공군과 미국 보잉사가 공동으로 로열 윙맨을 개발해 시험비행을 성공적으로 완수했다. 아직 완전한 자율 무인 전투기라고는 할 수 없지만, 유인 전투기와 함께 '멈티' 형태의 편대를 이뤄 작전을 수행할 것으로 알려졌다.

로열 윙맨   (출처: 미 공군)

AI 탑재 자율무기 중 가장 큰 논란을 불러일으키는 것은 '킬러 로봇'이다. 치명적 자율무기 시스템Lethal Autonomous Weapon System: LAWS이라고도 불리는 킬러 로봇은 인간의 개입 없이 자율적인 판단에 근거해 목표를 선택하고 작전을 수행하는 무기를 말한다. 이런 킬러 로봇은 AI 사용에 관한 윤리적 규정으로 인해 그 어떤 나라도 공개적으로 만들지는 못하지만 이미 은밀하게 개발이 진행되고 있다고 볼 심증은 충분하다. 이런 킬러 로봇의 이전 버전인 원격 조종 로봇은 이미 실전에 투입되어 활용된 전력이 있다. 2005년 《뉴욕 타임스》는 미 국방부가 인간 군인을 자동화 로봇으로 대체할 계획을 수립했다는 사실을 보도했다. 인간이 제어하는 전투 로봇과 경계 로봇은 이미 실전에서 사용되고 있으며 AI가 탑재되어 완전히 자율적으로 작전을 수행하는 로봇도 그 등장이 그리 멀어 보이지 않는다.

사물인터넷과 모바일 5G를 통한 전투체계의 혁신

사물인터넷은 군사 분야에서도 유용한 도구로 활용되고 있다. 1999년 사물인터넷 개념이 등장한 후 전투원과 편제 장비 등을 무선망으로 연결해 정보를 공유하거나 작전 운용에 활용하려는 연구가 여럿 진행 중이다.

센서가 부착된 웨어러블 컴퓨터를 전투원의 전투복과 헬멧에 부착해 전황을 실시간으로 지휘부에서 확인하고 즉각적으로 대응 전략을 전달할 수도 있다. 2011년 5월 2일 CIA가 주도해 실행된 오사마 빈라덴 사살 작전인 넵튠 스피어 작전Operation Neptune Spear에서 오바마 대통령을 비롯한 미국의 핵심 참모들은 미 해군 특수전 개발단DEVGRU 대원의 헬멧에 장착된 카메라를 통해 실시간 작전 영상을 시청했다. 현 시점에서는 한층 기술이 발달해 전투원이 착용한 장비가 스스로 전장 상황을 공유해 작전을 보다 효과적으로 진행할 수 있게 도와준다. 전투가 끝난 뒤에는 전투 중에 얻어진 데이터를 차후의 전투 전략을 수립하는 자료로 쓸 수 있다.

한국은 이런 관점에서 2015년 'IoT 전투사단'의 구축을 발표했다. 이는 전 세계가 네트워크 중심전 체계로 변화하는 가운데 ICT 기술을 군에 적용해 전력을 강화하는 것이 필요하다는 판단에서였다.

사물인터넷이 군에 적용되면 전투원과 장비, 무기가 하나의 네트워크로 연결되어 실시간으로 정보를 공유하며 전투를 더욱 효과적으로 수행할 수 있게 된다. 여기에는 다양한 군용 디바이스들의 결합도 포함된다. 전투복처럼 착용하면 전투원의 신체 능력을 증대시킬 수 있고 실시간으로 전투원의 상태를 확인해 적절한 조처를 취할 수도 있다. 또한, 사물인터넷이 삽입된 전투복, 헬멧 등은 디스플레이 장치를 포함하고 있어 전투원이 적의 위치, 지형 정보 등을 즉각 받아볼 수 있고, 헬멧에 부착된 헤드셋을 통해 작전본부와 교신도 가능하다. 이러한 예시들은 미국의 랜드워리어 시스템의 일부로, 전투원을 네트워크와 컴퓨터를 이용한 전투체계에 통합할 수 있는 첨단 미래형 군복의 미래이다.

사물인터넷이 정보를 수집하고 전송할 수 있게 하려면 모바일 통신기술이 필수적이다. 5G는 초고속, 초저지연, 초연결의 기술적 진화를 통해 이전 세대 통신기술에서는 불가능했던 네트워크 슬라이싱Network Slicing이 가능해졌다. 네트워크 슬라이싱이란 말 그대로 하나의 통신망을 여러 개의 영역으로 나누어 각각의 섹션에서 다른 데이터 전송 서비스를 가능케 하는 것이다. 즉, 이전의 네트워크 기술이 1차선 도로에 여러 차량이 달리는 구조였다면 5G는 여러 차선의 도로에 각기 다른 용도의 차량이 각자의 목적지를 향해 달리는 구조라고 보면 된다. 이를 통해 군 전용 통신, 엔터테인먼트, 통신 및 인터넷, 사물인터넷의 데이터 전송이 각기 다른 네트워크 섹션에 할당되어 중복 없이 작동할 수 있게 만든다. 가령 자율주행 자동차, 긴급 서비스, 국가 기반시설 인프라용 데이터는 전송의 끊김 현상이 대형 사고로 이어질 수 있으므로 독립된 데이터 전송 라인이 필수적인데 이런 면에서 5G 모바일 네트워크의 슬라이싱 기술이 큰 역할을 하는 것이다.

현재 미국과 중국은 국방 분야에 5G 네트워크 및 첨단 통신기술을 적용하기 위해 많은 연구를 경쟁적으로 진행하고 있다. 중국은 통신기업 화웨이의 5G 네트워크 기술을 활용해 세계에서 가장 광범위한 5G 네트워크를 구축해 미국을 추월하겠다는 계획을 세웠다. 미국 국방부는 이를 견제하기 위해 디지털 현대화 로드맵을 발표하면서 국방부와 국가안보기관에 5G 기술을 제공해 더 높은 수준의 이동통신 성능과 효율성을 확보하려 하고 있다.

미국은 기존의 음성 및 화상 통신은 물론, 전투 관리와 상황 인식 응용 프로그램에 필요한 대용량 데이터를 전송하는 데 5G를 이용함으로써 임무 영역을 확장할 계획을 세우고 있다. 그 초기 단계로 5G를 AR/VR과 연동해 병사를 훈련시키거나 기기 설계에 적용해 첨단 장비 생산의 자동화와 실시간화를 꾀하고 있다. 이러한 시험적 노력은 앞으로 사물인터넷과 무인기, 전투 클라우드, 군 통신체계, 군 차량의 운용에 필요한 플랫폼의 안전한 운용에 점진적으로 적용될 것으로 보인다.

미래의 전장은 어떤 모습으로 변할까? 영화에서 보던 것처럼 로봇 병사와 무인 무기가 네트워크로 연결되어 서로 전투를 벌이는 무인 전장이 될 가능성 크다. 기존의 네트워크 시스템은 수많은 센서를 탑재한 첨단 무기들에 대용량의 데이터를 전송하고 즉각적으로 대응하도록 하는 것이 불가능했다. 그러나 5G 네트워크는 많은 양의 데이터를 빠르게, 지연 없이 전송해 전장에서 정밀하고 빠른 작전 수행을 가능케 한다. 전투원과 무기체계, 부대 간 대용량 데이터 공유는 앞으로의 전장이 될 육지, 바다, 하늘, 우주에서 필수적인 요소이고 이것을 가능하게 받쳐주는 것이 5G 네트워크 기술이다.

이에 따라 우리나라도 2019년 2월 과학기술정보통신부와 국방부 간 '주파수 이용 효율화를 위한 업무협약'을 체결해 군 전용 주파수 확보와 정비, 군 전용대역 발굴 등에 서로 협력하기로 했다. 이를 통해 앞으로 5G 기술을 활용한 새로운 통신 하드웨어와 소프트웨어를 개발해야 하며 새로운 보안 메커니즘도 개발해야 하는 상황이다. 2019년 10월 국군의 날 기념식에서 보여준 워리어플랫폼은 신형 헬멧과 조준경을 비롯한 33종의 첨단 전투 장비로 무장한 개인 전투체계였다.

전투원이 착용하는 첨단 장비는 현재 전 세계적으로 개발이 활발히 이루어지고 있다. 전투력을 최상의 상태로 끌어올리기 위해 군복, 전투 장비, 전투 장구 등을 통합적 전투체계로 구성하는 워리어플랫폼은 이미 미국, 독일, 프랑스 등에서 도입해 활용하고 있으며 계속 진화하고 있다.

미국의 퓨처 포스Future Force 워리어플랫폼은 개인화기, 초소구경 개인화기, 초소형 유도무기, 일체형 헬멧, 입체 영상, 위성통신, 통역 기능, 동력 공급 장치 등으로 구성되어 있다. 또한 미 육군은 마이크로소프트에서 개발한 AI 기술을 기반으로 하는 홀로렌즈를 공급받아 통합 증강 시스템Integrated Visual Augmentation System: IVAS을 워리어플랫폼에 적용할 예정이다.

프랑스의 워리어플랫폼 펠린FELIN에는 각종 통신 장비와 총기, GPS 시스템 등의 네트워크 장비가 탑재되어 있어 전투원 간 교신, 지휘부와의 교신을 병행하며 임무를 수행할 수 있다. 독일도 2013년부터 차세대 보병 시스템인 글라디우스idZ-ES Gladius를 해외 파병부대에 지급하고 있다. 지금은 글라디우스 2.0을 준비하며 개인화기, 주야 조준장치, 정보처리기, 통신시스템, 통합 헬멧, 전투원 보호를 위한 방탄복, 방독면, 보호의류 등을 전장에서의 경험을 바탕으로 업그레이드하는 중이다.

이런 워리어플랫폼의 핵심은 사물인터넷과 모바일 통신기술을 통해 네트워크 및 통신을 한층 원활하게 하고 무기와 장구류를 경량화하는 동시에 감시 능력을 향상시키는 것이다. 이를 통해 모듈식 일체형과 지능형 전투체계를 만들어가는 것이 워리어플랫폼의 궁극적 목표이다.

한국도 국방개혁 2.0 기본 계획을 바탕으로 전투원의 고급화와 첨단화를 준비하고 있다. 이를 위해 2023년까지 1단계로 개별 조합형 플랫폼을 전투원에게 제공할 예정이다. 1단계에서는 첨단 소재로 다기능 전투복을 제작해 지급하며 2025년에는 2단계로 작전 운용과 전투원의 체형 등을 고려해 장비를 경량화하며 모듈화한 통합형 전투체계를 개발한다는 계획이다. 마지막 3단계에서는 미국, 프랑스, 독일의 워리어플랫폼이 지향하는 목표인 모듈식 일체형과 지능형 전투체계를 만들 예정이다.

클라우드 컴퓨팅

4차 산업혁명의 핵심인 ICT와 그 세부적 핵심기술인 AI 및 ICBM은 서로 유기적으로 연동되어 움직여야 최대의 효과를 기대할 수 있다. 초연결과 초지능 네트워크를 이용하는 작전 환경은 모든 무기체계가 네트워크로 연결되어 지능화를 구현할 수 있어야 하는데, 이런 네트워크화를 뒷받침하는 기본 인프라가 바로 클라우드이다.

2019년 말부터 2020년 중반까지 커다란 논란거리가 되었던 미국 국방부의 대규모 네트워크 변환 프로젝트 JEDI는 국방부 네트워크를 클라우드로 전면 교체하는 것이 주 내용이었다. 이 프로젝트는 프라이빗 형태의 클라우드로 국방부와 모든 부서의 사업 및 임무 수행에 필요한 파트너에게 기업 수준의 인프라형 서비스Infrastructure as a Service: IaaS와 플랫폼형 서비스Platform as a Service: PaaS를 제공하는 것이 목적이다. 여기에서 보듯 기업이나 국가 기관이 네트워크 시스템을 클라우드로 전환할 때 택하는 가장 전형적인 방법이 바로 IaaS와 PaaS이다.

최근 세계 여러 나라는 정부 기관뿐 아니라 국방 분야에도 클라우드 시스템을 도입하려 노력하고 있다. 군사 정보를 수집, 저장, 분류하고 이를 정제해 AI로 하여금 활용하게 하는 과정에서 클라우드가 유용한 역할을 맡기 때문이다. 미국에서는 이미 CIA를 비롯한 정보기관과

접근과 사용 권한에 따른 클라우드 서비스 구분	
퍼블릭 (Public)	모두에게 공개된 서비스로 일정 비용을 지불하거나 무료로 사용 예: 구글 드라이브, 삼성 윈드라이브, 애플의 아이클라우드 등
프라이빗 (Private)	특정 개인, 회사, 조직 관계자만 접속해 사용할 수 있는 서비스
하이브리드 (Hybrids)	둘 이상의 퍼블릭 혹은 프라이빗이 혼합된 형태의 서비스
멀티 (Multi)	두 곳 이상의 클라우드 벤더가 제공하는 두 개 이상의 퍼블릭 혹은 프라이빗 클라우드로 구성된 서비스

제공하는 서비스와 실제 장치와의 거리에 따른 구분	
인프라형 서비스	컴퓨팅 서버를 운영하는 데 필요한 인프라 구축에 포함되는 서버 자원, IP, 네 트워크, 저장 공간 등을 가상의 환경에서 쉽고 편리하게 이용할 수 있도록 제 공하는 형태
플랫폼형 서비스	서비스를 개발할 수 있는 플랫폼과 그것을 이용하는 응용 프로그램을 개발 할 수 있는 API까지 제공하는 형태
소프트웨어형 서비스	클라우드 환경에서 동작하는 응용 프로그램을 서비스 형태로 제공 예: 네이버나 구글의 메일 서비스, MS나 한글과 컴퓨터의 사무용 프로그램

몇몇 기관이 클라우드 네트워크로의 전환을 마쳤고, 국방부 또한 클라우드 네트워크로 전환하기 위해 사업자를 선정하는 작업을 마쳤다.

미래의 군 작전은 네트워크 중심전으로 전환될 것이다. 네트워크 중심전이란 각 영역에 흩어져 있던 전력들이 하나의 통합된 네트워크로 묶여 서로 유기적으로 정보를 교환하는 것을 의미한다. 즉, ICT를 적용해 정보 우위의 상황을 만들고 사람, 기술, 무기, 조직, 절차 등이 통합 네트워크로 연결된 상태로 전쟁을 수행하는 것이다. 이런 네트워크 중심전의 효용성과 기술적 가능성을 더욱 증대시키는 인프라의 역할을 클라우드가 수행한다.

미국이 1991년 벌인 걸프 전쟁에서는 타격 목표의 사진을 받고 목표 좌표를 확인한 뒤 임무를 계획해 폭격기와 전투기에 정보를 전달하는 데 이틀이라는 시간이 소요되었다. 이후 2003년 벌어진 이라크 전쟁에서는 실시간으로 목표 영상을 확인하고 사진과 좌표가 전투기에 바로 전달되어 즉각적이고 정확한 공격이 가능했다.

지휘본부에서 작전을 지휘하는 사령관과 참모들의 모습도 변했다. 걸프 전쟁을 비롯한 이전 전쟁에서는 적과 아군의 위치와 상황을 파악하기 위해 지도가 필요했고 그 지도위에 상황을 표시할 색연필이 필요했으며 무전 교신을 이용해 전장 상황을 들어야 했다. 그러나 이라크 전쟁과 이후의 전쟁부터는 네트워크 중심전의 기초적 모델이 컴퓨터 시스템에 의해 적용되면서 사령관과 참모들은 지도, 색연필, 무전기 등에 의존할 필요 없이 컴퓨터 화면과 대형 스크린을 보는 것으로 충분했다.

그리고 다시 시간이 흘러 현재는 전장의 각 무기체계와 전투원에 탑재된 각종 센서에서 자동으로 수집되고 전송되는 정보들이 클라우드 네트워크에 모이고 이것이 자동으로 분석되어 AI에 전달되면 최상의 시나리오와 타격 목표를 찾아내 의사결정권자의 빠른 의사결정으로 이어지도록 한다. 거의 실시간으로 정보가 수집, 분석되고 목표 타격 명령이 내려지며 최종 타격이 실행되는 구조이다. 속도가 곧 최고의 무기가 되는 시대에 진입한 것이다.

우리 군도 클라우드의 중요성을 인식하고 국방정보자원의 운용 효율화를 극대화하기 위해 도입을 추진하고는 있지만 보안 이슈, 초기 구축 및 유지 관리 비용, 법 제도적 제한 등과 같은 몇 가지 이유에서 아직은 제한된 서비스만 제공하고 있다. 미국 국방부는 전 세계 14개 지역으로 나뉜 전용 데이터센터를 하나로 묶어 세계 어디서든 전투에 임하는 전투원이 현장에서 바로 정보에 접속할 수 있는 플랫폼인 FACE를 출범시켰다. 이것은 합동정보환경Joint Information Environment: JIE 실현을 위한 노력의 일환이며 더 나아가 이러한 정보 공유와 활용이 더 효과적으로 이뤄질 수 있도록 네트워크 시스템을 클라우드로 전환하는 JEDI 프로젝트를 진행 중이다.

한국군도 2011년 한국형 합동전술 데이터 링크의 1단계 기본형을 완료하고 이어서 2단계 완성형 개발을 진행했다. 1단계에서는 기존 무전기 네트워크를 통해 합동 작전에 필요한 정보를 교환할 수 있는 체계를 구축했고, 2단계부터는 격자형 그리드 네트워크를 통해 더 진화된 데이터링크를 구축함으로써 한국형 네트워크 중심전 임무에 최적화하는 계획을 추진하고 있다. 또한 ICT 기반의 스마트 군사력 운용 요구에 맞게 합동지휘 통제와 통신체계 수립을 통해 미래합동작전의 지능 기반 작전 환경 구축에 필수적인 연결성과 상호운용성 달성에 노력 중이다.

군은 국방정보자원의 효율적 운용을 위해 육·해·공군 각각 운영하던 전산소를 통합한 국방통합데이터센터DIDC를 설립했다. 그러나 아직은 IaaS 형태의 제한적 클라우드 서비스만을 제공하고 있다. 사정이 이렇다 보니 군별로 개발된 국방 지휘 통제 시스템이 정보교환과 상호운용 면에서 서로 호환성을 발휘하지 못하는 문제가 발생하고 있다. 따라서 기술적으로 문제가 되는 부분들을 보완하고 통합된 클라우드 시스템을 구축해 미래에 대비하는 노력이 필요해 보인다.

빅데이터

빅데이터는 통상적으로 데이터를 수집, 관리하고 처리하는 용도로 쓰이는 소프트웨어의 수용 한계를 넘어서는 크기의 데이터를 말한다. ICT 핵심 요소들은 빅데이터를 중심으로 움직인다고 할 수 있다. 각 요소가

빅데이터 구성 요소

구분	주요 내용
규모 (Volume)	정보통신 기술의 발전과 IT의 일상화가 진행되면서 디지털 데이터양이 기하급수적으로 폭증(수십 테라바이트에서 수 페타바이트)
다양성 (Variety)	웹 로그 기록, 소셜미디어, 위치 기반, 소비, 생활 등 데이터 생산 소스 증가 정형 데이터 + 비정형 데이터(텍스트, 멀티미디어 등) 유형 다변화
속도 (Velocity)	사물인터넷과 모바일 브로드밴드의 발달로 정보의 실시간성 증가 다양한 기기를 통한 데이터 생성과 공유 속도 증가 데이터 수집, 정제 그리고 분석 속도의 중요성 증대
복잡성 (Complexity)	정형과 비정형 데이터의 급증과 혼합으로 인한 처리와 분석 어려움 증가

빅데이터를 생성·전송·저장·분석·활용하는 구조로 기능하기 때문이다. 빅데이터는 '21세기의 새로운 원유'이며 민간 산업은 물론 국방 분야에서도 네트워크 중심전을 준비하기 위한 필수 요소로 그 중요성이 증대되고 있다.

2007년 애플의 스티브 잡스가 아이폰을 출시하면서 데이터의 새로운 혁신이 일어나기 시작했다. 진정한 의미의 디지털 시대가 도래한 것이다. 이때부터 데이터의 성격은 획기적으로 변환되기 시작했다. 스마트폰과 소셜미디어가 등장하자 인류는 매분 매초 엄청난 양의 디지털 흔적을 남기게 되었다. 이러한 디지털 흔적은 데이터라는 이름으로 인류의 '기본물질'이 되었다. 데이터가 자동으로 생성되고 남으며 저장되어 활용되는 빅데이터의 시대로 진입하게 된 것이다.

빅데이터를 국방 분야에 적용해 활용하려는 노력은 미 국방부와 방위고등연구계획국이 선도적으로 시작했다. 지금은 그 영역과 활용 범위를 더욱 확대해 다양한 전술적 기능에 접목하고 있다. 미 국방부는 빅데이터를 활용해 인지, 지각, 결정을 제공하는 자율 시스템을 2010년대 초반에 구축해 전투 상황 인식 능력을 증대함으로써 군사 작전 지원 능력을 크게 향상시켰다. 초반 모델은 전 세계 모든 언어로 구성된 텍스트 기반의 비정형 데이터를 분석해 정보를 추출하는 능력을 키웠다. 또한 빅데이터의 시각화를 통해 해상에서의 안전을 향상시키는 상황 인식 Maritime Situational Awareness 프로젝트를 추진했다. 이러한 분석을 위해 방위고등연구계획국에서 정형과 비정형의 대용량 데이터 분석에 필요한 컴퓨팅 기술과 소프트웨어를 개발하는 XDATA 프로그램을 추진했다.

이렇게 시작된 미국 국방부의 빅데이터 수집, 분석, 적용은 AI 기술의 발달과 더불어 현재 상당히 진화된 형태로 발전했다. 전 세계에서 소셜미디어로 소통되는 다양한 내용을 실시간으로 분석해 미국의 안전에 위험을 초래할 요소를 찾아내는 것은 물론, 다양한 영역의 빅데이터를 기계 학습과 딥러닝을 통해 AI가 학습할 수 있도록 함으로써 군사 정보의 실시간 공유와 활용에 적극적으로 활용하고 있다.

한국도 2015년부터 빅데이터의 활용에 대한 공감대가 형성되면서 2019년 국방부와 국방전산정보원이 주축이 되어 국방빅데이터센터 구축을 위한 작업에 돌입했다. 이 센터에서는 우선 빅데이터를 활용해 군수 물품의 수명주기와 수요 등을 분석해 군수 혁신을 도출한다는 계획을 제시했다. 이를 위한 빅데이터 분석 환경을 제공하고 국방 빅데이터 활성화와 저변 확대를 위한 사용자 교육도 시행할 계획이다. 현재는 국방전산정보원 자원정보화과 내에서 빅데이터사업팀이 운영되고 있다. 이 센터는 2021년까지 분석 서비스 조직편성과 분석모델 발굴을 확대하면서 2025년까지 서비스 운영관리체계 구축을 단계적으로 실행할 예정이다. 2020년 계룡대에서 있었던 국방부 업무보고에서는 앞으로 국방운영과 기술 기반 전반에 걸친 빅데이터를 구축하고 AI 기술을 활용해 투명하고 합리적인 국방정책 추진을 위한 환경을 조성하겠다는 계획을 발표했다. 현재는 군수물자 관련 빅데이터 예측모델에 초점을 맞추고 있고 국방운영 효율성 증대가 기본 목적으로 구성되어 있지만, 이 사업의 경험을 국방 시설과 인사 등에도 적용한다는 방침이다.

빅데이터와 AI의 기능적 연계성과 활용성을 군사 전 분야에 폭넓게 적용해 물류와 복지뿐 아니라 실제 전투 환경을 획기적으로 변화시킬 방법을 거시적으로 준비할 필요가 있다. 이것이 진정한 의미에서 네트워크 중심전을 준비하는 기초라고 할 수 있다. 그러나 현재 한국은 전장에서의 공격과 방어에 초점을 둔 빅데이터 수집, 분석, 활용은 아직 좀 더 시간이 필요한 상황이다.

우리가 모르는 사이 이미 군사 분야에는 적지 않은 데이터가 축적되어 있다. 이런 데이터를 어떻게 활용하느냐에 따라 기대 이상의 결과를 적은 비용으로도 확보할 수 있다는 것을 군도 인식할 필요가 있다. 미국의 경우 빅데이터를 군사용으로 활용하려는 노력을 오래전부터 준비해 실행하고 있는데, 기본적으로 빅데이터를 확보하는 정보 소스를 몇 가지로 구분해 사용하면서 이들 간의 통합을 통해 정보의 질을 증진하고 있다.

전 세계 데이터 생산량은 2013년에 4.4제타바이트zettabyte (1제타바이트는 44조 기가바이트)에서 2020년 44제타바이트 이상으로 증가했다. 그러나 한편으론 데이터 수집이 더 용이해졌고 저장 비용도 저렴해졌다. 그와 동시에 AI와 기계 학습 기술이 발달하면서 데이터의 관리와 활용은 더욱 증가하고 있다. 미군은 증가하는 빅데이터의 활용을 위해 정보 커뮤니티Intelligence Community 산하에 17개의 조직을 운영하며 HUMINT, GEOINT, SIGINT, OSINT 등 네 개의 정보 소스를 통해 데이터를 수집하고 활용하고 있다.

HUMINT^{Human Intelligence}는 인적자원의 개인적 접촉을 활용해 문서, 사진, 디지털 파일 및 특정 형태의 정보를 수집하는 것이다. 여기서 데이터의 취합 소스는 비공식 채널을 통한 은밀한 획득, 외교 업무를 담당하는 개인을 통한 공개된 획득, 군에서 생포한 적을 통한 획득, 여행자의 보고를 통한 획득 등으로 나눌 수 있다. 이렇게 획득된 데이터는 다른 경로로 얻은 정보와 결합해 더욱 유의미한 결과물로 만들어낼 수 있다.

기술이 발전한 오늘날 HUMINT의 유용성이 의심받기도 하지만 이는 인적자원의 정보 획득과 활용의 중요성을 모르는 데서 시작되는 오류이다. 인적자원을 활용한 정보 획득은 군사 목표를 평가해 작전을 실행하는 데 있어서 AI나 다른 기술적 도구가 놓칠 수 있는 부분을 보완하고 작전 전개 상황을 관찰해 통찰력을 제공할 수 있다는 측면에서 상당히 중요한 시사점을 갖는다.

인적자원을 통해 수집한 오디오, 비디오, 텍스트 혹은 이미지 등의 아날로그와 디지털 데이터를 다른 방법을 통해 수집한 데이터와 통합하기 위해서는 초기 분석을 진행해야 하는데 미 육군은 이런 작업을 위해 민간의 폭스텐^{FoxTen} 소프트웨어를 사용하고 있다. 폭스텐은 작전 현장의 전투원이 정보를 언제 어디서든 쉽게 확인하고 활용해 필요한 시기와 장소에서 의사결정을 내릴 수 있도록 돕는 저전력의 가볍고 사용이 간편한 완전 개방형 정보 플랫폼 기기이다.

GEOINT^{Geospatial Intelligence}는 공중, 지상, 수중에서 획득한 이미지나 비디오 및 기타 시각적 형태를 통한 정보를 설명하고 검토하며 시각적으로 표현하기 위해 이미지와 지리 정보 데이터를 활용하는 것을 의미한다. 이러한 시각적 데이터는 위성, 무인 항공기^{UAV}, 무인 잠수함^{AUV} 및 기타 기술적 도구를 통해 획득해 지리 공간 데이터와 통합하고

3차원으로 표현한 뒤 정보통합시스템에서 다른 데이터와 결합해 활용한다.

특히 드론으로 획득한 정보가 통신, 저장, 자율비행 기술의 발전 덕분에 더욱 많아지고 고도화되는 추세이다. 이렇게 데이터의 양이 늘어남에 따라 정확한 분석을 위해 사람보다는 AI를 이용해 비디오를 분석하고 위협을 탐지하는 방향으로 전환되고 있다. 가장 대표적인 것이 군과 구글의 협업 형태인 메이븐 프로젝트였다. 그러나 구글 내부 직원들의 반발로 구글이 이 프로젝트의 계약을 갱신하지 않기로 하면서 펜타곤은 군용 드론을 위한 센서 융합 플랫폼 개발을 위해 다른 업체를 찾고 있다.

SIGINT^{Signals Intelligence}는 통신시스템, 레이더와 무기 시스템, 테스트 중인 무기 시스템 등으로 신호와 전송 차단을 통해 획득한 외국의 표적 행동, 목표 및 능력에 대한 정보를 의미한다. 미국의 국가안보국은 다양한 방법으로 미국에 적대적인 테러리스트, 조직, 국제 혹은 외국 협회 등에 소속된 사람과 조직의 데이터를 수집하고 분석해 CIA를 비롯한 정보기관들과 공유하며 기존의 정보를 다른 방법으로 수집한 데이터와 결합시켜 완전한 형태의 그림으로 완성한다. 전화, 이메일, 전파, 위성, 무선통신, 심지어 의심되는 대상의 키보드 진동까지도 감청해 정보로 저장하므로 NSA는 엄청난 양의 정보를 가지고 있다.

여기서도 데이터양의 증가로 인한 문제가 발생한다. 사람이 이 모든 정보의 수집과 정제, 분석을 수행하기가 현실적으로 불가능하기 때문이다. 그래서 미국의 방어를 위해 적의 위치 및 의도, 능력을 확인해 군과 민간의 피해를 방지하기 위한 목적에서 시작된 이 작업을 지금은 AI가 수행 중이며, 이를 통해 빠르게 진화하는 각종 도전에 대응하고 있다.

OSINT^{Open Source Intelligence}는 특정 목적을 달성하기 위해 공개적으로 사용 가능한 소스를 통해 데이터를 수집하는 것이다. 이러한 형태의 데이터 수집 방법은 그 역사가 50년 이상이지만, 공개적으로 사용 가능한 소스가 계속 변화되고 있다는 문제를 안고 있다. 전통적인 소스는 텔레비전, 라디오 및 인쇄 매체였으나 인터넷이 등장하고 소셜미디어가 발달하면서 데이터의 양이 폭증해 수집과 분석을 위한 특별한 방법이 필요해졌다.

올드미디어인 텔레비전, 라디오 그리고 인쇄 매체는 사람이 수동으로 살펴보고 의미 있는 데이터를 추출하는 방법으로 활용했다. 그러다가 상용 소프트웨어를 사용해 수집과 정리, 분석을 시행했다. 인터넷, 블로그, 온라인 신문, 소셜 네트워크, 비디오 스트리밍 서비스, 온라인으로 진행되는 포럼과 사용자 참여 콘텐츠 등은 올드미디어보다 훨씬 다양한 정보를 포함하고 있어 유용성 면에서 월등하지만, 문제는 데이터의 양과 복잡성이 증가해 수집과 분석이 예전보다 훨씬 어려워졌다는 점이다.

소셜미디어만을 놓고 보아도 데이터의 양과 복잡성이 얼마나 증가했는지 쉽게 알 수 있다. 트위터 사용자가 하루에 올리는 트윗은 6억 6,600만 개이며 페이스북은 매일 43억 개의 메시지가 업로드된다. 구글의 하루 검색 건수는 52억 건이며 유튜브 동영상 시청 건수는 분당 400만 건이 넘고 블로그에 게시되는 기사의 수도 엄청나다. 이 모든 데이터를 군에서 실시간으로 수집·분석해 특정 국가, 개인, 무기 등과 관련된 내용을 군사전략과 작전에 사용하기 위해서는 특정한 기술이 필요하다. 미국 CIA와 미군은 AI와 자연어 처리 알고리즘을 사용해 이런 데이터를 분석하려 노력하고 있다.

구글을 비롯한 민간에서는 상업적으로 데이터를 활용하기 위해 특별한 소프트웨어를 사용하고 있다. 구글은 빅데이터를 처리하기 위한 도구인 빅쿼리BigQuery와 API를 운영하고 있다. 구글의 빅쿼리는 테라바이트급의 데이터는 단 몇 초, 페타바이트급의 데이터는 몇 분 내로 분석할 수 있다. 여러 소스에 흩어진 데이터를 클라우드에 모으고 분석한 다음 그 결과를 다양한 소프트웨어를 통해 보고서나 시각화 자료의 형태로 참여자에게 전달할 수 있다. 따라서 이러한 민간의 기술을 군에서 활용하기 위해 협업을 추진 중이다.

우리 군도 이미 이런 데이터 획득 소스를 운용하고 있으니 다양한 데이터가 축적되어 있을 것이다. 그렇다면 현실적인 문제로 넘어가 이렇게 쌓인 데이터를 현재 어떻게 보관·활용하고 있는지, 그리고 전군 및 정보기관과 어떻게 공유해 대한민국의 안전에 활용하고 있는지를 돌아봐야 한다. 늘어나는 데이터를 효과적으로 처리하고 활용하려면 민간과의 협업을 통해 발달한 정보 처리 기술을 획득해야 한다. 군의 정보는 국가 안보와 직결되므로 이제까지는 폐쇄적인 방법으로 보관되고 활용되었지만, 이제 사람의 힘만으로 이것들을 관리하고 활용하는 것은 현실적으로 어렵게 되었다.

AI

AI에 대한 인간의 로망과 상상력은 수천 년에 이르는 유구한 역사를 갖고 있으며, 이는 각종 신화, 문학, 영화를 통해 살펴볼 수 있다. 1968년 영화 〈2001: 스페이스 오디세이〉는 인류의 기원을 찾아 떠나는 우주 탐험을 그린 작품인데 이 영화에서는 감정을 느낄 수 있는 AI 할 9000이 등장한다. 1984년 영화 〈터미네이터〉에 등장하는 AI 스카이넷은 원래 전략 방어 무기를 통제하는 시스템이었지만 지능이 생기기 시작하면서 인간의 문명을 말살하는 것으로 묘사된다.

또 2004년 영화 〈아이, 로봇〉에서는 AI가 탑재된 지능형 로봇 NS-5
가 등장해 인간을 돕고 보살펴주기도 한다.

이렇듯 공상과학영화에만 등장하던 AI 탑재 로봇이 전쟁에 투입
될 날이 다가오고 있다. AI는 미래 전쟁의 승패를 결정하는 핵심기술
인 동시에 요소 기술로, 전투 효율성은 높이면서 비용은 줄일 수 있는
주요한 도구이다. 요소 기술은 크게 탐색, 지식 표현, 추론, 기계 학습,
계획 수립, 그리고 에이전트로 구성되며 이것들은 AI가 정상적으로 작
동하기 위한 기본 알고리즘 구현의 기초가 된다. 미국, 중국, 러시아
가 현재 AI를 탑재한 자율형 전투 로봇 개발 경쟁에 돌입했다. 미국은
2017~2040년까지 총 3단계의 로봇 군대 계획을 발표했다. 미국은 2018년
육군 미래사령부Army Future Command: AFC를 창설했으며 대학, 연구기관,
산업체를 망라한 협력 기관 4,500개와 연계해 AI와 로봇을 연동하는 기
술을 집중적으로 육성하고 있다.

2019년 2월 11일, 미국의 도널드 트럼프 대통령은 미국의 AI 이니
셔티브를 시작하는 행정명령을 발표했다. 앞으로의 첨단 과학기술
과 산업, 경제에서 AI가 중요한 역할을 담당할 것이므로 이와 관련된
연구, 개발, 확산, 기술 보호를 촉진해야 한다는 내용이었다. 미 육군
은 2030년까지 250~300명 정도의 전투병과 수천 대의 로봇으로 구성
된 전투단을 만들어 운용할 계획을 수립했다. 우선 자율형 로봇 64대
를 2019년 101공정사단 등 네 개 부대에 시험용으로 배치했으며, 앞으로
5,700여 대를 추가로 공급할 계획이다. 또한, 유·무인 트럭을 1 대 3 비율
로 혼합한 수송 시스템도 준비하고 있다. 여기에 더해 로봇 군대 3단계
가 완성되는 2040년에는 영화에서 볼 법한 자율형 전투 로봇을 배치한
다는 계획을 세우고 있다. 해군과 공군도 AI 탑재 무인 무기들을 개발해
배치할 계획이다. 이러한 미국의 AI와 로봇 연동 전략은 중국과 러시아

의 전투 로봇 개발에 대한 위기감에서 출발한 것이다.

중국은 그동안 AI 기술발전을 위해 다각적인 노력을 기울였고 2030년까지 세계 최고의 AI 혁신센터를 만들겠다는 계획을 진행하면서 지능화된 로봇 전투 기술을 개발하고 있다. 러시아도 2030년까지 전군의 30퍼센트를 자율로봇 또는 원격통제 로봇으로 대체한다는 계획 아래 비카르Vikhr라는 무인 전투장갑차와 우란Uran이라는 소형 무인전차를 개발했다. 또한 2018년에는 시리아 내전에 우란을 투입해 시험적으로 운영하기도 했다.

한국도 2007년 삼성테크윈(현 한화에어로스페이스)이 개발한 고정형 센트리 건을 전방에 배치해 운용하고 있다. 스스로 표적을 식별하고 기관총과 유탄을 발사하는 시스템이지만 초소 감시병의 통제하에 발사가 이루어지는 구조이다. 국방과학연구소에서도 로봇 전투체계를 추진하고 있다. 또한 2018년에는 국방개혁 2.0을 발표하면서 42개 개혁과제를 선정해 공표했는데 이 가운데에는 AI의 활용에 관한 내용이 포함되어 있었다.

국방부는 2019년 1월 인공지능연구발전처를 신설해 육군의 '아이아미i-Army 2030 계획'을 수립해 실행하고 있다. 또 계룡대에서 열린 '2020년 주요 업무계획'에서도 AI와 4차 산업혁명 기술을 적용한 스마트 국방을 강조했다. 그러나 AI를 군의 업무 효율화, 지휘통신, 전력 지원 체계, 교육훈련 등에 활용할 계획이 주를 이루는 것으로 보여 아쉬움이 남는다. 한반도를 둘러싼 미·중·러의 AI 탑재 자율형 전투 무기의 개발 경쟁이 치열하게 벌어지고 있는 현 상황에서 우리도 AI를 탑재한 자율 전투 로봇의 개발을 서둘러야 할 것이다.

양자컴퓨팅

양자컴퓨팅Quantum Computing은 흔히 꿈의 컴퓨팅 기술이라고 한다. 이제까지의 컴퓨팅 기술로는 오랜 시간이 걸리거나 불가능했던 계산을 빠르게 처리할 수 있기 때문이다. 양자컴퓨팅은 양자역학의 중첩성superposition 개념을 컴퓨터 연산 처리에 적용해 구현한 컴퓨팅 방식이다. 여기서 중첩성이란 양자 세계의 미시한 입자는 서로 모순되는 듯한 두 가지 상태를 동시에 가질 수 있다는 원리이다.

현재의 컴퓨팅은 0과 1만으로 계산하는 이진법을 사용해 연산을 진행하지만, 양자컴퓨팅의 큐비트Qubit는 0과 1이 공존하는 방식으로 연산 작업을 진행한다. 따라서 기존의 컴퓨팅에 비해 연산 속도가 기하급수적으로 증가한다. 문제의 수가 많아지면 많아질수록 계산 속도가 빨라진다는 의미이다. 50큐비트 칩을 장착한 양자컴퓨터는 한 번에 2의 50제곱(1,125조) 비트의 정보를 연산할 수 있는 식이다. 따라서 현존하는 슈퍼컴퓨터로 10억 년은 걸릴 연산을 양자컴퓨터는 단 100초 만에 끝낼 수 있다.

양자컴퓨팅은 왜 필요할까? 비용적·기술적 문제로 무어의 법칙(2년마다 반도체의 처리 속도가 두 배씩 증가한다는 법칙)이 더는 성립될 수 없게 되었기 때문이다. 우리가 사용하는 스마트폰에 삽입된 반도체 칩에는 수십억 개의 트랜지스터가 들어가 있다. 그런데 이제는 그런 집적에 투입되는 비용이나 기술이 한계에 도달해 새로운 컴퓨팅 기술이 필요하다는 의견이 지배적이다.

또 다른 이유로 생산되는 데이터의 양과 복잡성의 증대를 들 수 있다. 스마트기기들의 증가는 데이터 생산의 속도를 극대화했다. 이렇게 늘어난 데이터의 복잡성 또한 현재의 컴퓨팅으로 감당하기가 어려운 상태에 이르렀다. 커뮤니케이션 도구의 발달은 인간의 편의성을 증대시켰지만 이와 더불어 데이터의 양과 복잡성을 증대시킴으로써 현재 우리가 보유한 기술력의 발전 속도를 추월하고 있다.

이러한 이유로 양자컴퓨팅이 절실해지고 있다. 양자컴퓨팅은 기존의 슈퍼컴퓨터보다 수백만 배 이상의 연산능력을 갖추고 있으므로 국방, 의료, 제약, 자동차, 항공우주 등을 포함한 전 산업 분야에서 그 활용가치를 보장할 수 있다. 국방 분야에서 양자컴퓨팅이 가진 데이터 처리와 고속 연산능력을 활용한다면 네트워크 전장을 구현하기 위한 인공지능 알고리즘 구현과 접목에 혁신적 변화를 가져올 수 있다.

양자컴퓨팅이 중요한 이유는 또 있다. 첨단화된 네트워크 사회로의 진입은 보안의 중요성을 더욱 강조하는 구조로 변화되었다. 따라서 양자컴퓨팅의 빠른 연산능력은 지금의 암호화 체계를 무력화할 수 있는 강력한 도구가 될 수 있다. 이런 이유로 전 세계 국가들은 양자 기반 암호화 체계 구축과 암호화 체계 무력화라는 두 가지 측면을 모두 고려하며 연구를 진행하고 있다. 이미 미국과 중국 같은 군사 강국들은 양자컴퓨팅을 무기체계와 암호화 체계에 적용하는 연구와 기술개발에 막대한 예산을 투입하고 있다.

양자컴퓨팅 기술이 실제로 활용되기까지는 아직 시간이 더 필요하겠지만, 전문가들은 앞으로 5~10년 내로 어느 정도의 가시적 결과물이 만들어질 것으로 예측한다. 양자컴퓨팅은 획기적으로 빠른 연산능력 덕분에 현재 사용하는 각종 암호화 기술을 순식간에 무력화할 수 있어 차세대 전략무기로서 큰 관심을 받고 있다. 양자컴퓨팅 기술의 군사적 활용에 가장 많은 관심을 기울이는 나라는 미국과 중국이다. 현재 중국은 양자컴퓨팅 기술이 미국과의 군사적 격차를 획기적으로 좁힐 수 있는, 심지어 미국을 뛰어넘을 수 있는 도구라 보고 이 기술에 관련된 연구에 가장 적극적으로 매진하고 있다. 이를 완성하면 미국의 각종 전략무기를 무력화하는 동시에 미래 전쟁에서 미국을 압도할 수 있다는 계산이다.

양자컴퓨팅은 여러 장점이 있지만, 그중 대표적인 것은 암호화 기술의 획기적 진전이다. 즉, 양자컴퓨팅은 현재의 암호화 체계와는 비교할 수 없는, 해킹 불가능한 시스템을 만들 수도 있고 반대로 기존 암호화 체계를 단 몇 초 만에 무력화시킬 수도 있다. 따라서 이 기술을 가진 집단과 그렇지 않은 집단 사이에는 현격한 전력의 차이가 생기는 것이다. 중국은 양자컴퓨팅 기술을 이용한 암호 무력화 기술을 개발해 미국과의 비대칭적 군사력을 극복하려는 계획을 세우고 있다. 이에 미국도 안보의 위기감을 느끼고 이를 방어하고 선제적 이니셔티브를 확보하기 위해 국가 역량을 총집결한다는 전략을 수립해 시행하고 있다.

2018년 9월 미국의 안보전략 분야 싱크탱크인 신 미국안보센터Center for a New American Security: CNAS는 〈양자 헤게모니: 중국의 야심과 미국 혁신 리더십에 대한 도전〉이라는 보고서를 통해 중국이 개발하는 양자컴퓨팅 기술의 목표가 대미 기술력 우위 달성에 있다는 내용을 발표하면서, 미국은 국가 안보 위협에 대비해야 함을 강조했다. 만약 중국의 양자 레이더 기술 계획이 완성된다면 현재 미국이 가진 비대칭 군사력인 바다와 하늘의 스텔스 무기나 네트워크 전력은 그 의미가 없어지게 된다. 양자컴퓨팅을 통한 레이더와 암호 무력화 기술로 미국의 군사 전력의 움직임을 손바닥 보듯 확인할 수 있게 되기 때문이다.

중국은 양자컴퓨팅 기술을 사이버전 수단으로 가장 먼저 활용할 것이다. 이 기술이 사이버전에 활용된다면 동급의 기술을 보유하지 않은 국가는 엄청난 피해를 받을 것이다. 중국은 이미 2016년 8월 세계 최초로 양자 통신위성을 쏴 올렸다고 발표했으며 양자컴퓨팅 분야에 대해서도 엄청난 투자를 진행하고 있다. 이 때문에 미국과의 양자컴퓨팅 기술개발 경쟁에서 중국이 앞서가고 있다고 진단하는 전문가들이 늘고 있다.

중국이 이미 확보한 사이버전 수행 수단들도 이미 많은 나라에 위협적인 요소로 작용하고 있다. 여기에 현재의 암호화를 무력화할 수 있는 양자컴퓨팅 기술까지 확보된다면 중국의 해킹과 스파이 활동은 더욱 기승을 부릴 것이다. 또한 사이버전 기술을 북한과 공유하며 영향력을 넓혔던 중국이므로 양자컴퓨팅 기술도 북한과 공유할 가능성이 크고, 한국은 이에 대한 각별한 대비책이 필요하다.

2019년 비교치를 기준으로, 현재 한국의 양자컴퓨팅 기술은 미국보다 7~8년 정도 뒤처져 있다. 연구 인력과 투자의 부족, 인식의 차이가 한국의 양자컴퓨팅 기술발전을 가로막고 있다. 새로운 기술에 대한 투자는 적어도 20~30년 앞을 내다보는 장기적 관점에서 진행해야 하는데 한국은 정부와 기업의 투자가 2~3년 내의 성과 창출을 목적으로 하는 경우가 많다.

다행히 2019년 1월 과학기술정보통신부가 '양자컴퓨팅 기술개발사업 추진계획'을 확정해 5년간 양자컴퓨팅 기술개발에 445억을 투자하기로 했고 삼성과 현대자동차, KT, SK텔레콤 등의 대기업도 기술에 투자를 진행하고 있다. 그러나 미국을 제외하고도 중국, 일본, 영국, 유럽연합, 싱가포르 등과 비교해 한국 정부의 투자 규모는 적게는 네 배에서 많게는 382배나 적은 것으로 나타났다. 이러한 차이는 머지않은 미래에 기술주도권 상실을 초래할 수 있음은 물론, 군사와 국가 안보의 차원에서도 매우 심각한 불균형적 상황을 불러올 수 있다.

5장

ICT 핵심발전기술 ② 첨단 소재 병기
워리어플랫폼으로 만드는 아이언맨

영화 속 슈퍼히어로들이 싸우기 전에 가장 먼저 하는 일은? 옷을 갈아입는 것이다. 슈퍼맨, 배트맨, 아이언맨 등 대다수의 슈퍼히어로들은 각자의 개성을 드러내는 복장을 걸치고 악당과 마주한다. 불, 물, 총탄, 포탄 등 목숨을 앗아가는 모든 위협으로부터 몸을 지켜주는 이들의 '전투복'은 하나같이 특별한 소재로 만들어져 있다. 이 가운데 현대전의 워리어플랫폼이 가장 주목하는 복장은 영화 〈아이언맨〉의 주인공이 착용하는 전투 갑옷이다.

전쟁에서 전투원이 착용한 전투복과 장구는 각종 위협적 물질과 극단적인 환경에서 전투원을 보호하고 더 효과적으로 작전을 수행하게끔 지원한다. 이런 이유로 전투원의 전투복과 장구는 지속적으로 발전했다. 현재 진행되고 있는 워리어플랫폼은 첨단기술이 접목된 미래형 전투원을 만드는 통합적 전투체계를 의미한다.

현재 미국을 비롯한 군사 강국들은 첨단기술이 적용된 홀로그램 고글 헬멧, 전투복, 보호 장구, 근육 강화 장비 등의 개발과 보급을 통해 전투원의 '아이언맨'화를 준비하고 있다. 영화 〈아이언맨〉의 주인공이 착용하는 전투복은 특수합금으로 제작된 외형과 AI, MR, 각종 무기가 결합된 종합적인 전투 장비이다. 이것을 그대로 따라하기는 어렵지만 각 국가는 군복, 전투 장비와 장구 등에 ICT를 적용해 경량화와 최적화를 추진하고 있다.

프랑스는 2000년 펠린FELIN 이라는 미래 보병 체계를 완료하고 현재 워리어플랫폼을 운용하고 있다. 펠린은 대보병 통합 데이터 링크 장비Fantassin à Équipement et Liaisons Intégré의 약자로, 육군의 단계적 성능 개량과 기기 도입을 바탕으로 주요 전투부대를 모두 펠린으로 완전 무장시키는 것이 목표이다. 이 프로젝트는 미래 통합형 보병 화기 통신체계로 전투원의 통신 장비, 총기, GPS 시스템을 첨단화하는 동시에 전투원 각 개인이 소지하는 전투 장구의 경량화를 통한 피로감 감소와 전투력 증진에 집중하고 있다. 또한 전투원 간 상시 교신이 자유롭도록 전투복에 네트워크 장비를 장착해 사용하고 있다.

독일은 2013년부터 글라디우스idZ-ES Gladius라는 차세대 보병 시스템을 아프가니스탄 파병부대에 보급해 사용했다. 2017년부터는 이것을 업그레이드한 글라디우스 2.0을 실행하고 있는데 주요 구성 요소는 개인화기, 주야 조준장치, 정보 처리장치, 통신시스템, 통합 헬멧, 방탄복, 방독면, 보호복 등이다. 이것들 모두 실전에서의 경험을 바탕으로 전투원에게 가장 적합한 형태로 개선해 제공된다.

미국은 다른 군사 무기 분야와 마찬가지로 워리어플랫폼의 개발과 보급에서도 가장 혁신적인 기술을 적용하며 선두를 달리고 있다. 미국의 퓨처 포스 워리어플랫폼의 핵심은 일체형 헬멧, 입체 영상과 야간투시, 열 감지 기능이 가능한 홀로렌즈, 위성통신시스템, 통역 기능, 동력 공급 장치, 전투원의 개인 신체 변화를 측정해 전송할 수 있는 전투복, 초소형 유도무기, 경량화된 개인화기, 근력 강화 보조장치 등이다. 홀로렌즈에는 AI 기능이 탑재되며 헬멧에 장착된 헤드셋이 초소형 컴퓨터와 센서로 작동되면서 마치 아이언맨이 전투를 위해 다양한 정보를 검색하고 활용하는 것 같은 증강현실 기능 일부를 실제로 구현했다.

프랑스의 펠린, 독일의 글라디우스, 미국의 퓨처 포스, 한국의 워

국가	명칭	업그레이드 주요 장비	프로젝트 시작 시기
프랑스	펠린	군복, 통신 장비, 총기, GPS, 분대원 간 동시 교신 네트워크 장비	2000년
독일	글라디우스	개인화기, 주야 조준장치, 정보 처리기, 통신체계, 통합 헬멧, 방탄복, 방독면, 보호의	2013년
미국	퓨처 포스	개인화기, 초소구경 개인화기, 초소형 유도무기, 일체형 헬멧, 입체 영상, 위성통신, 통역 기능, 동력 공급 장치, 홀로렌즈를 통한 통합 시각 증강 시스템(IVAS)	1990년대

리어플랫폼 등 많은 나라의 미래형 육군 보병 체계는 그 명칭만 다를 뿐 궁극적인 지향점은 모두 같다. 4차 산업혁명의 핵심인 ICT의 AI와 ICBM 기술을 통해 전투원이 전황을 정확하게 인지하고 작전을 수행할 수 있도록 하는 것이다.

미국이 주목하는 워리어플랫폼의 중심에는 파워슈트^{Power Suit}가 있다. 이는 웨어러블 전자공학 기술이 군복과 결합한 것으로 다양한 사물인터넷 센서가 내장되어 전투원의 오감과 통신의 편리성을 극대화해 주며, 센서에 전달되는 전기의 자체 생산도 가능하다. 또한 전투원의 근력 보조를 통해 신체적 능력을 향상하고 AI를 활용한 인지능력의 향상까지 고려하고 있다. 뿐만 아니라 부상 시 전투복이 이를 감지해 살균과 응급처치까지 가능하며, 부상 정도와 전투 실행 가능성을 자동으로 지휘소에 전달하는 기능도 수행할 수 있다.

미군은 1990년대부터 랜드워리어 시스템^{Land Warrior Integrated Soldier System}을 도입해 운용하며 전투원의 전투력 향상을 위한 다양한 연구와 개발을 이어왔다. 아프가니스탄 전쟁과 이라크 전쟁을 통해 미래 전투원의 이미지를 각인시킨 랜드워리어는 스트라이크 여단Stryker Interoperable: SI 버전으로 업그레이드되어 2004년 말 실전 배치되었다. 그러나 전투원이 착용하는 장비의 중량과 배터리 지속성 문제로 인해 2007년 프로젝트는 종결되었다.

하지만 미래의 네트워크 중심전에 대비하려면 보병의 첨단화와 네트워크화가 필요하다는 인식 속에서 랜드워리어는 2008년 넷워리어Nett Warrior라는 이름으로 부활했다. 이후 연구와 개발이 이어지면서 2016년 이후에는 퓨처 포스 워리어Future Force Warrior 프로젝트로 통합되어 운용되었다. 사실상 명칭의 변화만 있을 뿐 그 핵심은 변함없이 첨단화, 경량화, 소형화, 통합화에 맞춰져 있다. 네트워크 중심전에 적합한 전투원을 만들기 위해 ICT를 기반으로 구축된 네트워크와 컴퓨터 연동 전투체계에 전투원을 통합시키는 것이다.

이런 통합과 첨단화를 통해 지휘 통제 시스템의 전술 효과를 극대화한 스마트 전투원이야말로 미군이 추구하는 미래 전투원의 모습이다. 파워슈트는 그런 목적에서 만들어진 ICT 적용 첨단 전투복이라고 할 수 있다. 미군은 이 파워슈트를 지속적으로 개량한다는 계획하에 전투복의 소재에 나노기술을 도입하고 특수용액인 MR유체Magneto-rheological Fluid (평소에는 액체 상태에 있다가 충격을 받으면 고체로 굳어지는 물질)를 적용해 전투복의 방탄 기능을 증대시키는 것은 물론, 지휘 통제 시스템과의 네트워크 기능, 투명화, 냉온 조절 기능, 자연적 위장 기능 등을 적용하는 것을 추진하고 있다.

전투원의 모습이 점점 〈스타워즈〉에서나 볼 법한 미래 병사들을 닮아가고 있다. 미군은 2019년 5월 특수 작전 방위산업 전시회Special Operations Forces Industry Conference에 탈로스Tactical Assault Light Operator Suit: TALOS라는 이름의 미 특수부대의 웨어러블 로봇을 선보였다. 탈로스는 그리스 신화에 등장한 거대 청동 로봇으로 스스로 생각하고 방어 임무를 수행하는 무적의 병기였다.

이런 통합 첨단화 시스템은 미국뿐 아니라 많은 나라가 준비하고 있다. 그 방향과 목적은 미국과 같지만, 개발과 적용 시기에서 차이를 보인다. 우리 군도 미국의 퓨처 포스 계획과 유사하게 국방개혁 2.0 기본 계획에 따라 장병의 개인 전투 장비와 군복, 개인화기 등의 선진화를 진행하는 워리어플랫폼 개발에 집중하고 있다.

워리어플랫폼은 총 3단계로 진행하며 1단계에서는 군별 임무에 따른 다기능 전투복을 2023년까지 개발하는 것이 목표이다. 2단계에서는 작전 운용에 따른 장비의 경량화에 초점을 맞춘 통합형 전투체계를 2025년까지 개발할 예정이다. 3단계에서는 일체형과 지능형 개인 전투체계개발을 2026년까지 진행할 계획이다. 이러한 한국형 워리어플랫폼도 타 국가와 마찬가지로 ICT가 적용된 형태로 전환함으로써 전투원의 전투력 향상과 피해 최소화를 기본 목표로 할 것으로 예상된다.

워리어플랫폼은 전투 환경과 병력구조의 변화, 또 기술발전에 따른 세계적 추세 변화 등을 고려한 우리 군의 첨단 과학군 달성에 초점이 맞춰져 있다. 그리고 그 방향과 핵심 목표는 SF 영화에 등장하는 미래 병사나 아이언맨 같은 초인이 아닌, 현실적이면서도 미래지향적인 전투원 체계의 구축이라 할 수 있다.

워리어플랫폼 계획은 전투원 개개인이 전장에서 전투기, 항공기, 전차 등과 같은 단일화된 무기체계로서 역할을 수행할 수 있도록 한다는 기본 목적과 목표를 설정하고 진행되어야 한다. 적에 대한 공격이 얼마나 치명적일 수 있을지, 적의 공격에서 얼마나 잘 생존할 수 있을지, 주어진 임무를 얼마나 오랫동안 수행할 수 있을지, 주어진 전장에서 얼마나 빠르게 이동과 기동을 할 수 있을지, 개인이 소지한 각종 통신 장비를 통해 얼마나 정확하고 빠르게 전황을 인식하고 대응할 수 있을지 등을 종합적으로 고려해 프로젝트를 진행해야 최적의 결과를 만들어 낼 수 있다.

군복과 방탄슈트, 기타 장비의 경량화와 내구성 강화는 임무를 수행 중인 전투원의 생존을 좌우한다. 우리나라는 전체 국토의 70퍼센트 이상이 산이다. 이런 곳에서 전투가 벌어졌을 때 전투원들의 장비가 무겁다면 금방 지치고 말 것이다. 따라서 군복을 포함한 일체의 장비는 경량화가 무엇보다 중요하다. 전쟁에서 전투원의 기동성은 적을 우선 제압할 수 있는 필수 조건이다. 이 때문에 미국은 전투원의 근력을 보조하고 기동성을 증대하기 위해 착용형 로봇Exoskeleton을 선보였고 실전에도 적용할 예정이라고 밝혔다. 우리도 워리어플랫폼 계획에 착용형 로봇을 장기적 관점에서 고려하게 될 것이다.

미래 전장에서 주목해야 할 또 다른 요소는 전투원 간, 그리고 전투원과 지휘부 간 원활한 정보 공유 시스템을 구축하는 것이다. 이러한 정보 공유 시스템은 시가전, 산악전 등과 같은 전장 환경에서도 위성기술을 기반으로 화력을 지원하는 항공기, 헬기, 드론 등과의 정보 공유를 가능케 한다. 이런 시스템은 이미 미군이 각종 전투에서 적극적으로 활용하며 그 유용성이 입증되었다.

북한도 이런 정보 공유 시스템의 중요성을 인식하고 준비에 들어갔을 것으로 예측된다. 2021년 1월 14일 밤, 평양 김일성광장에서 열린 북한의 제8차 노동당대회 기념 열병식에서 북한의 특수전 부대 전투병으로 보이는 인원들이 방탄헬멧 아래 이어피스를 장착한 모습이 포착되었다. 이는 전투 시 통신을 위한 것으로 보인다. 그러나 북한의 통신시스템의 낙후 정도를 보아 우리 군이 현재 운용하거나 미래에 적용할 네트워크 중심전 시스템과는 비교할 수 없을 것으로 보인다.

북한 특수작전군 로고

 앞으로의 전쟁은 정보와 기술이 주도하는 네트워크 중심전으로 빠르게 변화할 것이다. 이는 단순히 전투원 간의 소통뿐 아니라 전투원과 지원 전력 간의 원활한 정보교환이 중요해진다는 것을 의미한다. 그런 측면에서 보면 세계 시장에서 선두를 달리는 우리의 통신과 장비의 기술력이 군과 결합하였을 때의 시너지는 상당히 크리라 생각한다.

 더 빨리, 더 정확하게 전황을 파악하고 대응할 수 있는 네트워크 시스템의 구축과 활용은 북한을 비롯한 주변국들과의 마찰에 적절하게 대비할 수 있는 역량을 제공할 것이다. 이제는 더 이상 전투원, 지상 무기, 공중 무기, 해상의 무기가 각각 독립된 형태로 움직이는 시대가 아니다. 통합된 위성을 포함한 모든 전략 자원이 하나의 네트워크 시스템 안에서 유기적으로 움직여야 전투에서 승리할 수 있는 시대이다. 북한을 비롯한 주변국들도 이런 네트워크 중심전 시스템에 적응하기 위해 무기와 전투원을 하나로 묶는 다양한 연구와 실험을 실행하고 있다.

 한국의 워리어플랫폼 계획에는 스마트 솔저에 관한 것도 포함되는데, 미국의 탈로스와도 유사하다. 전투복은 센서를 탑재해 위험 상황을 인지할 수 있고 병사의 신체 상황을 파악할 수도 있다. 또한 위장과 방탄 기능도 제공한다. 통합 헬멧은 사물인터넷을 이용해 통신은 물론이고 전투 상황 보고도 가능하며, 영상 촬영 기능, 화생방을 대비한 인공

호흡 기능, GPS 기능 등도 탑재되어 있다. 벨트에는 무게 0.45킬로그램의 전력 공급장치가 장착되어 있어 6일간 2~20와트급의 전력을 지속해서 공급할 수 있으며 전투화에 전력 발생 보조 장치를 장착해 전력을 자체 생산할 수 있도록 했다. 또 전투원의 근력을 보조하는 인공 근육 장치를 부착해 180킬로그램의 군장을 지고 시속 4~6킬로미터의 속도로 이동할 수 있도록 설계했다.

전 세계는 지금 미래의 네트워크 중심전에 초점을 맞춰 무기, 전투원, 지휘 통제 시스템을 네트워크에 통합해 운영하는 방향으로 이동하고 있다. 이를 효과적으로 완수하기 위해 전투원이 착용하는 장비에 ICT의 핵심적 기술들을 적용하고 사람과 무기체계가 한 몸으로 움직이는 방안을 모색하고 있다.

메타물질로 상상을 현실로 만들다

영화 〈해리포터〉의 주인공 해리는 투명망토를 두르고 마법학교 호그와트 이곳저곳을 돌아다닌다. 투명인간은 사람들의 호기심을 자극하는 전통적인 소재로 수많은 영화, 소설 등에서 다뤄져 왔다. 사회적 동물인 인간은 타인과 관계를 맺고 살아가면서도 남들의 시선에서 벗어나 자유롭게 행동하고 싶다는 충동을 늘 느끼는 것은 아닐까?

과학기술은 이러한 상상을 현실로 바꾸고 있다. 스텔스 기능을 가진 전투기, 잠수함, 탱크 등은 레이더라는 기계의 눈에 띄는 것을 방지하고 적을 은밀하게 타격하기 위해 만들어졌다. 그런데 이제는 정말로 인간의 눈에 보이지 않게 하는 기술이 개발되고 있다.

2015년 5월 미 육군은 투명망토 도입 계획을 발표하면서 그것의 구체적 사양까지 제시해 사업자들의 개발 참여를 독려했다. 미국이 비대칭전력으로 활용하는 스텔스 전투기처럼 병사들도 실제 전투에서 적의 눈에 띄지 않고 은밀하게 작전을 수행할 방법을 찾고 있다. 미군이 도입하려는 투명망토는 휴대성 배터리를 포함해도 무게가 450그램 정도로 가벼우며 1회 충전으로 8시간가량 기능을 유지할 수 있어야 한다. 또한 어떤 상황에서도 지형, 온도, 기후 등과 같은 외부요인에 영향을 받지 않고 360도 어느 각도에서든 투명성을 유지해야 한다. 참고로 여기서 말하는 '투명성'이란 육안뿐 아니라 레이더나 전자파에도 탐지되지 않는 것을 말한다. 이러한 기술이 개발되고 실전에 배치할 수준이 된다면 영화에서 보았던 투명 전투복에 적용하는 것도 충분히 가능하지 않을까?

인간의 눈은 물체와 빛의 상호작용으로 사물을 구분한다. 빛은 물체에 부딪혀 반사, 투과, 흡수되는데, 그중 반사된 빛이 우리 눈을 통과하면서 물체의 형태와 색깔을 구분할 수 있게 되는 것이다. 빛이 물체에 모두 흡수되면 검게 보이고 물체를 투과하면 투명해져 보이지 않는다. 이것이 투명망토의 원리이다. 물론 빛은 직진하는 성질을 가지고 있으므로 투명망토를 걸치고 있더라도 빛이 굴절되면 투명성이 쉽게 망가진다.

이러한 빛의 굴절로 인한 투명성 저하를 방지하기 위해 개발된 것이 메타물질Matamaterials이다. 메타물질의 메타는 '범위나 한계를 넘어서다'라는 의미의 희랍어에서 유래되었다. 빛의 흡수와 굴절을 자유롭게 할 수 있는 메타물질은 자연에 존재하지 않으므로 인위적으로 만들어야 한다. 그 원리는 빛을 반사하지 않고 물질의 가장자리로 지나치게 만들어 특정 물체를 보이지 않게 하는 것이다. 과학자들은 1968년 러시아 물리학자 빅토르 베셀라고Victor Veselago의 연구 결과 발표 이후 기술을 개발했고 현재 상당한 진척된 상태이다.

메타물질은 빛은 물론이고 소리까지도 흡수하는 단계로 진입했다.

이러한 스텔스 기술은 군사 무기 분야에 핵심적인 요소로 자리하고 있다. 메타물질을 전투원의 전투복이나 위장복에 적용해 적에게 노출되지 않도록 한다거나, 육상과 공중의 핵심 무기에 적용해 적의 레이더와 시야에서 자유롭게 한다거나, 바닷속을 잠항하며 작전을 수행하는 잠수함에 적용해 적의 음파탐지기에 잡히지 않도록 하는 기술 등이 활발히 개발되고 있다.

한국의 대학 연구진은 메타물질을 한 단계 끌어올려 광대역 스텔스 구현이 가능한 가상화 메타물질을 개발했다. 이는 기존의 메타물질이 가졌던 물리적 구조의 한계를 극복하고 가상화된 디지털 회로 프로그램을 적용해 다양한 산업에서 사용할 수 있는 스텔스 기능을 만드는 기술이다. 이를 활용하면 빛이나 소리를 제어해 레이더나 소나의 탐지가 어려운 스텔스 기술을 적용한 무기를 만들 수 있을 것으로 기대된다.

한국은 이미 2009년에 메타물질을 잠수함 표면에 적용해 수중음파탐지기에 탐지되지 않도록 하는 기술 실험에 세계 최초로 성공했다. 현재 우리는 잠수함 건조 기술의 비약적 발전을 통해 잠항 능력과 운용능력이 뛰어난 자체 잠수함을 실전에 배치하는 동시에 다른 나라에 수출까지 하고 있다. 또 KF-21 보라매를 보면 알 수 있듯 자체적인 전투기 생산이 눈앞까지 다가온 시점인 만큼 국산 전투기에 스텔스 기능까지 업그레이드된다면 긴장감이 고조되는 동북아 정세 속에서 군사력의 비대칭화를 일부라도 극복할 수 있을 것이다.

육상에서는 음향, 가시광선, 적외선, 육안을 통한 적의 탐지를 원천적으로 차단하고 기동해 적을 공격할 수 있는 스텔스 전차의 개발도 진행되고 있다. 사물인터넷 기능을 통해 다른 전차, 전투원, 지휘센터, 기타 자율무기체계 등과 정보를 교환하면서 AI가 분석한 데이터를 바탕으로 자율적으로 교전이 가능한 무인 자율 스텔스 전차도 곧 전장에서 보게 될 것이다. SF 영화에서나 보던 전차, 잠수함, 전투기가 곧 땅과 바다와 하늘에서 전쟁을 주도할 날이 다가오고 있다.

신체 이식 센서로 학습과 조종 능력 극대화

갑자기 머리가 좋아지면 무슨 일이 생길까? 머리가 좋아진다는 것은 뇌의 사용 범위가 넓어진다는 의미인 동시에 학습능력이 향상된다는 뜻이다. 영화 〈루시〉에서 주인공은 마약밀매조직이 새로 개발한 마약을 배 속에 넣고 운반하는데 사고로 마약을 담은 봉투가 터지면서 뇌의 뉴런들이 모두 활성화된다. 영화 〈리미트리스〉에서도 인기 없는 작가였던 주인공이 정체불명의 알약을 먹고 뇌의 기능이 엄청나게 향상되어 다양한 경험을 하게 된다. 이렇듯 뇌의 기능이 급격하게 향상되는 것은 많은 사람의 부러움을 살 법한 경험이다.

이런 인간의 욕망을 약이 아닌 과학기술로 실현하는 길이 열리고 있다. 인간의 뇌와 컴퓨터를 연결하는 연구의 중심에는 테슬라, 스페이스 X의 설립자 일론 머스크가 있다. 그가 설립한 뉴럴링크는 인공지능과의 경쟁에서 밀리지 않게끔 인간의 지능을 증대시켜야 한다는 목적 아래 인간의 뇌와 인공지능을 연결하는 기술을 연구하고 있다.

이미 뇌와 컴퓨터를 연결하는 뇌-컴퓨터 인터페이스Brain-Computer Interface: BCI 연구는 의학적으로 상당히 진척되었고 생각만으로 사물을 구동시킬 수 있는 초기 단계에 진입해 있다. 그러나 이전의 기술은 장치와 도구가 일상생활에서 무리 없이 사용하기엔 너무 크고 복잡하다는 단점이 있었다. 그런데 뉴럴링크가 이러한 문제를 해결했다. 더 많은 전극을 뇌에 자극 없이 삽입해 정보를 읽어올 수 있는 기술과 수술 로봇을 개발한 것이다. 그리고 이 기술은 계속 진화해 현재는 뇌의 데이터를 컴퓨터가 읽는 단계를 넘어 데이터를 뇌에 전달하고 상호작용하는 것을 목표로 하고 있다.

영화 〈매트릭스〉에서는 한 번도 해본 적 없는 온갖 무술의 정보를 몇 초 만에 뇌에 입력해 사용하는 장면이 나온다. 영화 〈공각기동대〉의 주인공은 뇌에 저장된 데이터를 다른 사람의 뇌로 이동시키기도 한다. BCI 기술이 발달하면 이런 상호작용적 데이터 교환이 가능해진다. 다시 말해 인간의 뇌에 심은 AI칩을 통해 몸, 사물, 생각, 기억의 조작과 이동이 가능해지는 것이다. 미군은 이러한 기술을 전투원에게 적용하는 방안에 관한 연구와 계획을 진행하고 있다.

각종 SF 영화에 등장하는 사이보그는 사이버네틱스Cybernetics와 생물Organism을 결합한 합성어로 기계와 인간의 결합체를 가리킨다. 영화 〈로보캅〉의 주인공은 신체 일부와 뇌만 남아 있는 상태에서 수술을 통해 사이보그로 재탄생했다.

이런 사이보그가 현실에 등장한다면 전쟁의 모습은 어떻게 변화할까? 인간의 뇌와 AI를 연결한 전투원이 실시간으로 전황을 파악하고 하늘을 나는 수백 대의 드론과 지상의 무인 전차를 동시에 조종하며 전장을 누빈다고 상상해보자. 한 대의 컴퓨터로 128대의 드론을 조종해 하늘에 그림을 그리는 장면은 이미 평창 동계올림픽을 통해 세계인들에게 선보이기도 했다.

미 육군 전투능력 개발 사령부는 2019년 11월 〈사이보그 솔저 2050: 기계 융합 및 국방부의 미래에 대한 시사점Cyborg Soldier 2050: Human/Machine Fusion and the Implications for the Future of the DoD〉이라는 보고서에서 전투원의 귀, 눈, 뇌 및 근육 강화는 2050년 혹은 그 이전까지 기술적으로 실현할 수 있다고 발표했다. 이 보고서는 2050년까지 실현 가능한 네 가지를 구체적으로 밝혔다. 먼저 전투원의 시각을 강화해 향상된 상황 인식이 가능할 것이다. 둘째, 첨단 소재 슈트를 통해 근육 제어가 가능할 것이다. 셋째, 의사소통 및 보호를 위한 청각 향상이 가능할 것이다. 마지막으로 양방향 데이터 전송을 위한 인간 두뇌의 직접적인 신경 향상이 가능할 것이다.

이 연구에 참여한 연구 그룹은 이러한 직접적 신경 강화는 전투의 혁명을 가져올 것이라고 설명했다. 그러면서 보고서에 명시된 그대로 이 기술이 인간과 기계 간, 또 인간과 인간 간의 상호작용을 통해 읽기와 쓰기 능력을 촉진할 것이라고 예상했다. 이러한 상호작용은 명령 및 제어 시스템과 작전을 최적화할 것으로 예상된다.

방위고등연구계획국도 차세대 비수술 신경 기술Next-Generation Non-surgical Neurotechnology: N³ 프로그램을 오래전부터 운용하며 무인 시스템, AI 및 사이버 운영의 조합을 활성화하고, 이를 통해 지금은 시간차 문제가 있는 웨어러블 인터페이스를 개선하는 동시에 뇌와 커뮤니케이션할 방안을 고민하고 있다. 이 연구가 성과를 거둔다면 전투복에 내장될 커뮤니케이션 기기와 배터리, 스마트 헬멧에 장착된 AI 기기가 전투원의 뇌에 삽입된 칩과 상호소통하며 정보를 실시간으로 처리해 전투에 임할 수 있게 된다.

방위고등연구계획국은 완전한 양방향 BCI를 통해 전투원이 드론, 로봇 및 무인 차량과 무기체계를 원격으로 조종할 수 있도록 하는 것이 목표이다. 이 목표의 핵심은 유능한 전투원이 손을 사용하지 않고도 군사 시스템과 빠르고 효과적으로 상호작용하는 것이다. 이를 위해 방위고등연구계획국과 일론 머스크의 뉴럴링크는 유기적인 협업 체계를 구축하고 연구를 진행할 것으로 예상된다. 이 프로그램이 성공하면 머지않은 장래에 사이보그 전사가 전장을 누빌 것이다.

다만 이러한 기술을 무기체계나 병력 체계에 적용하려면 해결해야 할 과제가 많다. 따라서 민간에서 먼저 이 기술에 대한 가능성과 수요를 창출하고 그것이 사회적으로 미칠 효율에 대해 고려할 필요가 있다. 그리고 사회적 공감대와 윤리적 문제라는 과제에 대해서도 깊이 고민해야 한다. 장기적인 안전문제와 해당 기술이 인간에게 미칠 영향에 대한 모니터링 또한 염두에 두어야 할 주제이다.

BCI와 함께 미국 국방부와 방위고등연구계획국이 주목하는 또 다른 기술은 스마트 콘택트렌즈이다. 이는 2050년까지 완성할 사이보그 솔저 프로그램의 일환이다. 레오나르도 다빈치가 수백 년 전 인간의 시력을 증진할 방법에 관한 아이디어를 처음 세상에 선보인 후 과학자들은 시력 증진 혹은 향상과 관련된 연구를 지속하고 있으며 이제는 단순히 시력을 향상하는 단계를 넘어 ICT를 적용한 데이터 공유까지 발전하고 있다.

방위고등연구계획국 및 구글, 대학의 연구자들은 안구에 부착하는 콘택트렌즈가 시력을 보강하는 것은 물론이고 신체에 부착하는 컴퓨터로서 인간의 경험과 데이터를 증강하는 기능도 수행할 수 있을 것이라고 본다. 어떻게 이런 발상을 한 것일까? 사실 부드럽고 투명한 플라스틱 물질과 실리콘 재질의 렌즈에 전기신호로 작동하는 기기를 삽입해 안구에 부착하는 것은 위험의 소지가 있다. 그러나 스마트 콘택트렌즈가 가진 장점과 인간의 삶을 더 윤택하게 한다는 잠재력 측면에서 접근하면 개발의 타당성은 충분하다. 위험 요소로 여겨지는 부분을 기술적으로 최대한 안전하게 설계한다면 장점이 많다는 관점이 지배적이다.

2019년 4월 프랑스의 IMT 아틀랜틱Atlantique은 세계 최초로 초소형 배터리를 장착한 자율 콘택트렌즈 모조 비전 14K PPI 디스플레이Mojo Vision 14K PPI Display의 개발을 발표했다. 연구에 참여한 IMT 아틀랜틱의 연구원은 이 자율 콘택트렌즈는 사용자의 시력을 보강하는 능력뿐 아니라 무선으로 시각 정보를 전송하는 기능도 탑재했다고 밝혔다. 마치 영화 〈미션 임파서블: 고스트 프로토콜〉에서 제러미 레너가 특수 콘택트렌즈를 안구에 부착하고 타깃들과 접선하며 그들의 서류를 읽고 무선으로 전송하는 장면을 연상시킨다.

이 콘택트렌즈는 외부에서 전기를 공급할 필요가 없다. 마치 LED가 빛에 의해 발광하듯 빛으로 충전되며 몇 시간 동안 연속해 작동할 수 있기 때문이다. 이 렌즈는 의료와 자동차 응용 분야에 적용할 목적으로 개발이 이루어졌지만, 방위고등연구계획국과 마이크로소프트에서는 주로 군사적 활용 가능성에 중점을 두고 많은 관심을 보였다. 미 육군과 마이크로소프트는 홀로렌즈를 전투원에게 보급하는 계약을 체결해 전투원들이 네트워크로 연결된 정보에 더 쉽게 접근할 수 있는 길을 열었다. 이런 측면에서, 새로운 콘택트렌즈에 대한 양자의 관심은 그것이 네트워크와 시각 정보의 유연한 연계에 많은 도움이 될 수 있다는 믿음으로 해석할 수 있다.

방위고등연구계획국은 10년 넘게 블루스카이 연구 프로젝트Blue Sky Research Project를 실행하면서 첨단 접안렌즈를 찾기 위해 노력하고 있다. 따라서 IMT 아틀랜틱의 이번 개발 발표는 그동안 방위고등연구계획국이 찾던 수준에 일정 부분 부합하는 면이 크다고 할 수 있다.

이 콘택트렌즈는 아직 시험 단계이지만 시제품은 세계에서 가장 작은 픽셀을 지원해 현재의 스마트폰 디스플레이보다 300배 더 높은 픽셀 밀도를 제공한다. 이 디스플레이는 차세대 웨어러블, AR/VR 하드웨어와 헤드 업 디스플레이Head Up Display: HUD의 개발과 진보에 큰 영향을 미칠 마이크로 LED 기술을 적용하고 있다. 따라서 이 렌즈가 예정대로 AR/VR을 구현할 수 있게 된다면 크고 불편한 HUD 없이도 더 크고 깨끗한 화질의 영상을 즐길 수 있는 길이 열린다. 물론 다양한 정보와의 네트워킹도 가능하게 될 것이다. 그렇게 되면 방위고등연구계획국이 추구하는 사이보그 스마트 전사의 시력 향상과 정보 공유라는 퍼즐 조작이 완성되는 셈이다.

AR+VR = MR 그리고 XR 적용 군사 기술

가상현실Virtual Reality: VR, 증강현실Augmented Reality: AR, 혼합현실Mixed Reality: MX, 그리고 확장현실Extended Reality: XR 관련 기술과 사업은 미래 전장의 무기체계와 밀접하게 연결되어 있다.

VR은 컴퓨터로 구현한 가상 환경 혹은 기술로, 사용자는 눈 전체를 가리는 HMDHead Mounted Display 단말기를 착용하고 현실과 완전히 격리된 상태에서 시뮬레이션된 가상의 공간으로 들어가 행동하게 된다. 영화 〈레디 플레이어 원〉에서는 등장인물들이 바로 이 VR을 통해 가상의 공간에서 모험을 펼친다. 가상의 콘텐츠를 활용하면 입체감이 뛰어나고 몰입감과 현실감이 뛰어나다는 장점이 있으나, 영화와는 달리 사용자가 이질감을 느낄 가능성이 크고 현실에서 표현되는 정보의 상호작용성이 낮다는 단점이 있다.

현재 VR 기기는 크게 PC 전용, 플레이스테이션 전용, 스마트폰 전

가상현실	현실과 유사한 체험을 할 수 있도록 컴퓨터로 생성한 가상공간
증강현실	실제 현실에 가상의 영상을 덧대 정보를 시각적으로 보여주는 것
혼합현실	VR과 AR을 혼합한 것으로, 현실 공간에 가상의 무언가를 섞어 넣어 구현된 공간
확장현실	홀로그램을 포함해 MR의 확장된 개념으로, 현실과 가상 간의 상호작용이 더 강화된 것

용으로 구분할 수 있다. 대표적인 PC 전용 VR HMD는 바이브^{Vive}와 오큘러스^{Oculus}로 PC에 연결해 사용하므로 성능이 우수하다는 장점이 있다. 그러나 PC의 사양에 따라 화질의 차이가 발생하며 HMD의 가격이 높다는 단점이 있다. 플레이스테이션 전용 VR HMD는 플레이스테이션 4 기기에 연결해 오락을 즐길 수 있도록 만들어졌다. PC와 연결해 사용할 수도 있지만, PC 전용 VR HMD의 성능에는 미치지 못한다. 끝으로 스마트폰 전용 VR HMD는 기어 VR^{Gear VR}이 대표적인데 VR HMD 같은 자체적인 디스플레이 대신 스마트폰 화면을 디스플레이로 사용한다는 차이가 있다. 스마트폰 화면을 VR 렌즈로 보는 방식이므로 스마트폰의 성능에 따라 화질의 차이가 발생하며 스마트폰의 종류에 따라 호환성의 차이를 보이기도 한다.

현재 VR 기기는 기술의 발달과 시장 수요의 증가로 초창기보다 해상도는 올라가고 훨씬 가벼워졌으며, 사용 편리성이 증대되었고 가격은 점차 내려가는 추세이다. 또한 콘텐츠가 다양해져 사용자들의 니즈를 충족시키는 폭이 점차 넓어지고 있다. 오락과 엔터테인먼트에 국한되었던 콘텐츠와 활용 범위가 5G 이동통신 기술과 만나면서 산업에서의 스마트 작업화를 촉진하는 데 일조하고 있다. 스마트 공장의 작업환경과 작업자 교육, 헬스케어 분야에서의 운동과 치료, 의료 분야의 교육과 영상시각화, 교육 분야에서의 상호작용 학습 프로그램, 국방 분야에서의 전투원 훈련과 장비 정비 교육 등에 다양하게 활용될 것으로 예상된다.

AR은 실제 현실에 가상의 사물, 정보를 덮어씌워 실제로 존재하는 것처럼 보이게 하는 그래픽 기술이다. 전용 안경이나 스마트폰과 같은 단말기를 사용해 가상의 디지털 정보를 사용자의 실제 환경과 실시간으로 통합하는 것이다. AR은 VR과는 달리 기존 환경을 사용하면서 그 위에 새로운 정보를 덧씌우는 오버레이 방식으로 운용된다. 이런 방식으로 인해 현실 공간과 상호작용이 가능하고, 현실 공간에 가상 그래픽으로 만든 정보를 직접 표현할 수 있다는 장점이 있다. 그러나 현실의 시야와 가상의 정보가 분리되어 운영되며 몰입감이 낮다는 단점이 있다.

MR은 VR과 AR의 단점을 보완하고 장점을 혼합한 기술로 실제 현실과 가상 세계의 정보를 융합해 활용하는 진화된 형태의 공간 구성 기술이다. MR은 가상현실을 실제 세계로 옮겨놓은 것으로, 실제 영상에서 보는 사물의 깊이, 두께, 크기, 형태 등을 측정해 3D 이미지로 변환해 적용함으로써 사용자는 가상의 이미지를 현실감 있게 360도로 보고 느낄 수 있다. 따라서 VR의 몰입도와 AR의 데이터 적용 기능이 결합된 MR은 민간 산업뿐 아니라 군사적 용도로서의 효용성도 크다.

진화된 MR의 기술은 사실감을 극대화한 3D 입체영상을 현실 공간에 구현해 몰입감을 높일 수 있는 홀로그램을 가능케 한다. 이러한 기술의 진보는 현실과 가상 간의 상호작용이 한층 강화되어 현실 공간에 배치된 가상의 물체를 사용자가 만졌을 때 촉감을 느낄 수 있는 확장현실로의 이동을 촉진한다. XR은 VR, AR, MR을 통합해 탄생한 새로운 제3의 현실 세계를 말한다. 현재의 VR, AR, MR보다 더 세밀하고 진보한 형태의 세계를 구현할 수 있고 이를 통해 교육과 훈련, 회의, 각종 시뮬레이션의 운용을 원활하게 할 수 있다.

홀로그램을 이용해 서로 떨어져 있는 사람들이 한 공간에 모여 실시간으로 회의를 하게 할 수도 있다. 영화 〈킹스맨〉의 홀로그램 회의를 떠올리면 쉬울 것이다. 이러한 형태의 실험은 5G 통신기술 덕분에 이미 곳곳에서 활발하게 이루어지고 있다.

MR을 실현할 수 있는 기기인 구글 글래스Google Glass나 마이크로소

SiBOS2019에서 선보인 화상회의　　　　　　　　(출처: ARHT Media)

프트의 홀로렌즈 2 등이 발전을 거듭하고 있다. 영화 〈스파이더맨: 파 프롬 홈〉에서 주인공의 안경에 탑재된 AI 이디스가 위성과 연결된 드론 을 발사해 적을 공격하고 각종 기기를 원격으로 조작하는 장면이 나오 는데, 이는 곧 현실이 될 가능성이 크다.

　미국 국방부와 방위고등연구계획국은 네트워크 통합 시스템을 통 해 전장의 전투원과 상호작용할 수 있는 전투 지휘 체계에 관한 연구를 지속하고 있다. 미국이 이라크 전쟁을 치르면서 전술적으로 큰 우위를 점할 수 있었던 것은 바로 이런 AR과 MR 같은 첨단기술을 적용했기 때 문이다. 전장 공간 환경에 대한 모델링과 시뮬레이션을 수행함으로써 예상되는 문제를 사전에 파악하고, 이를 분석해 병력과 장비의 투입을 최적화한 것이다.

　한국에서도 VR, AR, MR과 관련된 연구 및 개발, 활용이 활발하게 이루어지고 있다. 한국군 특수전 사령부는 전투원들의 고공 강하 조종 술 시뮬레이션 훈련에 VR 기술을 적극적으로 활용하고 있다. 1만 피트 이상의 고도에서 자유 낙하하다가 일정 높이에서 낙하산을 개방해 침

VR을 이용한 육군 특수전 사령부의 고공강하 시뮬레이션 　　　(출처: 국방일보)

투하는 훈련이다. 이 훈련에는 실제 낙하산을 장착한 것과 같은 효과를 내는 연결 장치, 낙하 시 체감하는 공기의 강도를 연출하는 송풍 장치, 그리고 시각적 실재감을 높이는 영상장치가 사용된다.

　또한, 특수전 사령부는 VR 기술을 통해 모의 시가전에서의 전술 사격 훈련을 진행함으로써 실전 감각을 익히고 있다. 이러한 훈련은 실제 공간에서 진행하는 훈련과 비교해 운용과 행정의 비용 감소, 절차의 간소화라는 장점이 있을 뿐더러 안전성과 다양성도 높일 수 있다.

　국방부는 '국방개혁 2.0'을 추진하면서 신병 교육훈련, 모의 전투 훈련 등과 같은 실전적 교육훈련 시스템에 VR과 AR을 적용할 계획을 세우고 있다. 또한 훈련 시스템을 고도화하는 작업에 VR, AR 기술을 적용할 계획을 세우고 우선 육군 특수 작전과 대테러 임무 수행을 위한 지능형 가상훈련 체계인 '특수 작전 모의훈련 체계'를 준비하고 있다.

　해군에서는 AR 기능이 장착된 용접 마스크와 VR 기능을 가진 토치 등을 사용해 용접 실습 교육을 진행했다. 다양한 가상의 용접 작업을 반복적으로 훈련하며 그 결과를 분석한 뒤 훈련에 활용 중이다. 해군은

VR을 이용한 해군의 토치 이용 용접 실습 (출처: 국방일보)

2020년 8월 KT와 협업해 VR, AR을 활용한 훈련 프로그램과 해군 사관학교 전용 모바일 학습 환경 등을 구축할 계획이다. 또한 잠수함 환경의 숙달 훈련과 상황 반복 훈련 등을 위한 '잠수함 승조원 훈련 체계' 구축에 AR과 VR 기술을 적용할 예정이다.

공군은 AR과 인공지능 기술을 활용해 지능형 스마트 디지털 관제탑 운영을 위한 준비를 시작했다. 또 적의 공격 상황에 적절하고 효과적으로 대처할 수 있는 능력을 함양하기 위해 가상의 적 공격 상황에서 기지를 방어하는 모의훈련 프로그램인 '기지 작전 훈련 체계'를 구축해 활용할 예정이다. 이미 우리 공군도 운용하고 있는 F-35A 라이트닝의 조종사가 사용하는 헬멧은 최첨단 디스플레이 장비가 탑재된 상태이며 MR 기술이 적용되어 있어 다양한 정보를 한눈에 볼 수 있다.

헬멧 하나의 가격이 4억4,000만 원에 이르는 고가지만 그 기능적 측면에서 보면 그만큼의 값을 한다고 할 수 있다. 하나의 예로, F-35A 전투기는 동체 표면에 장착된 여러 대의 카메라가 실시간으로 전투기 주변의 영상을 촬영해 조종사 헬멧으로 보내는데, 마치 전투기 외관을 투명하게 한 것처럼 조종사의 눈이 아래를 향하면 전투기 바닥이 아닌 지상이 보이고 뒤를 보면 후방 하늘이 보이도록 영상이 구성된다. 전투기의 시스루See-Through 기능을 통해 전투기 주변 360도의 모든 공간을 조종사가 볼 수 있는 것이다.

우리 군과 국방부, 정부는 빠르게 변화하는 AR과 VR 기술을 민간뿐 아니라 군에도 적절하게 적용해 선진화된 군을 만들 계획을 준비하고 있다. VR, AR, MR 기술의 국방 분야 활용은 몇 가지 장점이 있다. 첫째, 전투원들의 전투력 향상을 도모하면서 시간, 공간, 장비의 절약을 동시에 달성할 수 있다. 종래의 방식으로 실전 상황을 연출하기 위해서는 준비에 많은 시간과 물리적 공간이 필요하고 구조물과 장비 등도 훈련 내용에 맞춰 조달해야 한다. 그러나 VR, AR, MR 기술을 이용하면 이러한 제약 없이 다양한 환경의 연출이 용이해져 전투원들이 각종 환경에 대한 대응 훈련을 할 수 있다.

군용 장비의 정비 면에서도 고가의 장비를 실제로 분해하고 살펴보는 것은 현실적으로 어려움이 많고 반복해서 연습하는 것은 더욱 어렵다. 그러나 VR, AR, MR 기술을 이용하면 실제와 같은 조건에서 반복적으로 연습할 수 있어 숙련도를 높이는 효과가 있는 동시에 사고와 부상의 위험도 원천적으로 제거할 수 있다. 이러한 기술을 훈련과 정비 등에 적용하면 실제 훈련에 투입되는 고가의 장비와 인력 운용에 필요한 예산 및 시간을 크게 절감할 수 있다.

발전된 XR 기술과 5G 통신기술의 결합은 훈련 시뮬레이션, 정비 등을 넘어 실전에서도 활용할 수 있다. 전투기나 전차 조종사, 각 전투원의 전투체계에 종합적으로 적용될 각종 ICT 기기들과 연동하면 전장에서 더욱 효율적인 작전 수행이 가능해질 것이다. 현재 진행하고 있는 워리어플랫폼 프로그램에도 MR 기술이 적용되어 전장 환경을 실시간으로 모니터링하면서 작전을 수행할 수 있는 기능이 탑재되어 있고 앞으로 더 발전된 형태인 XR로의 업그레이드도 충분히 가능할 것으로 예상한다.

육군사관학교는 2020년 4월 27일 과학기술정보통신부가 주관하는 XR 기술을 적용한 전투 훈련 체계개발을 위한 XR+a(공공·산업 적용) 프로젝트 지원 사업에 공간 동기화 기반 원격 통합 관측 훈련 체계개발 과제를 제출해 최종 선정되었다. 이것은 가상현실 공간에 훈련자의 시점을 일치시키는 '공간 동기화' 개념을 적용함으로써 병사의 시각 움직임에 따라 스크린의 이미지가 변화하는 것을 기본 골자로 한다. 초기 목표는 포병 관측 훈련, 항공 관측 훈련, 저격 관측 훈련 등의 콘텐츠를 제작해 활용하는 것이고 이후 가상현실 기반의 사격 훈련과 전술 훈련 체계에도 적용할 예정이다.

현재로서는 누가 얼마나 효과적으로 ICT 도구를 적용하고 실전에 활용하느냐가 가장 큰 관건일 것이다. 통합 경량화 전투복과 장비, 무기 체계에 적용되는 ICT 핵심기술인 5G 통신기술, 사물인터넷, 빅데이터, AI, 클라우드 네트워크 시스템 등은 독립적으로 움직이는 구조가 아니라 통합적인 네트워크에 의해 하나의 시스템으로 움직인다는 것을 염두에 두면서 개발과 연구를 진행한다면 시간과 비용의 절감은 물론 결과의 최적화를 이룰 수 있다.

전자전

현대의 전쟁은 전자 장비가 주도한다고 해도 과언이 아니다. 전투기에 탑재되어 구동되는 거의 모든 시스템은 전자적 기능을 중심으로 한다. 적의 탄도미사일을 요격하기 위한 중고도 요격미사일 시스템인 사드(종말단계고고도지역방어체계) 포대의 발사대는 원거리 고성능 탐지를 위한 X-밴드 레이더인 AN/TPY-2와 함께 구동된다.

F-22 랩터나 F-35A 라이트닝 스텔스 전투기를 비롯한 전 세계 최신형 전투기들이 예외 없이 사용하는 다기능 위상배열Active Electronically Scanned Array: AESA 레이더는 원거리에서 적의 활동을 광범위하게 탐색할 수 있는 정찰 장비이며 사드의 AN/TPY-2 레이더도 큰 범주에서 AESA 레이더의 일종이다. 이런 AESA 레이더는 전투기뿐 아니라 지상의 방공 장비, 함정 등에서 유용하게 활용되고 있다.

AESA 레이더 제작 기술은 전자적 기술의 집약체라고 할 수 있으며 그 기술을 보유한 국가도 극히 일부로 한정되어 있다. 현재 한국이 개발 중인 KF-21 보라매 전투기는 원래 미국의 록히드마틴사에서 제작한 AESA 레이더가 탑재될 예정이었지만 미국 정부가 기술의 국외 반출을 허가하지 않는다는 이유로 기술 이전이 되지 않았다. 이에 국방과학연구소와 국내 방위산업업체 한화탈레스가 협업해 국내 기술로 AESA 레이더를 개발하는 데 성공했다. 이 레이더는 F-35A 라이트닝에 탑재된 AESA 레이더와 거의 동급의 성능을 가질 것으로 예상된다.

지상 방공시스템의 거의 모든 장비도 전자 장비들로 구성되어 있어 정교한 탐색이 가능하다. 따라서 이것을 효과적으로 회피하고 교란해 제공권을 확보하는 것이 전쟁의 승패를 좌우한다. 적의 전자 장비를 최대한 무력화하면서 아군의 전자 장비는 최대한 활용할 수 있는 전장 환경을 만드는 것이 전자전Electronic Warfare: EW의 핵심이다. 전자전의 중요성이 더욱 증대하면서 많은 나라가 전자전기 개발을 서두르고 있다.

1991년 미국과 이라크 간 걸프 전쟁이 발발했다. 다국적군은 전쟁이 시작되기 전부터 감시위성, 조기경보기 등을 활용해 이라크의 통신 지휘망과 제원, 레이더와 미사일 기지 등에 대한 다양한 정보를 입수해 분석했다.

전쟁이 시작되자 대규모 공습을 위한 작전이 실행되었는데 이때 선봉에서 날아가는 이상한 공격기들이 있었다. EA-6B 프라울러였다. 미해군의 A-6 인트루더Intruder 공격기를 전자전기로 개조한 이 기체는 미사일도 폭탄도 탑재하지 않은 채 날아가 이라크군의 방공망 레이더와 미사일 제어용 레이더를 교란시켰다. 그 뒤를 따른 전폭기들은 이라크군의 SA-2 방공미사일을 비롯한 어떤 방공 공격도 받지 않고 적진으로 날아가 폭탄을 투하하며 목표를 초토화했다.

2003년 3월 20일 이라크 자유 작전Operation Iraq Freedom이 시작되었다. 9·11 테러에 대한 응징 과정에서 대량살상무기Weapons of Mass Destruction: WMD 개발 의혹을 받는 사담 후세인 정권을 붕괴시키고 이라크 국민을 해방해 민주주의 정부를 수립하기 위한 예방적 차원의 선제공격이었다. 이라크 전쟁에서 미국을 위시한 연합군은 1991년 걸프 전쟁에 투입된 다국적군 전력(14개 사단 56만여 명)의 절반 정도 되는 전력(5개 사단 25만 명)을 투입해 21일이라는 짧은 시간에 전쟁을 승리로 이끌었다.

이라크 전쟁에서 미국은 디지털 네트워크 시스템을 통해 실시간으로 표적을 획득하고, 타격을 결정하며, 최종적으로 정밀타격을 진행하는 새로운 전쟁 패러다임을 보여주었다. 이것은 장거리 정밀 교전을 일반화했으며 의사결정 속도를 최대한으로 높였다. 동시에 전장 공간을 필요에 따라 확장 및 통합시켜 작전 수행의 효율화를 극대화했고 여기에 전자전과 사이버전 능력을 통한 적 시스템 무력화까지 진행함으로써 전투의 효율성을 최대로 끌어올렸다.

미군은 전쟁이 발발하기 전부터 이라크의 항전 의지를 저하시키고 협조를 끌어내기 위해 각계의 여론 주도자들에게 이메일을 통한 고도의 심리전과 전자전을 실행했다. 미국과 연합군의 전력과 전쟁 준비 태세를 고의로 알려 공포심을 조성하고 전투력과 사기 저하를 유도한 것이다. 그리고 회유 방송을 통해 전쟁의 목적이 사담 후세인 정부의 제거와 국민의 해방임을 알리는 노력을 기울였다.

전쟁이 시작되자 미군은 디지털 네트워크 시스템을 통한 전투력 극대화를 위해 군사위성, 통신위성, 조기경보 등과 같은 우주 전력과 항공 전력을 적극적으로 활용했다. 이러한 시스템을 동원한 덕분에 걸프 전쟁에서 15퍼센트 정도였던 핵심 표적 탐지 능력이 70퍼센트까지 증진되었다. 공중 전력에서 전투기, 전폭기, 공중조기경보기 등과 함께 눈에 띄게 활약한 것이 바로 프라울러였다.

이라크 전쟁 개전 이주일이 지난 2003년 4월 2일, 이라크 수도 바그다드 남동쪽으로 160킬로미터 떨어진 알쿠트Alkut 지역을 이라크 공화국수비대 3,000여 명과 지휘 통제소가 철통같이 지키고 있었다. 바그다드로 진격하는 연합군이 반드시 거쳐야 하는 전략적 요충지답게 SA-6 지대공미사일과 각종 레이더가 촘촘하게 얽혀 삼엄한 경계를 펼쳤다.

알쿠트를 향한 미국은 공세는 이번에도 프라울러의 진격으로 시작되었다. 하지만 애석하게도 프라울러가 활약할 기회는 없었다. 이라크군의 방공망 레이더는 처음부터 가동되지 않았으니까. 이미 걸프 전쟁에서 프라울러의 위력을 경험한 이라크군이 또다시 전자전에 당하지 않기 위해 레이더를 꺼버린 것이다. 싸우기도 전에 제 눈을 가린 것과 같은 행동이었고 당연히 이어지는 연합군의 본 공세를 당해낼 방법이 없었다. 알쿠트는 저항 한 번 해보지 못하고 무너지며 바그다드까지 진격할 수 있는 발판을 만들어주었다.

현대의 전쟁은 전자 장비의 적용과 활용 정도에 따라 공격과 방어의 성패가 좌우된다. 초기의 전자전은 유선통신 케이블을 절단해 적의 교신을 방해하거나 전화 케이블에 도청 장치를 연결해 적의 교신 내용을 가로채는 형태로 이루어졌다. 최초의 전자전은 1904년 러일전쟁 때 이뤄졌다. 당시 일본의 사격 지휘를 위한 무선통신을 러시아가 교란했던 것이 그 시초다. 이후 제2차 세계대전을 거치며 레이더 기술이 발달했고 20세기 후반의 걸프 전쟁에서 전자전 공격을 통한 방공시스템 무력화로 진화했다.

전자기 스펙트럼Electromagnetic Spectrum은 전자기파를 파장에 따라 분해해 배열한 것으로, 범위가 일반적인 스펙트럼보다 넓고 다양하다는 특징을 가지고 있다. 군사적 공격과 방어시스템이 점차 복잡한 전자기기를 중심으로 변화하면서 군사 작전은 복잡한 전자기 스펙트럼의 환경에서 작전을 수행하는 형태로 변화되었고 이러한 환경을 전자기 환경Electromagnetic Environment: EME이라고 부르게 되었다. 즉, 주어진 임무를 수행할 때 군, 시스템, 플랫폼 등이 마주하는 다양한 주파수 범위에서 일어나는 전자기 간섭의 결과를 전자기 환경이라고 정의한다.

전자전은 이런 전자기 환경에서 적의 전자기 스펙트럼 혹은 지향성 에너지 무기를 공격하거나 방해하는 것을 통칭하는 것이다. 기본적으로 전자전은 군이 적의 네트워크, 레이더, 유무선통신 등을 교란, 해킹, 파괴해 피해를 주는 동시에 아군의 정보 및 전자 자산의 공격 우위를 확보하는 군사 활동이다. 적의 레이더와 통신은 물론 전자기기로 작동하는 모든 무기가 전자전의 공격 목표이며 아군의 레이더와 통신, 무기시스템은 최적의 상태로 유지하며 작전을 수행하는 것이 전자전의 궁극적 목적이다. 이러한 전자전은 크게 전자공격Electronic Attack: EA, 전자보호Electronic Protection: EP, 전자지원Electronic Support: ES으로 구분할 수 있다.

전자공격은 전자적 시스템으로 구성된 인력, 시설, 장비 등을 공격해 무력화시킴으로써 적의 전투능력과 의지를 파괴하고 약화시키는 군사 활동을 의미한다. 이것은 ECMElectronic Counter Measure이라고도 하며, 적의 레이더나 기타 전자기 시스템에 강력한 전파 등을 방사해 무력화시키는 재밍Jamming을 실행하거나 적 레이더에 허상을 만들어 공격을 방해하는 행위이다. 또 적의 감시, 공격, 통신 활동을 교란해 정상적인 군사적 대응이 어렵게 만드는 모든 군사적 행위도 포함된다.

우리가 흔히 아는 네트워크 해킹을 통한 목표물 파괴와 적 지휘 통제 시스템 무력화 혹은 장악도 ECM의 일부이다. 요즘은 이런 재밍이나 해킹과 더불어 직접 적의 기지와 목표물을 타격해 파괴하는 레이저나 레일건 같은 무기도 ECM의 범주에 포함된다. 또 최신형 공격 드론에도 전자전 공격 장비를 탑재해 임무를 수행함으로써 전자 공격의 형태가 점차 다양해지고 있다.

전자보호는 적의 전자공격 상황에서 아군의 부대, 장비, 작전 목적 등을 보호하는 모든 방어적 활동을 의미한다. 이는 동시에 아군의 전자공격 영향을 피하기 위해서도 사용된다. 이를 ECCMElectronic Counter-Counter Measure이라고도 하며 적의 전자공격이나 전자지원을 무력화해 아군의 정보와 자산을 방어하는 활동을 가리킨다.

고전적인 방식의 ECCM은 적의 전파 교란 행위에 대해 더욱 강력한 전파를 전송함으로써 이를 제압하거나 전파 정보의 누출을 막기 위해 고의로 잡음을 섞는 방법을 사용했다. 이후 적의 전자공격과 전자보호 활동이 감지되면 주파수를 수시로 변경하거나 전파 송신 세기를 최소화하는 동시에 아군의 수신 센서 민감도는 최대한 높여 적에게 감지될 가능성을 낮추면서도 적의 공격 원점을 파악, 분석하는 방법으로 전환되었다. 또한 적의 전자공격과 전자지원 활동을 탐지해 역으로 적의 위치를 파악해 공격할 수 있는 소프트웨어도 개발 중이다.

전자지원은 아군의 전자기 스펙트럼을 차단하고 적의 전자기 스펙트럼으로부터 정보를 수집, 분석해 아군의 위협을 인식하고 전자전 활동(위협 회피, 추적 등)을 지원하는 활동을 의미한다. ESMElectronic Support Measure이라고도 하며 적의 네트워크와 통신을 감청 또는 해킹해 정보를 획득하거나 적의 레이더 전파 패턴을 수집해 분석하고 이를 목표에 대한 식별에 활용하는 것을 가리킨다. 미국 공군은 보잉사에서 제작한 최대 이륙중량 146톤의 RC-135 코브라 볼 정찰기를 이용해 이런 정보를 수집, 분석하고 있으며 해당 정찰기를 한반도 상공에도 전개해 북한의 군사 활동 관련 정보를 수집, 분석하고 있다.

2010년 11월 23일 오후 2시 30분, 북한은 옹진군 연평면 대연평도에 대한 포격을 감행했다. 휴전 이후 북한이 대한민국 영토를 직접 타격해 민간인이 사망한 최초의 사건이었다. 그런데 포격 도발 당시 우리 군의 대포병 레이더AN/TPQ-37가 북한의 공격 징후를 사전에 알아차리지도, 공격 원점을 찾지도 못하는 일이 벌어졌다. 어째서일까? 많은 전문가가 이런 정보 부재 상황의 원인으로 북한의 해안포 기지에 배치된 전자기파Electromagnetic Pulse: EMP를 지목했다.

EMP는 인명에는 영향을 미치지 않으면서도 일정 반경 내의 전자 장비를 불능 상태로 만드는 무기이다. 통신 장비, 레이더, 전자 장비로 구동되는 미사일을 비롯한 다양한 무기에 EMP는 치명적인 영향을 미칠 수 있다. 이미 미국을 비롯한 군사 강국들은 많은 연구와 실험을 통해 실전에서 EMP를 적절하게 활용하고 있다. 북한의 연평도 포격 사건에는 여러 의미가 있지만, 그중에서도 북한의 EMP로 인해 우리 군이 적의 군사 행위를 사전에 감지하지 못했던 것과 공격 원점을 파악하지 못했던 것은 상당히 중요한 의미로 다가온다.

미 해군이 운용하는 EA-18G 그라울러Growler는 전장에서 50년 동안 명성을 떨친 프라울러의 후속 모델로 2001년 11월 15일 초도 비행을 성공적으로 마치고 2004년부터 양산에 돌입해 2009년 10월 본격적으로 배치가 이루어졌다. 2011년 '오디세이의 새벽 작전'에 다섯 대의 그라울러가 출격하면서 첫 실전 투입이 이루어졌다. 2018년 프라울러가 퇴역하면서 현재는 그라울러가 미군이 보유한 유일한 전술용 전파방해 무기 체계이다.

미 해군은 이미 오래전부터 전자전기를 적극적으로 활용하며 전장을 효율적으로 지배하고 있다. 그라울러는 미 해군이 운용하는 세계 최강의 전자전기라 할 수 있다. 함재 전투기인 FA-18E/F 슈퍼 호넷을 기반으로 개발된 그라울러는 적 방공망의 전자 교란과 통신 방해는 물론이고 AGM-88 함HARM 대레이더 미사일을 탑재해 대공 제압과 파괴 임무도 수행한다. 또한 이전의 전자전기 모델과는 달리 AIM-120 암람AM-RAAM 공대공미사일을 장착해 적 항공기와의 공중전도 가능하기 때문에 스스로 생존할 가능성도 높다.

그라울러에 장착된 통신 방해 장비는 적의 통신기기를 방해하는 임무를 수행하도록 설계되어 있다. 이 장비는 이라크 전쟁에서 소형 휴대 통신기로 작동되는 적의 폭발물 작동을 저지함으로써 아군과 민간인의 피해를 막기도 했다. 그라울러는 호주군도 2015년부터 12대를 도입해 운용하고 있으며 일본 자위대도 도입을 검토하고 있다. 한반도에서도 유사시 미 해군이 운용하는 그라울러가 신속하게 전개될 수 있도록 한미연합훈련을 통해 협업 체계를 만드는 중이다. 한반도에 위협적인 상황이 연출되면 그라울러가 북한의 방공망을 무용지물로 만들어놓을 수 있음을 상기시켜 북한을 압박할 수도 있다.

한국군도 증가하는 북한의 도발과 위협에 효과적으로 대응하기 위해 그라울러 도입을 고려한 적이 있다. 대당 가격이 900억 원 정도로 우리가 예상하는 2조 원 규모의 전자전기 사업 예산이라면 적어도 10여 대 이상은 무난하게 도입해 활용할 수 있을 것이다. 미군은 하나의 공격 편대에 그라울러 두 대를 배치하므로 우리 공군도 다섯 개 이상의 공격 편대에 전자전기를 배치할 수 있는 셈이다. 그러나 전자전기를 미국에서 들여올 수 없는 상황들이 연속해 발생하면서 자체 개발로 방향을 틀었다가 이마저도 여러 난관에 부딪히게 되면서 어려움을 겪는 중이다.

국방과학연구소와 방위산업업체가 협업해 전자전 기술에 대한 개발을 지속적으로 진행하고 이를 바탕으로 국산 전자전기가 개발된다면 더없이 좋은 일일 것이다. 하지만 개발에 따른 수요가 많지 않은 상황을 고려하면 새로운 전자전기의 개발비와 기존 전자전기의 구입비를 진지하게 저울질해볼 필요가 있다. 걸프 전쟁에서 이라크가 미군에게 어떻게 패했는지를 너무도 잘 아는 북한으로서는 한국군의 전자전기 자체 개발이든 미국의 전자전기 도입이든 상당한 위기감을 느낄 수밖에 없다.

ICT와 재래식무기의 시너지

워싱턴 인근의 호숫가. 미국 대통령이 경호원들의 호위를 받으며 낚시를 즐기고 있다. 그런데 그 순간, 호수 건너편 숲에서 시커먼 그림자가 다가온다. 얼핏 박쥐 떼처럼 보였던 그림자의 정체는 폭약이 탑재된 수십 대의 소형 드론. 테러 조직의 조종을 받는 드론들의 자폭 공격에 경호원들이 차례차례 쓰러지고 대통령도 절체절명의 위기를 맞는다.

영화 〈엔젤 해즈 폴른〉의 이 인상적인 도입부는, 곧 다가올 미래 전쟁의 모습이기도 하다.

밀리테크 4.0: 하이테크가 전쟁의 패러다임을 바꾼다

미래의 전쟁은 무인화와 네트워크화 전투를 지향하고 있다. 할리우드 SF 영화에서 볼 법한 전투까지는 아니더라도 이에 근접한 형태로 전쟁을 수행하는 것이 2035년경에는 가능하리라는 예측들이 나오고 있다.

군사military와 기술technology의 합성어인 밀리테크는 전쟁의 승부를 판가름하는 혁신적 군사 과학기술을 말한다. 철기 혁명, 화약 발명, 증기 및 전기 발명, 인터넷 발명과 함께 한 단계씩 발전해온 밀리테크는 4차 산업혁명을 통해 4.0의 시대로 달려가고 있다. ICBM(혹은 AICBM), 양자컴퓨팅으로 대변되는 4차 산업혁명 핵심기술은 사회의 초연결화와 무인화를 재촉하고 있다.

우리는 영화로만 접했던 로봇 전쟁, 인공지능 전쟁, 무인 전쟁 등이 현실이 되는 시대로 진입하고 있다. 미래의 전쟁 패러다임은 이전과는 완전히 다른 양상으로 전개될 것이다.

밀리테크 4.0은 ICT를 바탕으로 무기체계의 획기적 변화를 가져올 것으로 기대되고 있다. 과거의 지상전, 해상전, 공중전에 더해 우주전과 사이버전이 준비되고 있고, 기존의 핵심적 무기체계인 전차, 잠수함, 항공기 등의 성능 개량 및 무인화가 추진되는 한편으로 더욱 정밀하고 빠른 유도탄 개발도 진행 중이다. 이는 더 멀리, 더 빨리, 더 은밀히, 더 강력하게 적을 타격하면서도 아군의 피해는 최소화하기 위한 전략적 선택이라고 할 수 있다.

밀리테크 4.0은 과학기술을 적용해 무기체계를 변화시킨다는 점에서 이전의 밀리테크와 차이가 있다. 밀리테크 4.0의 핵심은 사물인터넷, 빅데이터, 클라우드 네트워크 시스템, 모바일 네트워크 시스템, AI, 로봇, 드론, 자율주행, 양자컴퓨팅 등의 기술로 무기체계를 변화시켜 네트워크를 중심으로 벌어질 미래의 전쟁에 대비하는 것이다. 이 기술들을 적용한 무기, 전술, 전투원 체계의 공통점은 부분적 혹은 완전한 형태의 무인화와 네트워크화를 통해 더욱 강력한 병기를 개발하고 적용하는 것이다.

드론, 전쟁의 판도를 바꾸다

드론은 ICT가 접목된 하드웨어 무기로서 그 활용이 계속 늘어나는 추세이다. 1918년 군사용으로 개발된 이후, 드론은 100년이 넘는 시간 동안 두 차례의 세계대전, 베트남 전쟁, 중동 전쟁, 걸프 전쟁, 아프가니스탄 전쟁, IS 대테러 전쟁을 거치면서 훈련용 표적기, 자폭기, 정찰기, 공격기, 그리고 다목적기의 모습으로 계속 진화했다. 이처럼 오래된 무기에 속하는 드론이 21세기 전장에서 게임 체인저로서 계속 큰 임무를 수행할 수 있는 근간에는 과학기술을 통한 혁신적 진화의 노력이 숨겨져 있다.

9·11 테러 이후 미국은 테러 배후로 지목된 알카에다를 소탕하기 위한 전쟁을 벌였다. 이 전쟁에서 게임 체인저로 등장한 것이 '드론'이다. 이스라엘에서 우연한 발상의 전환으로 탄생한 군사 정찰 드론은 미국 방위산업체들의 관심을 끌면서 발전하기 시작했다. 현재에는 여러 나라에서 정찰용과 공격용 드론의 개발에 공을 들이고 있지만 아직까지도 미국의 드론이 전장에서 압도적인 성능을 자랑하며 정찰과 공격의 패러다임을 주도하고 있다.

2020년 1월 3일, 이라크 바그다드 국제공항에서 이슬람 혁명수비대 간부이자 1988년부터 쿠드스군의 사령관이었던 가셈 솔레이마니Qasem Soleimani가 드론의 공중공격으로 살해되었다. 전 세계는 미국의 이러한 암살 작전과 이에 사용된 공격용 드론 MQ-9 리퍼 및 살해에 사용된 폭탄의 파괴력을 실시간으로 전달되는 미디어의 뉴스를 통해 실감했다. 2016년 개봉한 영화 〈아이 인 더 스카이〉와 2008년 개봉한 영화 〈이글 아이〉의 공격 장면이 현실에서 그대로 재현된 것이다.

2020년 9월 27일부터 아르메니아와 아제르바이잔 사이에 국경 분쟁이 벌어졌다. 여기서 아제르바이잔이 보유한 터키제 드론 TB2 바이락타르가 아르메니아의 탱크와 보병 전투차량인 BM-30 스메르치를 타격해 폭파하는 장면이 큰 주목을 받았다. 또한 아제르바이잔은 이스라엘제 자폭 드론 '하롭'으로 아르메니아 방공망 시스템인 지대공미사일 S-200 2개 포대를 완전히 폭파했다. 아제르바이잔 국방부 유튜브 채널을 통해 공개된 이 공격 영상은 드론의 확산이 재래식 전장의 패러다임을 바꾸고 있음을 보여주었다. 미국이 주도하던 드론 공격을 이제 다른 국가들이 활용하는 모습은, 전장의 판도가 바뀌고 있다는 방증이다.

드론 기술은 태생적으로 전쟁과 밀접한 연관성을 가지고 있고, 시장의 크기를 놓고 보아도 군사용 드론이 민간영역보다 훨씬 크다. 따라서 많은 세계적 기업이 군사용 드론 기술개발에 막대한 비용과 인력을 투입하며 경쟁하고 있다. 1990년대 들어 세계 각국에서 다양한 드론이 개발되어 주로 감시정찰 분야에 사용됐다. 2000년대로 들어서며 드론은 미국이 주도하는 형태로 변화하게 된다. 군사부문 드론 시장의 강자들을 살펴보면 보잉, 제너럴 아토믹스, 록히드마틴, 노스롭그루먼 등의 미국 방위산업체들이다. 이들은 드론의 성능과 에너지 소스 등의 개발에 경쟁적으로 나서고 있다.

군사용 드론은 사용 목적에 따라 크게 정찰용, 공격·전투용, 다목적용, 그리고 기만용 등의 네 가지로 구분할 수 있다. 정찰용으로 대표적인 것은 미국 노스롭그루먼에서 제작한 RQ-4 글로벌 호크와 록히드마틴사의 RQ-170 센티넬Sentinel 등이다. 글로벌 호크는 아프가니스탄, 이라크 전투 등에 전개되면서 그 성능을 계속 발전시켰다. 센티넬은 외형이 B-2 스텔스 폭격기와 유사한 가오리 형태이며 2007년 말 아프가니스탄 남부 칸다하르Kandahar 국제공항에서 모습이 처음 포착되면서 '칸다하르의 야수The Beast of Kandahar'라는 별칭을 가지게 되었다. 센티넬은 2011년 5월 1일 오사마 빈라덴 제거 작전인 '오퍼레이션 제로니모'에 투입되어 백악관에 작전 영상을 실시간으로 생중계하기도 했다.

글로벌 호크는 전투 지역과 특정 목표물에 대한 정밀한 정찰 임무를 통해 지휘관의 의사결정에 도움을 제공한다. 목표 지점에 장시간 머물며 넓은 지역을 합성개구레이더Synthetic Aperture Radar: SAR를 통해 관측한 뒤, 고해상도 영상과 전자광학/적외선EO/IR 영상으로 출력해 기지로 전송한다. 전쟁이나 분쟁 지역의 상황에 대한 첩보를 20킬로미터 상공에서 환경에 구애받지 않고 0.3미터의 크기까지 식별해내는 뛰어난 정찰 능력을 바탕으로 작전반경 3,000킬로미터를 감시할 수 있다. 이는 아군이 정확하게 표적을 타격하는 동시에 피해를 최소화할 수 있도록 하는 데 큰 도움을 제공한다.

공격·전투용 드론의 계보는 MQ-1 프레데터, MQ-9 리퍼, MQ-1C 그레이 이글Gray Eagle, MQ-1C 그레이 이글-ERExtended Range, 프레데터 C 어벤저Avenger 등으로 이어지고 있다. 다목적용 드론의 대표적인 모델은 프레데터이며 이것의 개량형인 그레이 이글과 그레이 이글-ER 등은 프레데터와 리퍼의 장점만을 뽑아 공격과 정찰에 최적화시킨 모델이다.

한국에서는 군산 기지에 2018년 4월부터 그레이 이글이 배치되어 운용되고 있다. 그레이 이글은 8,000미터 높이에서 작전하며 목표물이 결정되면 정밀유도탄을 발사해 타격을 진행한다. 일부 유도탄은 안면 인식 장치를 통해 정해진 인물만 공격하고, 주변의 희생을 최소화하는 강점이 있다.

2011년 10월 20일 미국과 나토 연합군은 무아마르 카다피Muammar Qaddafi 전 리비아 국가 원수의 고향인 리비아 시르테에서 대규모 차량 이동을 포착하고 작전에 돌입했다. 지중해 시칠리아에서 미군의 프레데터 두 대가 출격했고 미국 네바다주 라스베이거스 외곽 공군기지에서 위성을 통해 이 드론들을 조종해 헬파이어 대전차미사일로 카다피의 차량 행렬을 공격했다. 프랑스 라팔 전투기와 프레데터가 카다피 친위대를 사살하고 호송 차량을 공격해 파괴하자 카다피를 비롯한 친위대는 차에서 내려 도로 아래 배수관에 몸을 숨겼지만 결국 시민군에게 발각되어 생포되었고 얼마 지나지 않아 사살된 상태로 발견되었다.

카다피 사살 작전에 투입된 드론 프레데터는 걸프 전쟁이 끝난 1992년 개발되었고 2000년 2월 헬파이어 미사일을 탑재하고 작전에 투입되면서 공격형 드론으로 거듭나기 시작했다.

RQ-4 글로벌 호크   (출처: 노스롭그루먼)

이후 프레데터는 아프가니스탄 전쟁과 이라크 전쟁에 참여해 그 무서움을 보여줬다. 2006년 아프가니스탄과 파키스탄 접경 지역에 숨어 있던 알카에다 2인자 아부 알 자르카위, 2011년 알카에다의 거물급 지도자 안와르 아울라끼, 2012년 오사마 빈 라덴의 죽음 이후 탈레반을 이끌던 알카에다 2인자 아부 야히아 알 리비 등이 프레데터에 의해 사살되었고 탈레반 무장세력 공격에도 다수의 프레데터가 투입되어 그 가치를 증명했다. 공격형 드론의 가치가 증명되면서 더 발전된 모델로 진화가 이루어졌고 리퍼처럼 완전한 공격형 드론이 탄생하게 되었다.

그레이 이글-ER은 그레이 이글의 비행시간과 무장 탑재량을 50퍼센트 정도 늘린 개량형으로 리퍼와 동일한 작전을 수행할 수 있는 능력을 갖추고 있다. 75킬로미터 밖에서 목표물을 탐지할 수 있는 그레이 이글-ER은 최대 40시간 이상 비행할 수 있으며 적 전차를 파괴할 수 있는 헬파이어 대전차미사일 및 최신형 소형 정밀유도폭탄 GBU-44/B 바이퍼 스트라이크를 포함해 1톤의 폭탄과 미사일을 탑재하고 작전을 진행할 수 있다. 현재 주한미군이 그레이 이글을 전북 군산의 미 공군기지에서 운용하고 있다.

공격·전투용 드론으로 가장 대표적인 것은 리퍼와 프레데터 C 어벤저이다. 리퍼는 미 공군의 헌터킬러Hunter Killer 프로그램으로 개발된 드론으로 2020년 1월 3일 가셈 솔레이마니 암살 작전에 사용되면서 많은 사람에게 알려졌다. 최고 속도 시속 482킬로미터, 최대 작전고도 1만 5,240미터, 항속거리 5,926킬로미터의 제원을 갖춘 리퍼는 약 7,600미터 상공에서 작전을 수행하므로 상대편이 식별하기도 어렵다.

리퍼는 길이 11미터, 날개폭 약 20미터, 무게 약 2,200킬로그램으로 프레데터보다 50퍼센트 이상 동체가 커졌지만 여전히 일반 재래식무기보다는 훨씬 작다. 게다가 첨단 통신 장비에 AGM-114 헬파이어 대전차 공대지미사일 14발, GBU-12 레이저유도폭탄 두 발, GBU-38 GPS 유도폭탄 등 약 1.7톤의 무기를 탑재할 수 있고 AIM-92 스팅어 공대공미사일도 운용한다. 이렇게 완전히 무장한 상태에서 소리 없이 14시간 동안 하늘에서 작전을 수행할 수 있으니 그야말로 치명적 암살 무기라 할 만하다.

리퍼는 이미 2007년 아프가니스탄을 시작으로 여러 전장에 투입되어 작전을 수행한 경험이 있으며 한국도 글로벌 호크와 함께 리퍼를 한반도에서 운용 중이다. '소리 없는 암살자'라는 별칭을 가진 리퍼는 다목적 드론인 프레데터와 전체적으로 비슷한 외형을 가졌으며 공격 능력 측면에서 그레이 이글의 업그레이드 된 버전이라고 할 수 있다.

그러나 리퍼는 프로펠러로 동작하는 기체로서 한계를 갖는다. 제너럴 아토믹스사는 이러한 한계를 극복하고 공격력을 극대화하기 위해 차세대 무인 공격기 프레데터 C 어벤저를 개발했다. 이 새로운 공격형 드론은 리퍼보다 더 많은 무기를 탑재하고 작전에 투입될 수 있다. 최대 이륙중량이 8,255킬로그램으로 리퍼의 두 배에 가깝다. 게다가 터보팬 엔진을 탑재해 리퍼보다 50퍼센트 더 빠른 시속 740킬로미터로 비행

하며 더 높은 고도에서 18시간 동안 작전을 수행할 수 있다. 또한 기존의 공격형 드론들이 외부에 무기를 장착한 데 반해, 이 드론은 내부 무장창을 채용하고 스텔스 기능까지 갖춰 공격력과 은밀성이 강화되면서 세계 최강의 공격용 드론이 되었다.

　　공격·전투용 드론의 기본적 활용 목적은 무엇일까? 첫째는 아군의 인명 손실 최소화이다. 전투기가 적진에 투입되어 작전하다가 적에게 격추되면 오랜 시간과 엄청난 비용을 들여 양성한 조종사를 잃게 된다. 설사 조종사가 탈출에 성공했다고 하더라도 적에게 생포되면 조종사의 목숨도 위태로워질뿐더러 정치적으로도 커다란 부담을 떠안을 가능성이 크다. 그러나 공격형 드론을 사용하면 이런 아군의 인명 손실이나 정치적 부담에서 벗어날 수 있다.

　　둘째는 공격과 운용의 경제성 즉, 비용의 절감 효과이다. 2007년 처음 양산을 시작한 F-35의 한 대 가격은 2억2,120만 달러(약 2,100억 원)였는데, 생산 대수가 늘면서 규모의 경제가 적용된 공군용 F-35A 라이트닝의 가격 또한 2020년 기준 7,790만 달러(약 930억 원)였다. 2019년 기준 F-22A 랩터의 가격은 3억6,000만 달러(약 4,320억 원)였고 B-2 스피릿 폭

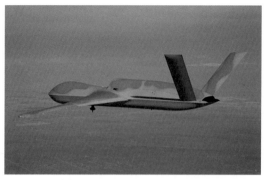

프레데터 C 어벤저   (출처: 제너럴 아토믹스)

격기의 경우는 24억 달러(약 2조9,000억 원)였다. 이것과 비교하면 리퍼의 가격은 2011년 기준으로 1억5,440만 달러(약 1,850억 원)인데, 이것은 기체 네 대, 임무 장비, GCS, 그리고 통신 장비 한 세트가 포함된 가격이므로 기체 대수로 나누면 대당 3,860만 달러(약 460억 원)인 셈이다. 현재에는 미국을 포함해 나라마다 판매 가격이 모두 달라 정확한 공시가격을 추정하기 어렵지만 대체로 이 정도의 가격이라고 가정할 경우 전투기나 폭격기의 가격보다 훨씬 저렴한 것을 알 수 있다. 프레데터나 그레이 이글 등은 리퍼보다 훨씬 저렴하며 이들 모두 가성비가 상당히 좋다는 것이 이미 많은 전투에서 입증되었다.

　드론은 적을 기만하거나 혼란을 일으키는 용도로도 쓸 수 있다. 군사용 드론의 초기 모델들은 대부분 기만용으로 개발되었으며, 적의 방공시스템 미사일이나 대공포를 유도하는 용도로 쓰였다. 또한, 아군의 전투기나 방공시스템 훈련용 표적기로 사용되기도 했다. 그러나 기술이 발달하면서 앞으로는 전장에 투입되어 적을 시각적으로 공격하거나 기만하는 용도로 사용될 여지도 충분히 있다.

　2018년 평창 동계올림픽의 개막식에서는 인텔Intel사의 드론 슈팅

스타 1,218대가 30초간 오륜기, 스노보더 등의 형상을 밤하늘에 수놓았다. 인텔이 자체 개발한 3D 디자인 소프트웨어를 통해 각 드론이 전체 화면의 한 픽셀처럼 작동하게 만들어 특정 형상을 만들어낸 것이다. 이러한 작업은 컴퓨터 한 대와 조종사 한 명만으로 충분하다. 1,218대의 드론에 장착된 LED 조명은 40억 가지가 넘는 색 조합을 연출할 수 있다.

영화 〈스파이더맨: 파 프롬 홈〉에서 악당이 펼치는 착시 공격은 드론 하나하나가 한 픽셀처럼 작동해 전체 드론 군단이 특정한 상황을 실제처럼 보이게 만드는 기술이다. 평창 동계올림픽에서 인텔이 보여준 그 기술이 더욱 발전한 형태라 할 수 있다. 따라서 앞으로 전장에서 적군을 상대로 혹은 민간을 상대로 착시를 통한 혼란과 공포를 일으킬 공격 무기로 드론이 사용될 수도 있다.

대한민국, 드론과 독자적 군사위성으로 비대칭전력을 구성하다

대한민국 국방부도 드론을 활용한 미래의 전장에 대비하고 있다. 국방부는 드론의 전술적 전투체계를 수립해 앞으로 국방의 '5대 핵심 게임 체인저' 전력으로 삼을 것이라고 밝혔다. 5대 핵심 게임 체인저에는 드론봇 전투단 외에도 전천후·초정밀 작동 고위력 미사일, 전략기동군단, 특임여단, 워리어플랫폼이 있다. 드론봇은 미국의 그레이 이글처럼 정찰·공격이 가능한 다목적 드론과 전투 로봇을 결합해 전장의 판도를 주도할 수 있는 전투체계를 말한다.

한국도 정찰용 드론의 개발에 큰 노력을 기울이고 있다. MUAV는 한국판 프레데터를 목표로 국내에서 개발 중인 중고도 장기 체공 무인기 사업의 명칭이다. 국방과학연구소 주관으로 2006년부터 1,600억 원의 예산을 들여 탐색개발(무기체계의 기본설계와 시제품을 제작하는 것)이 진행되었다. 2011년 5월 MUAV 시제 1호기가 출고되었고 2012년 탐색개발, 2017년 체계개발(탐색개발로 만들어진 시제품이 요구 조건을 충족했을 때 본격적으로 개발하는 것)을 완료했다. 체계통합(해당 무기에 장착해 활용할 각종 필요 장비를 결합하는 것)과 비행체 제작은 대한항공, 전자광학 및 적외선EQ/IR 장비는 한화시스템, 데이터 링크 장비와 지상 통제 장비 그리고 합성영상레이더SAR는 LIG넥스원에서 각각 맡았다.

MUAV KUS-15   (출처: 밀리터리팩토리닷컴)

KUS-15라는 모델명을 가진 이 국산 드론은 전장 13.3미터, 전폭 25.3미터, 전고 4.2미터로 리퍼와 글로벌 호크의 중간 크기이며, 외형은 리퍼와 유사한 형태로 꼬리날개가 Y자이다. 고도 10~13킬로미터에서 24시간 정찰 및 감시 임무를 수행할 수 있으며, 위성과 데이터 링크로 연결되어 실시간 촬영 영상을 지상기지로 송신하는 구조로 작동한다. 대한항공은 이 모델을 전투 무인기로 확장하는 것도 고려하고 있다.

MUAV는 개발사업 단계에서 고고도 무인정찰기 사업과 중복된다는 이유로 사업이 취소되기도 했다. 사업이 재개된 후에도 생산과 실전 배치 등의 계획에 차질이 생기고 있다. 그러나 우리의 기술력을 바탕으로 볼 때, 탑재되는 임무 장비가 국내 상황에 적합하고, 탑재 중량을 기준으로 기능적 업그레이드 가능성에 대한 신뢰성이 확보된다면 필요한 시기에 맞춰 전력화가 가능할 것으로 예상된다.

현재 미국, 이스라엘, 유럽, 영국, 중국, 인도, 터키, 이란, 남아프리카공화국 등 많은 나라가 무인기 사업에 공을 들이며 개발과 양산을 시도하고 있다. 크기, 에너지원, 탑재 장비, 최대 항속거리, 최대 이륙중량의 다양화와 전략화 등이 개발의 핵심이다. 미국의 앞선 여러 작전이 보여주듯 드론 작전은 위성과의 통신을 통한 원격 제어와 조종, 정보의 실시간 공유가 굉장히 중요하다. 미국은 네바다주 크리치 공군기지에서 위성과의 통신을 바탕으로 전 세계 어디서든 원격으로 드론 작전을 수행한다.

한국도 위성을 활용하는 것이 드론 작전의 성패를 좌우한다는 것을 잘 알고 있다. 한국은 2006년 8월 22일 발사된 무궁화 5호 아나시스 ANASIS 민·군 공용 통신위성을 보유하고 있다. 여기에 그치지 않고 우리 군은 무궁화 5호를 대체할 아나시스 2호ANASIS-II를 2020년 7월 21일 민간 발사업체인 스페이스 X를 통해 성공적으로 발사했다. 이로써 우리도 지구 정지궤도 약 3만 6,000킬로미터 상공에서 작전을 수행하는 첫 군 독자 통신위성을 확보하게 됐다. 세계에서 10번째로 전용 군사위성을 확보하고 운용하는 국가로 발돋움한 것이다. 이 위성의 확보로 한국군은 드론을 비롯한 각종 ICT 적용 무기체계를 안정적으로 운용할 수 있는 통신시스템을 갖게 되었고, 무기 개발과 작전 활용에서도 긍정적 시너지를 얻을 수 있게 되었다.

이러한 결실은 앞으로 네트워크화와 무인화가 중시되는 미래 전장에서 크게 이바지할 것이다. 아나시스 2호의 성공적 확보는 지상과 공중에서 벌어지는 유기적 연합작전에서뿐 아니라 새로운 전장으로 떠

아나시스 2호   (출처: 스페이스 X)

오르는 우주상의 작전에서도 큰 역할을 수행할 것이다.

군 전용 위성 확보는 전시작전통제권 전환 후 한국의 단독 작전 수행 능력을 향상시키고 핵심 전력을 확보하는 데 큰 발판이 된다.

드론과 재래식무기의 협업

프레데터가 기본적으로 제공하는 협업 기능 중 하나는 지상 전투원과의 상호 커뮤니케이션 능력이다. 지상 전투원들은 시가전 상황에서 어디에 적이 숨어 있는지 정확하게 파악하는 것이 어렵다. 특히 건물 뒤혹은 건물 안에 있는 적을 감지하기는 쉽지 않다. 그런데 MQ-1 프레데터는 상공에서 카메라와 열감지 영상 장비로 건물 주변과 건물 안에 숨은 적들의 위치와 움직임을 세밀하게 감지해 그 정보를 전투원에게 전달할 수 있다.

그레이 이글-ER은 독자적 작전을 수행하기도 하지만 기존의 재래식무기인 아파치 공격 헬기AH-64, 롱보우 레이더를 탑재한 아파치 가디언AH-64E 등과 위성을 이용한 정보교환을 통해 적의 위치를 파악하고 선제적으로 타격할 수도 있다. 아파치 가디언이 드론과 협업하는 것은 롱보우 레이더의 탐지거리가 가진 한계를 극복하고 더 넓은 지역의 정보를 활용해 공격의 정확도를 높이기 위한 것이다.

그레이 이글이나 리퍼, 프레데터 C 어벤저 등과 같은 공격형 드론들은 육상에서는 물론 바다에서 펼쳐지는 작전에서도 활용할 수 있다. 바다에서는 사거리가 최대 300킬로미터인 에이태킴스ATACMS 대함 탄도미사일ASBM을 적함까지 유도할 수 있는 능력도 보유하고 있다.

ICT로 재탄생된 재래식무기

21세기 전쟁은 네트워크를 중심으로 이뤄질 것이다. 각국의 무기체계개발 방향 또한 이것에 기초해 움직이고 있다. 이 세상에 완전히 새로운 것은 존재하지 않는다. 그저 기존의 것이 새로운 형태로 발전되고 전환되는 것뿐이다. 이런 의미에서 보면 현재의 무기체계와 미래의 무기체계는 서로 밀접하게 연결되어 있다고 할 수 있다.

재래식무기는 사람의 개입을 통해 통제되고 운영된다. 이전 세기의 무기들에 비하면 자동화가 이루어져 사람의 개입 여지가 많이 줄어들었지만, 여전히 공격 시에는 인간이 주도하고 통제한다. 그러나 가까운 미래의 전장에서 사용될 무기들은 이런 인간의 개입이 현저히 줄어들고 네트워크화를 바탕으로 자동화될 가능성이 점점 커지고 있다. 그리고 좀 더 먼 미래에는 AI와 무인화된 무기들이 연동해 지능화된 결정을 내리면서 공격 시점에서의 결정도 인간의 개입이 최소화되는 형태로 변화될 것이다.

비록 완전한 자율형 무기의 사용에 대해서는 세계 대부분의 국가에서 통제 또는 금지 의견이 주를 이루고 있지만, 그 관점의 차이로 인해 아직 완전한 합의가 이루어지지 않고 있다. 그러나 종합적으로 보면 '완전 자율형 무기'는 인간이 기존에 수행하던 관찰, 분석, 공격의 모든 상황이 기계 즉, AI에 의해 전적으로 이루어지는 형태로 한정될 가능성이 크다. 그러므로 세계 각 국가는 이런 한정성에 저촉되지 않는 한도 내에서 자율형 무기체계의 도입을 추진할 것이다.

'AI와 드론의 결합'이라는 문구는 재래식무기와 ICT의 결합을 통한 혁신적 변화를 상징한다고 할 수 있다. 드론은 대표적인 재래식무기임에도 21세기 전장에서 그 위력이 새롭게 부각되면서 마치 기존에 없던 첨단 무기로 사람들에게 인식되고 있다. 이는 새로운 첨단기술과 결합했기에 가능한 일이다. 그리고 이 드론이 지금 하늘은 물론 땅과 바다, 심지어 우주의 전장에서까지 새로운 형태로 등장해 활동할 준비를 하고 있다.

초지능, 초연결 그리고 무인화는 탁월한 기동력과 살상력, 경제적 효율성이라는 장점들을 내세워 앞으로의 무기체계를 바꿔나갈 것이다. 그러나 아무리 기술이 발전하고 시대가 바뀐다 해도 전쟁은 인간의 의지로 이루어지는 것이므로 인간이 완전히 배제되지는 않을 것이다. 또한 무기체계도 단숨에 모든 인간의 개입을 배제하는 구조로 변하지는 않을 것이다.

따라서 기존의 무기체계가 완전히 새로운 무기체계로 대체되는 것은 현실적으로 불가능하며, 재래식무기와 신개념 무기체계를 융합하는 하이-로우 믹스High-Low Mix 형태를 통해 시너지를 극대화하는 것이 가장 현실적인 미래화 전략이라고 할 수 있다. 인간과 기계의 장점을 혼합한 형태의 무기체계를 유지하되 전장에서 물리적 개입이 필요한 경우 인간의 참여를 최소화하는 방향으로 전환할 필요가 있다.

이러한 관점에서 보면 기존 재래식무기에 첨단 ICT 핵심기술을 적용해 효율성을 증대하려는 노력은 경제적으로나 전투 효율화 측면에서나 굉장히 바람직하다고 할 수 있다. 지상에서 가장 강력한 영향력을 가진 전차나 장갑차에는 전차장, 포수, 탄약수 등 네 명의 승무원이 필요하다. 예전보다 자동화가 이루어졌다 하더라도 탄약을 장전하고 목표를 향해 포를 움직이거나 이동하는 모든 행동은 사람에 의해 이루어진다. 그래서 전차나 장갑차를 조종하는 일은 좁은 공간에서 이루어지며, 당연히 여러 어려움이 존재한다. 그런데 이와 같은 조종을 AI가 탑재된 로봇이 대신한다면 병력의 절감 효과와 전투 효율성 증대를 동시에 달성할 수 있다.

미 공군은 ① 퇴역한 F-16 전투기에 AI 탑재, ② 자율비행 모드로 변환, ③ 적의 대공포 범위 안에서 사격 유도, ④ 적의 위치 식별, ⑤ 아군의 정밀타격으로 대공포 제압이라는 작전 수행 개념을 계획하고 있다. 한국 육군에서도 500MD 헬기로 이와 비슷한 작전을 수행할 수 있다. 자율주행 기능이 탑재된 구형 전차와 장갑차로 적의 지뢰지대를 식별하거나 적의 거점을 파악해 아군의 인명 피해를 최소화할 수 있다. 이렇듯 재래식무기에 ICT를 결합해 신개념 무기와의 시너지를 창출할 수 있다.

아파치 가디언과 드론의 협업처럼 재래식 대형헬기나 전차를 여러 형태를 가진 드론의 이동형 모함기지로 활용할 수도 있다. 소형 공중 혹은 육상 드론을 싣고 접근해 이것들을 적진에 전개해 작전을 수행하고 작전 이후에는 다시 회수해 기지로 귀환하는 것도 충분히 가능하다. 이는 작전의 은밀성을 높이는 동시에 인명 피해를 최소화할 수 있는 전략이다.

전쟁터로 차량을 공수해야 하는데 만일 그곳이 방사능, 화학물질, 생물무기 등으로 오염되어 있다면 사람이 가는 것은 불가능하다. 이때 무인화된 헬기로 무인화된 차량을 공수한다면 인명 피해를 줄일 수 있다. 미국에서는 카네기멜런대학과 헬기 제작 회사 시코르스키Sikorsky가 2014년부터 협업해 무인 헬기와 무인 차량을 연동하는 프로젝트를 진행하고 있다. 현재 실험에서는 무인 헬기가 캐리어에 실린 차량을 19킬로미터 밖 목표 지점에 안착시킨 다음 착륙한 무인 차량이 반경 10킬로미터 내의 지형과 상황을 자율주행 모드로 정찰하고 탐색하는 데 성공했다. 이렇게 작전을 마친 무인 차량은 다시 헬기로 수거돼 본부로 귀환할 수 있다.

미 공군은 항공 모빌리티 전쟁 센터Air Mobility Warfare Center를 중심으로 2005년부터 인공지능 낙하산인 연합 정밀 낙하 시스템Joint Precision Airdrop System: JPADS의 연구와 실험을 진행하고 있다. 왜 이런 낙하산이 필요할까? 공수작전을 할 때는 전투원뿐 아니라 물자도 적진에 떨어뜨려야 한다. 그 경우 지상 운송보다 공중 운송이 훨씬 빠르고 효율적이다. 여기에서 문제는 물자를 공수하는 비행기가 적의 방공망에 노출된다는 점, 그리고 낙하산에 묶인 물자가 적진에 떨어질 수 있다는 점이다. 이는 실제 전투에서 적지 않게 벌어지는 일이다. 따라서 이런 위험과 실수를 줄이고 물자를 정확하게 공수하려면 더 정교한 낙하산이 있어야 한다.

그래서 고안된 것이 GPS, 낙하산 자동조종장치, 컨테이너, 카메라와 같은 영상 장치가 탑재된 드론 낙하산 JPADS이다. 공군의 일반적인 수송기를 이용해 물자를 공급할 경우, 보통 400~1,000피트(약 122~304미터) 상공에서 보급품을 낙하한다. 그러나 JPADS를 이용하면 적진에서 최대 25킬로미터 떨어진 2만5,000피트(약 7,600미터) 상공에서 여러 개의 물자를 한 번에 낙하해 정확하게 목표 지점에 안착시킬 수 있다. 이로써 수송기와 조종사들을 안전하게 보호하는 동시에 물자도 손실 없이 공수할 수 있다.

JPADS는 적의 방공망을 피해 고공에서 물자를 공수하기 위해 사전에 입력된 낙하지점의 지형 정보와, 실제 낙하 과정에서 실시간으로 획

JPADS   (출처: U.S. ARMY)

득한 지형 정보를 비교하고 GPS를 통해 전달된 정보를 결합해 낙하 반
경 150미터 이내에 물자를 정확하게 떨어뜨린다. JPADS는 육군과 해병
대에서 널리 활용하고 있고 그 만족도 또한 매우 높다. 현재 이 낙하산
이 운반할 수 있는 무게는 2,000파운드(약 900킬로그램) 정도지만 앞으
로 중량을 1만 파운드(약 4.5톤)까지 늘리고 낙하 반경의 정확도 또한 높
이기 위한 연구 및 실험이 진행되고 있다.

　　미 육군의 탱크 자동화 연구소U.S. Army Tank Automotive Research Devel-
opment and Engineering Center: TARDEC와 록히드마틴은 미 육군의 군용 무인
주행프로젝트Autonomous Mobility Applique System: AMAS를 함께 진행하고 있
다. 이 프로젝트의 핵심은 일반 수송 차량, 탱크, 장갑차, 각종 전투차
량, 로켓이나 미사일 발사가 가능한 MLRS의 무인화를 추진하는 것이
며 2023년까지 AI 기반의 무인화 시스템을 완성할 계획이다.

　　이런 무인화 전략은 육군뿐 아니라 미 해군에서도 적극적으로 준비
하고 있다. 방위고등연구계획국과 미 해군은 무인 함정 프로젝트ASW
Continuous Trail Unmanned Vessel Project: ACTUV를 진행하며 2014년에 모의실

험을 성공적으로 마쳤다. 바다에 드론을 전개해 적을 감시하고 공격할 수 있는 시스템 개발이 기본 목적이며, 미국 연안경비대U.S. Coast Guard에 이 드론을 배치해 활용할 계획이다. 미국 연안으로 들어오는 적국의 잠수함을 탐지하고 공격하는 임무를 수행하기 위해 대잠 장비가 탑재된 무인 함정을 바다에 배치할 계획이다.

고스트 스위머   (출처: auvac.org)

이와 더불어 무인 잠수정 개발을 위한 프로젝트Silent NEMO Project의 일환으로 고스트 스위머Ghost Swimmer라는 참치 형태의 로봇 물고기도 개발되었다. 이 로봇 물고기는 길이 1.5미터, 무게 45킬로그램으로 수중 90미터까지 잠수할 수 있으며 AI를 탑재해 스스로 작전을 수행하도록 하는 것이 목표이다. 보잉도 길이 15.5미터의 대형 무인 잠수정 에코 보이저를 개발해 적 잠수함 탐지, 기뢰 탐지 및 제거 임무를 수행할 예정이며 장기적으로는 어뢰와 같은 공격 무기를 탑재해 AI를 통한 자율 공격시스템을 구축할 계획이다.

중국도 미국의 이러한 전략적 선택에 자극을 받은 것 같다. 2020년 12월 20일, 남중국해에서 호주 북단 도시 다윈으로 이어지는 인도네시아의 전략적 해상 경로에서 길이 225센티미터, 꼬리 18센티미터, 후행

안테나 93센티미터의 수중 드론이 발견되어 인도네시아군이 조사에 나섰다. 이 수중 드론은 중국의 씨 윙과 상당히 유사한 형태인데, 2019년 1월과 3월에도 수중 드론이 발견된 바 있다. 인도네시아 당국과 전문가들은 이 수중 드론이 전략적으로 민감한 지역에서 잠수함 항로 정보를 수집하기 위해 중국군이 활용하는 것으로 보고 있다. 발견된 수중 드론은 정찰 장비만 탑재하고 있었지만, 만일 무기까지 탑재된 수중 드론이 활동 중이라면 인도네시아는 물론 미국과 호주 등 중국과 민감한 관계에 있는 국가에 위협으로 작용할 것이기에 새로운 분쟁의 도화선이 될 수도 있다.

드론의 변신과 활용

박쥐 드론의 습격이 가능할까? 대답은 '그렇다'이다. 〈엔젤 해즈 폴른〉에 등장한, 군집비행群集飛行하는 소형 드론의 습격은 드론으로 할 수 있는 대표적 공격 유형이다. 평창 동계올림픽에서 선보였던 드론 쇼도 일종의 군집비행인데, 이를 군사적 목적으로 사용할 경우 영화와 같은 무시무시한 위력을 낼 수 있다.

드론의 군집비행이란 여러 대의 드론이 협업해 하나의 미션을 수행하는 것을 가리킨다. 다수의 드론이 충돌이나 오작동 없이 질서정연하게 비행하려면 고난도의 기술이 필요하다. 군집비행을 완벽하게 통제할 수 있는 대표적 기술이 실시간 이동측위 위치 정보시스템Real Time Kinematics-Global Positioning System: RTK-GPS인데, 이는 위성과 드론 간의 교신을 통해 드론들이 오차 없이 움직이도록 하는 핵심기술이다. 현재 우리나라도 드론의 군집비행 관련 연구를 적극적으로 진행하고 있다. 한국항공우주연구원은 실시간 이동측위 위치 정보시스템 지상국 시설을 개발하고 있는데 이것이 완벽하게 갖춰진다면 전국 어디서든 정밀한 군집비행이 가능해진다.

이러한 드론 군집비행은 다양한 수단으로 소형 드론을 목표지에 투발하는 것에서 시작된다. 우선 발사된 포탄이나 미사일이 목표 지점에 도착하면, 그 안에 폭약 대신 실려 있던 드론들이 분사되어 행동을 개시한다. 북한이 갑작스럽게 남침을 감행했다고 가정할 경우, 북한은 장사정포로 휴전선과 수도권 일대를 타격해 혼란과 피해를 일으킨 뒤 지상군이 기갑부대와 함께 남하를 시도할 것이다. 한국 육군은 이 같은 상황에서 K-9 자주포로 드론이 탑재된 포탄을 수백 발 발사하는 시나리오를 구상하고 있다. 포탄과 함께 날아간 드론들은 적 기갑부대 상공에서 전개되어 탑재된 카메라로 전장의 상황을 실시간으로 지휘부에 전달하는 동시에 공격 목표를 확인하고 폭탄을 투하해 적의 기동을 저지한다.

그 밖에도 소형 드론 다수를 투발하는 수단으로는 대형 드론, 헬기, 수송기, 낙하산, 전폭기, 항공모함, 전투함, 잠수함 등이 있다. 이런 운송 수단에 수십에서 수백 대의 소형 드론을 싣고 목표 지점 인근으로 이동해 투발하면 위성과의 네트워크를 통해 전장의 상황을 지휘부에 전달하고 지휘 본부의 통제에 따라 목표 지점에 대한 일사불란한 공격이 이루어진다. 이를 벌떼 전투Swarming Warfare라고 한다.

미국은 수송기에 드론을 싣고 이동해 대량으로 발사하고 회수하는 기술 실험에 성공했다. 이 실험은 미 공군과 방위고등연구계획국이 진행하는 공중 항공모함 프로젝트인 그렘린 프로젝트Gremlins Project를 위한 것이다. X-61A 그렘린 드론을 실은 C-130 허큘리스 수송기가 목표 지점에 드론을 투발하고, 드론들은 편대를 이뤄 작전을 수행한 다음 다시 허큘리스로 돌아가 본부로 귀환한다는 개념이다. 수십 대의 드론 편대를 싣고 다니는 '하늘의 무인 항공모함'의 실현이 눈앞에 다가온 셈이다.

X-61A 그렘린   (출처: 위키피디아)

　미국은 항공모함에서 이착륙이 가능한 X-47B 드론의 운용 실험을 2013년에 성공적으로 마쳤고, 이어서 드론의 다양한 활용법을 실험하고 있다. 기존 드론의 정찰 및 공격 능력이 공대지와 공대공에 맞춰져 있었다면, 이번에는 그 능력을 공대함, 공대잠, 함대함으로까지 연장하려는 시도이다. 항공모함이 드론 편대를 운용하고 그 위에서 드론이 실린 '공중 항공모함'이 움직인다면 더 거대하고 입체적인 드론 작전이 가능해질 것이다. 이와 더불어 항공모함을 호위하는 대규모 전단도 앞으로 점차 무인화될 것으로 보여 말 그대로 유령 함대의 출현이 임박했다고 할 수 있다.

　하늘과 바다의 항공모함에서 발진한 소형 무인기 편대가 적지를 정탐하고 중고도와 고고도 공격용 드론이 헬파이어를 비롯한 각종 공대지미사일과 폭탄으로 적의 주요 시설과 기갑 무기를 정밀타격한다. 이어서 혼란해진 적진을 보병과 팀을 이룬 중무장 전투 로봇이 제압하고 인간 전투원이 투발한 소형 정찰 드론이 전장의 상황을 상세하게 파악해 지휘부에 전달한 뒤 남은 적 전력에 대한 공격을 진행한다. 마치 영화 〈지. 아이. 조〉의 등장인물이 오토바이에서 소형 자폭 드론을 투발해 목표를 파괴하는 것처럼, 전투원 개개인도 즉시 작전에 투입이 가능한 소형 드론으로 무장하고 작전에 임할 수 있다.

이런 시나리오는 더 이상 SF 영화에 국한되지 않는다. 미국을 비롯한 군사 강국은 물론 한국의 육군도 미래의 전장에 비슷한 전투체계를 도입하려는 구상을 하고 있다. 한국 육군은 4차 산업혁명의 핵심기술을 적용해 2030년까지 드론봇 전투체계에 맞는 부대 구조 개편을 설계하는 중이며 앞으로 모든 부대의 병력 30퍼센트를 드론봇으로 대체한다는 계획을 세우고 있다. 이를 위해 2018년 1월 교육사령부에 '드론 로봇 군사연구센터'를 설치했고 같은 해 9월에는 지상작전사령부에 '드론봇 전투단'을 창설했다.

드론의 변신을 중심으로 하는 전투체계는 현재 전 세계적으로 많은 연구와 개발이 이루어지고 있다. 미국은 아프가니스탄 전쟁과 이라크 전쟁에서 공격형 드론을 비롯한 각종 네트워크화된 무기를 동원해 상대가 공격과 피해 사실을 인지할 틈도 주지 않고 빠르게 적을 제압했다. 미국은 2016년에 캘리포니아주 차이나레이크의 시험비행장에서 FA-18E/F 슈퍼 호넷 전폭기 세 대를 이용해 소형 무인기 103기를 전개하고 운용하는 '벌떼 드론' 작전을 선보였다. 이는 지상 통제소의 조작이 없는, 인공지능을 통한 자율 편대 비행이었다.

이러한 실전 데이터는 이스라엘, 영국, 프랑스, 중국 등이 4차 산업혁명 기술을 접목한 새로운 전투체계를 개발하도록 만들었다. 미국의 벌떼 드론 시험 이후 2017년 중국은 1,000대의 중국형 벌떼 드론 공격을 구현했다. 이런 즉각적인 대응은 미국이 아프가니스탄 전쟁과 이라크 전쟁에서 보여준 새로운 전투체계가 다른 나라들에 깊은 인상을 심어줬다는 의미일 것이다. 특히 한국은 북한과 마주하고 있는 지정학적·정치적 환경으로 인해 이런 빠르고 정확한 전투체계가 더욱 절실하다.

미래의 전쟁터는 4차 산업혁명의 핵심기술인 ICT가 적극적으로 채용된 무기체계의 무대가 될 것임을 누구도 부인할 수 없다. 기동력과 화력의 증대가 승패를 결정하는 전쟁에서는 네트워크화된 시스템 구축이 필수적이다. 각 전투원과 무기체계에 탑재된 사물인터넷이 장착된 기기로 수집된 빅데이터를 클라우드에 저장하고 정제한 후 분석하고, 이를 AI가 학습하고 활용할 수 있도록 해야 한다. 그렇게 되면 네트워크로 연결된 정보 공유 시스템을 통해 지휘부와 무기체계, 전투원이 마치 하나의 몸처럼 움직일 수 있다. 이런 네트워크화가 가능하기 위해서는 기존 무기체계의 하이로우-믹스와 신개념 무기체계의 융·복합이 반드시 필요하다.

이렇게 구성된 융·복합 체계는 몇 가지 면에서 한국군을 더욱 효율적이고 강력한 조직으로 만들 수 있다. 먼저 앞으로 우리가 직면하게 될 인구절벽으로 인한 병력 감소를 효과적으로 극복하는 동시에 경제적 효용성 증대도 달성할 수 있다. 다음으로 ICT가 적용된 재래식무기는 전장에서 새로운 게임 체인저로서의 임무를 수행할 수 있다. 앞서 소개한 드론이 그러했듯이 새로운 무기체계는 아군의 인명 피해를 최소화하면서 적의 핵심 거점을 파악하고 타격할 수 있는 전력으로 활용할 수 있다. 마지막으로 업그레이드된 재래식무기와 첨단 무기체계의 융·복합적 상호 운용은 작전과 전투 효율을 높일 수 있다.

급변하는 미래 전장의 환경은 앞에서 논의한 계획, 실천 의지와 더불어 정부의 전폭적인 재정지원과 법·제도적 장치가 뒷받침되어야 실현할 수 있다. 한국 육군이 지대한 관심을 보이는 드론봇 전투체계를 미국과 비교해 보면 그 연구비와 사업 진행에 투입되는 비용의 차이가 비교할 수 없을 만큼 크다. 초기 연구비에 미국은 2017년 기준 42억 달러(약 4조7,500억 원)를 투입했고 계획 실행을 위한 예산으로는 125억 달러(약 14조 원)를 투입할 계획이다. 반면 한국은 초기 연구비를 2019년 기준으로 123억 원, 중기 계획에는 1조3,000억 원을 투입할 예정이다. 여기에 더해 육군이 구상하는 사단별 드론봇 배치를 실현하려면 17조 원 이상의 비용이 필요하다.

국방 예산 50조 원 시대로 진입한 한국은 전체 예산이 늘어난 만큼 발상의 전환과 창의적 사고를 통한 미래 시각의 변화가 필요하다. 사업 예산의 투명하고 효과적인 집행과 방위사업법의 탄력적 적용이 우리가 가진 기술적 우위와 응용 창의성과 만난다면 긍정적 시너지가 창출될 것이다. 민감한 한반도 정세와 주변국들의 ICT 적용 무기체계로의 전환 속도에 우리가 맞추지 못한다면 조총으로 무장한 왜군에게 활과 칼로 대적하다 나라를 송두리째 잿더미로 만들었던 임진왜란의 기억을 반복할 수도 있다.

방공시스템 vs. 방공무력화시스템

"창과 방패, 누가 더 강력할까?" 이 질문은 전쟁의 역사에서 쉬지 않고 제기되어왔다. 사실 대부분의 경우 새로운 창(신형 공격 무기)이 먼저 개발되어 위력을 떨치면 이에 대응하는 방패(방어시스템)가 만들어지는 과정이 반복되었기 때문에 '최선의 방어는 공격'이라는 말이 생겨났다.

영화 〈스타워즈〉에 등장하는, 도시 전체를 감싸는 둥근 공 모양의 방호막은 적의 어떤 화력도 완벽하게 방어해낸다. 또 〈블랙팬서〉에 등장하는 투명·위장 방호막은 외부의 세력이 주인공의 나라 와칸다를 파악할 수 없게끔 시각적·전파적으로 완전히 차단하는 역할을 한다.

현실에는 영화에 등장하는 이런 '방호막' 형태의 방공시스템이 존재하지 않는다. 그 대신 다층 방공 무기체계가 적의 공격을 막는 보호막 역할을 한다. 방공시스템의 목적은 아군의 인력, 무기, 장비, 정보시스템 그리고 시설 등을 적의 공격으로부터 지켜내 군의 작전 수행 능력을 유지하는 것이다. 이러한 방공시스템은 레이더로 감지한 적의 공격을 방공 무기로 요격하는 식으로 작동한다. 방공 무기는 대개 대공포, 유도무기, 포와 미사일 등으로 분류된다. 현재 방공 무기체계는 대공화기, 지대공 유도무기, 그리고 레이저무기로 구성된다.

방공시스템은 육·해·공·우주라는 4차 공간과 사이버를 포함한 5차 공간으로 구분할 수 있다. 4차 공간에서의 방공 무기는 그 거리와 방향에 따라 적용 무기체계가 변화되며 사이버공간에서의 방공시스템은 네트워크 보안과 탐지 그리고 공격으로 나누어진다. 사이버공간에서의 방공시스템을 제외한 나머지 4차 공간에서의 방공시스템은 전통적으로 발사 속도를 기준으로 하는 단거리 방어 능력에 특화된 대공화기와 명중률을 기준으로 하는 장거리 지대공 유도 방어 무기가 주를 이룬다.

지대공 유도 방어 무기는 크게 네 가지로 구분한다. ① 전투병이 가지고 다니는 휴대용, ② 단거리 및 저고도 대응용, ③ 중거리 및 중고도 대응용, ④ 장거리 및 고고도 대응용이 그것이다. 이러한 방어 무기체계는 방공 레이더와 교전 통제 네트워크 시스템과 함께 통합적으로 운용된다.

독일이 V2 로켓을 최초로 개발한 이래 공격용 로켓과 미사일은 빠른 속도로 발전을 거듭했다. 탄도미사일, 순항미사일, 초음속 미사일, 드론, 스텔스 전투기 등이 세상에 나왔고 앞으로는 위성 발사 혹은 낙하 무기가 등장할 것이다. 방공시스템도 뒤를 따르듯 계속 변화됐다. 가령 탄도미사일은 하늘로 발사되어 그 힘으로 일정 고도에 진입한 다음 포물선을 그리며 지구의 중력을 등에 업고 음속보다 빠른 속도로 목표에

지대공 유도 방어 무기 분류

지대공 유도무기 구분	사거리	요격 고도
전투병 휴대용	4~6km 이내	3km 이내
단거리/저고도	20km 이내	4km 이내
중거리/중고도	20~75km	4~10km
장거리/고고도	75km 이상	10km 이상

김영산, 《현대 항공우주무기체계》(2019) 참조

떨어진다. 사실상 재래식무기로는 방어할 수 없기 때문에 이를 막기 위한 방패를 고민한 끝에 개발된 것이 방공 유도무기이다.

미국은 1954년 세계 최초의 지대공미사일 나이키 에이젝스Nike Ajax를 개발한 이래 계속해서 지대공미사일을 만들어왔다. 현존하는 가장 강력한 방공 유도무기는 저고도용 PAC-3 패트리엇, 중고도용 사드, 고고도용 SM-3Standard Missile 3로 알려져 있다. 적의 탄도미사일이 발사되면 대기권 밖에서는 SM-3가 요격하고 대기권 아래로 진입하면 사드가, 마지막에는 패트리엇이 요격하는 3단계 방어체계가 만들어지는 것이다.

미국의 미사일 방어체계MD는 총 3단계로 구성되어 있다. 1단계에서는 적의 탄도미사일 발사 징후를 적외선 탐지 위성이 탐지하고 발사가 이루어지면 그 정보를 공중 발사 레이저ABL를 탑재한 보잉 747 YAL-1에 전달해 발사 직후 고출력 레이저로 요격한다. 다음은 이지스 탄도미사일 방어시스템Aegis Ballistic Missile Defense System: ABMD이 작동되어 이지스함에서 운용하는 SM-3인 RIM-161을 발사해 탄도미사일을 요격한다.

2단계는 지상 기반 외기권 방어Ground-Based Midcourse Defense: GMD 시

스템에서 GBI 미사일을 발사해 대기권 밖에서 탄도미사일을 요격하는 것이다. 최대 고도 1,770킬로미터에 사거리 5,500킬로미터 이상인 GBI 미사일은 ICBM을 대기권 밖에서 요격하는 미사일 방어망이다. 3단계는 종말고고도지역방어, 즉 사드로 단거리SRBM, 준중거리MRBM, 중거리IRBM 탄도미사일을 종말 단계에서 요격하는 것이다. 사드 미사일은 탄두가 장착되어 있지 않으며 날아오는 탄도미사일을 운동에너지만으로 충돌시켜 파괴하므로 폭발의 위험을 최소화하는 것이 특징이다. 적의 탄도미사일이 이 방어막까지 뚫고 들어올 때 마지막으로 지상의 기지에서 지대공 패트리엇 PAC-3로 요격한다.

우리에게도 이름이 익숙한 패트리엇 미사일은 2020년 청와대 인근에 배치된 것이 알려지면서 한층 관심이 높아졌다. 이 미사일은 탄도미사일 요격시스템 가운데 가장 유명한 것이다. 1980년대 미국 레이시온사가 개발한 패트리엇 미사일인 PAC-1은 항공기 요격을 목표로 개발되었지만, 발사 후 12초 이내에 마하 5까지 도달하는 엄청난 속도를 갖추면서 최대 24킬로미터 고도에서 적의 탄도미사일을 요격하는 용도로 변경되었다.

PAC-1에서 업그레이드된 PAC-2는 GPS가 탑재되어 레이더 성능이 향상된 덕분에 더 정밀한 요격이 가능해졌다. 1991년 걸프 전쟁 때 사막의 폭풍 작전Operation Desert Storm에서 이라크 스커드미사일을 정밀하게 요격하는 장면이 뉴스로 알려지면서 명성을 얻게 되었다. 한국군도 2008년 1조 원의 국방비를 투입해 독일이 사용하던 PAC-2를 도입했고 2016년에는 PAC-3를 도입해 사용하고 있다. PAC-3는 최대 요격 고도 40킬로미터에 마하 3~3.5의 속도로 날아가 탄두가 폭발한 후 다수의 텅스텐 막대가 대상 탄도미사일로 돌진해 요격하는 방식이다.

미국만의 독자적인 기술로 개발된 사드는 최대 사거리 200킬로미터, 최대 요격 고도 150킬로미터에 마하 8의 속도로 날아가 탄도미사일을 요격하는 방식의 고고도 미사일 방어체계이다. 사드의 사격통제 레이더는 1,200킬로미터 거리의 물체도 탐지할 수 있다. 사드는 한 개 포대에 여섯 개의 발사대로 구성되며, 한 개의 발사대에 여덟 기의 요격미사일이 장착되어 총 48기가 운용된다. 미사일 측면에는 적외선 탐색기가 탑재되어 있어 공기가 희박한 환경에

사드 발사 장면 (출처: 위키피디아)

서도 표적을 쉽게 탐색할 수 있으며, 발사 후 일정 거리까지는 추진체를 통해 속도를 얻고 추진체가 탈락한 뒤에는 탄두만 날아가 탄도미사일을 요격하는 방식이다. 또한 다른 미사일처럼 보조날개가 아닌 측면 분사 노즐로 자세를 제어한다는 점도 특징적이다. 이는 공기가 희박한 고고도의 환경에서 보조날개가 큰 역할을 하기 어렵다는 기술적 판단 때문이다.

한국군은 PAC-3 패트리엇 미사일과 사드를 들여와 운용하고 있으며, 러시아의 기술을 기초로 중거리 지대공미사일인 '천궁'을 개발해 2016년부터 실전 배치했다. 천궁은 패트리엇과는 다르게 수직발사대에서 발사하며, 일정 고도에 진입하면 추진체가 점화되어 최대 고도 40킬로미터에서 탄도미사일을 요격한다. 그리고 러시아의 S-400 기술을 바탕으로 최대 고도 150킬로미터까지 요격이 가능한 한국형 사드 LSAM도 개발하고 있다.

이스라엘의 방공망은 그 조밀도 면에서 상당히 뛰어나다는 평가를 받고 있는데 이는 단거리, 중거리, 장거리 탄도미사일에 더해 지구 궤도의 위성까지 요격 가능한 다층 미사일 방어체계를 구축해 운용하기 때문이다. 이스라엘은 미국 미사일방어청과 협력해 2006년부터 방공 미사일 시스템을 개발했고 아이언 돔Iron Dome이라는 단거리 요격미사일과 애로우-3Arrow-3 장거리 요격미사일을 실전에서 운용하고 있었다. 여기에 2017년 4월 2일 다윗의 물매David's Sling라는 중거리 요격미사일 시스템까지 실전 배치함으로써 모든 사거리와 고도를 방어할 수 있는 MD 시스템을 갖추게 되었다.

말 그대로 이스라엘 영토를 보이지 않는 둥근 지붕으로 감싸는 아이언 돔은 사거리 4~70킬로미터 내에서 날아오는 단거리 미사일과 로켓을 분당 최대 1,200개까지 15~25초 이내에 추적해 요격할 수 있다. 2014년 팔레스타인의 하마스와 벌인 전투에서 하마스가 발사한 로켓과 박격포탄 4,000여 발을 90퍼센트 요격해내면서 그 성능을 입증했다. 다만 한 발당 가격이 우리 돈으로 1억 원이 넘어간다는 것이 단점으로 지적되고 있다. 적의 로켓과 박격포탄의 비용과 아이언 돔의 가격을 단순 비교한다면 가성비가 뛰어나다고는 할 수 없다. 그러나 경제성보다 국가와 국민의 안전을 우선한다면, 그리고 그 비용을 감당할 능력이 된다면 한 발당 가격은 큰 의미가 없을 것이다.

아이언 돔은 바다 위에서도 쓸 수 있다. 2014년 하마스와의 전투에서 해상 가스전 두 곳이 로켓 공격을 받자 해상용 아이언 돔 시스템이 개발되어 지금은 함정에서도 발사할 수 있도록 배치된 상태이다. 아이언 돔과 함께 2017년 1월에 실전 배치한 장거리/고고도 지대공 유도무기인 애로우-3 미사일 체계는 대기권 밖에서 적의 핵이나 생화학 미사일까지 요격할 수 있다. 이전에 사용하던 애로우-2는 대기권 내의 미사일에만 대응할 수 있었는데, 이러한 단점을 보완하기 위해 무게를 줄이는 동시에 X-밴드 레이더를 이용해 600마일(965.6킬로미터) 밖의 거리에서 접근하는 적의 미사일을 탐지하고 요격할 수 있도록 개량되었다. 1기당 가격이 220만 달러(한화 24억5,000여만 원)로 부담스러울 정도지만 대규모 살상이 가능한 미사일 및 포탄을 요격하는 것이므로 가격보다는 안전한 방어에 초점이 맞춰진 방공 무기체계라고 할 수 있다.

꿈의 방패 이지스 시스템

이지스Aegis는 그리스 신화 속 군사의 여신 아테나가 쓰는, 메두사의 머리가 달린 방패를 의미한다. 메두사의 머리는 보는 이들을 모두 돌로 만들어버리기 때문에 전쟁터에서 동시에 여러 적들을 상대할 수 있다. 현대의 이지스 시스템은 이러한 신화에서 착안된 것으로 목표 추적 시스템과 방공 미사일, 그리고 공격시스템을 통합적으로 운용하는 대함 미사일 방어시스템이다.

이지스함은 이지스 시스템을 탑재한 군함으로 100개 이상의 표적을 자동으로 탐지하고 추적하며, 그 가운데 24개의 목표물을 동시에 공격할 수 있다. 미국은 제2차 세계대전 이후 대함 미사일로 중무장한 소련의 폭격기가 항공모함 전단에 위협이 될 거라 판단하고 이를 방어할 목적으로 이지스 시스템을 개발해 실전 배치했다. 초기에는 이지스 방공시스템을 타이콘데로가급Ticonderoga Class, 줄여서 타이코Tico급 순양함에 탑재했는데 이때는 수직발사식 방공 미사일과 위상 배열 레이더 시스템의 조합으로 이루어져 있었다. 그러나 동시다발적 공격에 취약하다는 문제점이 드러나자 이를 보완해 알레이버크급Arleigh Burke Class 이지스 구축함이 개발되어 실전 배치되었다. 이 이지스 구축함은 함미에 수직발사 시스템을 갖추고 있어 적의 동시다발적 공격에 높은 수준으로 대응할 수 있다.

한국 해군에서 운용하고 있는 세 척의 KD-3급 이지스 구축함은 모두 이것과 같은 시스템으로 구성되어 있다. 2008년 12월 22일 첫 번째로 취역한 세종대왕함(DDG-991), 2011년 6월에 실전 투입된 율곡이이함(DDG-992), 그리고 2012년 실전 배치된 서애류성룡함(DDG-993)까지 총 세 대의 이지스 구축함을 해군에서 운용하고 있다. 이 세 척의 이지스 구축함은 AN/SPY-1D 대공레이더, AN/SPY-9 대수상레이더 등과 대잠 소나 시스템을 탑재하고 있다. 그리고 SM-2 Block IIB와 Rim-116 램 Rolling Airframe Missile: RAM 등 지대공 방공 미사일과 국산 순항미사일 및 어뢰 등을 비롯한 여러 공격형 무기로 무장하고 있다.

세종대왕함   (출처: 대한민국 해군)

미국과 일본의 이지스 구축함은 지대공 탄도미사일 방공시스템에 SM-3를 사용해 탄도미사일의 요격 능력을 극대화하고 있다. SM-3는 바다의 사드로 불리는 함대공 미사일로 최대 사거리 2,500킬로미터, 최대 요격 고도 1,000킬로미터에 마하 13의 속도로 날아가 탄도미사일을 요격하는 방식이다. SM-3는 현존하는 방공 유도무기 중 가장 강력한 것으로 지구 저궤도(550킬로미터) 이상의 고도에서 적의 탄도미사일을 요격하기 위해 추진체가 위성 발사용 로켓처럼 3단으로 구성되어 있다.

　미국의 방공시스템 초기 단계에서 작동하는 이지스 시스템은 SM-3 미사일을 채용하고 있는데, 이것은 우주 공간까지 올라갈 수 있어서 대륙간탄도미사일 요격은 물론이고 고장 난 궤도상의 위성을 제거할 때도 쓸 수 있다. 또한 미국 해군은 AN/SPY-1 레이더와 SM-3 미사일로 구성된 지상 이지스 포대Aegis Ashore를 루마니아와 폴란드에 설치하고 있다. SM-3는 미국과 일본이 합작해 만드는 것으로 현재 진 세계에서 미국과 일본만이 운용하고 있으며 1기당 가격이 300억 원이다.

탄도미사일의 분류

탄도미사일 종류	사거리(km)	모델
단거리 탄도미사일(SRBM)	300~1,000	현무-2, 현무-4, 이스칸다르, 에이테킴스
준중거리 탄도미사일(MRBM)	1,000~3,000	극초음속 활공 미사일 LRHW
중거리 탄도미사일(IRBM)	3,000~5,000	화성-10, 화성-14, 대포동 1호, 둥펑4(DF-4)

　한국도 2017년 6월 합동참모본부에서 SM-3 도입을 검토한다고 발표했다. 사드보다 최대 사거리와 최대 요격 고도가 월등하며 현존하는 가장 뛰어난 요격미사일인 SM-3는 북한의 핵과 미사일 위협이 증대되는 상황에서 우리 군에게 필요한 방공 무기라 할 수 있다. 저고도, 중고도 그리고 고고도까지 방어할 수 있는 3단계 방공시스템이 구축된다면 북한을 비롯한 적의 미사일 공격으로부터 국가와 국민을 더 안전하게 지킬 수 있을 것이다. 물론 SM-3는 현재 우리 해군에서 운용하는 7.1 버전의 이지스 구축함에선 사용할 수 없어 9.0 버전의 이지스함을 새로 구

매해야 할뿐더러 기타 여러 요소도 고려해야 한다. 그러나 우리의 안전을 위해서는 필요한 선택이라고 할 수 있다.

북한의 미사일 기지에서 한국의 주요 지역까지는 불과 500킬로미터밖에 떨어져 있지 않다. 북한에서 운용하는 준중거리 이상의 미사일이 고각으로 날아올 경우, 발사와 도착 지점 간의 거리가 짧아 사드로는 요격이 어려울 수 있다. 물론 북한의 입장에서는 한국을 타격할 때 단거리 탄도미사일을 쓰는 편이 더 효율적이겠지만 그 경우엔 한국에서도 저고도용 패트리엇이나 중고도용 사드로 요격할 수 있다. 그러니 이런 방어체계를 잘 알고 있는 북한으로선 굳이 공격 성공 가능성이 낮은 단거리 탄도미사일을 쓸 가능성이 낮다.

결국 북한이 한국의 방공망을 회피하려면 준중거리/중거리 탄도미사일 또는 화성 14, 15 같은 대륙간탄도미사일이나 잠수함 발사 탄도미사일 등을 고각으로 조정해 발사해야 한다. 이렇게 되면 그 속도가 너무 빨라 패트리엇이나 사드로는 요격할 수 없다. 따라서 이러한 위협을 사전에 방지하려면 SM-3라는 방패를 갖추어야 한다. 아울러 미국과의 미사일 협정이 개정된 것을 계기로 한국도 자체적으로 SM-3에 버금가는 요격미사일 개발을 추진한다면 북한을 비롯한 주변국들의 도발 의지를 일정 부분 억지할 수 있을 것이다.

2020년 1월 8일 우크라이나 여객기가 이란의 토르(SA-15) 지대공미사일에 맞아 격추되었다. 토르는 러시아가 1970년대 개발한 지대공미사일로 이란이 2000년대 초에 도입해 실전에 배치한 높은 성능의 방공미사일이다. 우리와 대치하고 있는 북한의 방공시스템에서는 SA-3(저·중고도), SA-2(중·고고도), 그리고 SA-5(고고도) 지대공미사일 약 400여 기를 운용하고 있다. 북한은 여기에 항공기, 대공포 그리고 레이더 부대 등을 연계한 방공시스템을 통해 핵 시설과 ICBM, SLBM 기지 등과 같은 주요 지역을 방어하고 있다.

북한은 독자적 지대공 무기도 개발해 실전에 배치하고 있다. 북한판 패트리엇이라 불리는 KN-06(번개 5호)은 최대 사거리 100~150킬로미터, 최고 요격 고도 25~30킬로미터의 러시아 S-300와 거의 동급의 성능을 갖추고 있다. 이 밖에도 다수의 대공 무기와 방공 지휘 통제 시설을 갖추고 있어 미국의 CIA도 북한이 최고의 방공망을 갖췄다는 이란을 넘어섰다고 인정했다.

그러나 이러한 물량 공세 뒤에는 북한이 직면한 구조적이고 기술적인 문제가 존재한다. 대공 무기 및 시스템의 노후화, 정비의 어려움이라는 복병이 그것이다. SA 계열의 대공미사일은 도입한 지 벌써 40년이 넘었고 레이더를 비롯한 방공 지휘 통제 시스템 또한 노후화되어 운용에 어려움이 있을 수 있다. 그리고 대공 무기를 유지·보수하려 해도 유엔과 미국의 제재로 부품 조달이 막혀 있어 쉽지 않다. 이런 제재를 우회해 부품을 들여오는 것조차 어려운 상황이다.

여기에 한국과 미국의 공군력이 북한을 압도하고 있다는 것도 북한으로서는 방공시스템에 대한 불안감이 커지는 요인으로 작용한다. 레이더에 잡히지 않는 F-22 랩터나 F-35A 라이트닝 등의 스텔스 전투기, 레이더와 통제 시스템을 일순간에 파괴하는 그라울러 전자전 전투기, 레이더를 찾아 파괴하는 대레이더 미사일, 레이더 공격용 하피 무인공격기, 사거리 500킬로미터의 타우러스 미사일, 현무-4 지대지미사일, 공격형 드론 등은 북한의 방공시스템을 짧은 시간 내에 무력화시킬 수 있다.

이미 걸프 전쟁, 아프가니스탄 전쟁, 이란 공습 등을 통해 미국의 전략 자산이 어느 정도의 위력인지 목격한 북한으로서는 더욱 불안감을 가질 수밖에 없는 상황이다. 이러한 공군 전력의 열세를 만회하기 위해 북한은 장기간에 걸쳐 방공망의 확충을 통한 상쇄 전략을 구축했지만 이마저도 여러 어려움에 봉착했다. 따라서 북한이 2010년대에 이따금 보였던 유화적인 움직임은 새로운 전략을 구상하기 위한 시간 끌기라고 봐야 한다. 북한은 이렇게 시간을 벌면서 핵무기, ICBM, SLBM, 북한판 이스칸다르 미사일, 핵추진 잠수함 등과 같은 공격형 무기의 개발에 더욱 박차를 가했다.

북한은 2018년 2월 8일 인민군 건국 70주년 기념 열병식에서 러시아의 이스칸다르ISKANDER: SS-26와 비슷한 신형 미사일을 공개했다. 그리고 이 북한판 이스칸다르를 2020년 3월 21일 평안북도 선천에서 내륙을 관통해 동해로 발사하는 실험을 했다. 해당 미사일은 미국이 개발하고 현재 한국에서 운용하는 에이태킴스나 러시아의 이스칸다르처럼 풀업 변칙 기동이 가능하고 추적 회피 기능을 갖추고 있으며 최종 낙하 속도가 마하 10 이상이어서 요격이 매우 어렵다. 한국군도 이에 대응해 현무-4 지대지미사일의 개발을 이미 완료한 상황이며, 미국과의 미사일 협정 완전 폐기를 계기로 GPS 유도 기술을 통한 타격 능력 강화에 더욱 박차를 가할 것으로 예상된다.

북한은 1990년대부터 SLBM 개발을 추진했고 얼마 전 시험 발사까지 진행했다. 여기에 그치지 않고 2020년에는 핵추진 잠수함까지 개발하겠다고 공식 선언했다. SLBM과 핵추진 잠수함은 북한이 그동안 추구해온 핵 프로그램의 완성을 의미한다. 현재 SLBM을 보유한 국가는 미국, 영국, 프랑스, 러시아, 중국, 인도 등 6개국이며 만약 북한이 SLBM을 보유하게 된다면 세계에서 일곱 번째가 된다.

SLBM을 보유한다는 것은 최소 두 가지의 의미가 있다. 첫 번째는 핵무기의 소형화와 경량화를 이룩했다는 것이고 두 번째는 핵무기의 제2 타격 능력을 완비한 국가가 되었다는 것이다. 그렇게 되면 국제사회에서 북한은 발언권과 주도권 측면에서 기존과는 다른 무게감을 갖게 될 것이다. 제2 타격 능력을 완비하면 현재 미국을 위시한 서방국가들이 추진하는 핵 억제 노력이 유명무실해질 가능성이 크다. 예방과 선제 타격 측면에서 핵을 억제하는 최후의 수단은 핵무기 원점에 대한 정밀타격을 통한 제거인데, SLBM은 이런 원점 타격 자체를 불가능하게 하기 때문이다.

이스칸다르 미사일　　　　　　　　　　　　　(출처: 위키피디아)

현재도 북한은 핵무기라는 비대칭 병기로 한국을 위협하는 동시에 미국과의 협상을 유리하게 가져가기 위한 다양한 전술을 펼치고 있다. SLBM까지 완성된다면 한국은 심각한 도발과 위협이라는 위기에 직면하게 될 것이다. 한국군이 구축한 미사일 방어체계가 그 의미를 상실하는 것은 물론, 북한의 국지적 도발과 위협에도 단호한 반격을 할 수 없는 지경에 이를 수 있다. 이러한 혼란 상황과 더불어 한반도에 아주 다양하고 부정적 변화가 일어날 가능성이 크다. 따라서 이런 비대칭 전력에 대한 상쇄 전략을 심각하게 고민해야 하며 이런 고민의 중심에 ICT를 중심으로 하는 무기 기술의 혁신을 포함해야 한다.

3부
한국의 게임 체인져 전략

세계 군사 강국의 차세대 전략무기와 방산 전략
초음속 미사일, 새로운 패러다임 체인저로 등장

북한은 2021년 1월 5~7일 개최된 제8차 노동당대회 사업총화 보고에서 극초음속 순항미사일Hypersonic Cruise Missile: HCM 개발을 공식 천명했다. 이는 세계의 주요 국방 강국들이 개발 중인 극초음속 미사일Hypersonic Missile이야말로 새로운 게임 체인저가 될 거라고 확신했기 때문일 것이다. 대한민국도 2020년 8월 5일 국방과학연구소 창설 50주면 기념식에서 국방부 장관이 극초음속 미사일 개발에 속도를 내겠다고 발표했다.

각국은 왜 극초음속 미사일 개발에 열을 내는 것일까? 현재의 그 어떤 방공망으로도 이 미사일을 막아내기가 어렵기 때문이다. 대다수 국가가 갖춘 방공망은 탄도미사일과 순항미사일, 재래식 항공 전력 등에 맞추어져 있다. 그런데 극초음속 무기가 등장함에 따라 기존의 패러다임이 완전히 뒤바뀌어버린 것이다.

극초음속 무기는 기본적으로 고도 100킬로미터 이하에서 마하 5(초속 1.7킬로미터) 이상의 속도로 날아가는 미사일이나 유도무기를 말한다. 극초음속 무기는 크게 극초음속 순항미사일과 극초음속 활공체Hypersonic Glide Vehicle: HGV로 분류된다. 극초음속 순항미사일은 외부에서 흡입되는 공기의 속도를 초음속으로 유지하면서 연료를 연소시켜 추진력을 얻는 스크램제트Supersonic Combustion Ramjet: Scramjet 엔진을 사용한다. 기존 램제트Rapid Air movement Jet: Ramjet 엔진은 앞으로 돌진하며 공기를 엔진 속에 밀어 넣고, 이때 초음속 상태에서 발생하는 충격파로 공기를 압축해 연료 분사를 도와 추진력을 얻는다. 그러나 마하 5 이상의 극초음속 상태에서는 그 출력이 현저히 저하되는 문제가 있다. 그래서 마하 5 이상의 극초음속 상태에서 빨아들인 공기를 연료와 섞으면서 점화시키는 기술을 적용한 스크램제트 엔진이 개발되었다. 이 엔진을 통해 이론적으로 최대 마하 15까지의 속도를 낼 수 있다.

또 다른 극초음속 무기는 극초음속 활공체이다. 이는 탄도미사일에 글라이더 형태의 활공체Glide Vehicle를 탑재해 발사하고, 대기권 밖에서 탄두가 발사체와 분리된 후 대기권에 재진입해 지구의 중력을 이용해 목표물로 낙하하는 방식이다. 이것은 탄도미사일을 기반으로 하므로 발사 초기에는 그 궤적으로 인해 적의 탐지 가능성이 있어 대응 기회를 일부 허용한다. 그러나 일단 발사체인 로켓에서 분리된 이후부터는 활공체가 탄도 궤적을 따르지 않으며 목표물로 진행하는 과정에서 원하는 방향으로 기동할 수도 있다. 즉, 적이 비행체의 궤적을 판단해 요격할 수 있는 시간적·기술적 가능성을 최소화했다는 뜻이다.

탄도미사일 기반의 극초음속 활공체와 극초음속 순항미사일은 속도가 마하 5 이상이라는 공통점이 있지만, 적에게 대응 시간을 주는가의 여부에서 차이가 발생한다. 극초음속 활공체는 발사체에 실려 일정 고도까지 올라가는 과정에서 탄도미사일의 궤적을 따르기 때문에 발사 초기에는 탐지가 가능해 적이 대응할 기회가 있다. 극초음속 활공체는 발사부터 목표 지점 낙하까지의 궤적이 지상 40~100킬로미터이고 극초음속 순항미사일은 지상 20~30킬로미터 정도이다. 즉, 극초음속 순항미사일은 상대적으로 낮은 고도로 비행이 가능하고 활공체와는 달리 종말 단계까지 가속력을 유지할 수 있으므로 한층 복잡한 기동이 가능하다.

어느 쪽이든 극초음속 무기는 이전의 미사일에 비해 극명한 두 가지 장점이 있다. 첫 번째는 빠른 속도이다. 전 세계 최고의 방위산업 기업인 록히드마틴의 '속도가 스텔스다!'라는 슬로건은 속도의 미덕을 가장 잘 설명하는 것이라 할 수 있다. 속도가 빠르면 원거리의 목표물을 더 짧은 시간 내에 타격할 수 있고, 그 가속도로 인해 같은 중량의 탄두로도 더 강력한 관통력과 파괴력을 발생시킬 수 있다. 두 번째 장점은 기존 미사일과 달리 궤적을 예측할 수 없다는 점이다. 이것이 속도라는 장점과 결합하면 현존하는 미사일 방공시스템으로는 추적과 요격이 거의 불가능한 괴물 병기가 탄생한다. 핵무기를 제외하면 지구상 그 어떤 무기보다 강력한 비대칭 전략무기라 할 수 있다. 이렇듯 빠른 속도와 예측 불가능성을 가진 무기에 핵탄두나 그 밖의 대량 살상 가능한 탄두까지 장착한다면 가공할 위력을 낼 수 있다.

아무리 봐도 공격자에게 유리한 극초음속 무기에 맞서는 방어자의 전략은 무엇일까? 방어를 위한 기술을 개발하는 것이 답일 수 있지만 시간과 비용의 문제를 생각하면 또 다른 답을 내놓을 수도 있다. 바로 선제공격, 내가 당하기 전에 먼저 공격하는 것이다. 그렇게 되면 핵무기의 개발과 함께 등장한 상호확증파괴라는 공멸 시나리오가 부활해 지구 전체를 전쟁의 위험에 몰아넣을 수 있다. 물론 상호확증파괴 시나리오로 인해 서로에게 핵을 쓰는 결정은 쉽게 내리지 못하게 되었지만, 새로운 게임 체인저인 극초음속 무기가 등장한 뒤에도 현재의 대치 국면이 이어지리란 보장은 없다.

극초음속 무기는 종류에 따라 개발의 난이도가 다르다. 극초음속 순항미사일은 종말 단계까지 추진력을 유지하는 특징으로 인해 극초음속 활공체에 비해 더 만들기가 어렵고, 그만큼 개발에 투입되는 시간과 비용이 크다. 이런 이유로 극초음속 활공체가 순항미사일보다는 더 일찍 실전에 배치될 전망이다. 하지만 극초음속 활공체의 개발 역시 기술적으로 상당한 난이도를 가지고 있다. 이 때문에 어지간한 국방비를 가진 국가는 개발과 운용에 엄두를 내기도 어려워 강대국과 약소국의 지위가 더욱 공고해지는 국방 비대칭 상황이 이어질 것이다.

물리적·전략적 상황 변화

현재 중국과 러시아는 강력한 군사력을 바탕으로 현존하는 힘의 지역 균형을 무력화시키려 하고 있다. 다시 말해 인접 국가들을 군사적·경제적·외교적·안보적으로 장악하고 영향력을 증대시켜 새로운 힘의 질서를 구축하려는 전략이다. 이러한 전략을 통해 미국과 우방 국가들의 관계를 무너뜨리고 미국의 영향력을 무력화하는 것이 이들 국가의 목표이다.

중국의 경제적 능력 증대와 군사적 기술력 확대 및 러시아의 군사적 기술력 확대는 해당 국가들의 영향력 팽창으로 이어지며 분쟁 요소를 키우고 있다. 중국이 강력하게 추진 중인 A2/AD^{Anti-Access/Area Denial:} 반접근/지역 거부는 중국의 서태평양 영역 확대와 지배 전략을 지칭하는 말로 2000년경에 미국에서 만든 용어이다. A2/AD는 해양에서의 열세에 놓인 국가가 강력한 해양 전략을 가진 국가를 상대로 해상이 아닌 육상과 기타 장거리 무기를 활용해 대응하는 전략을 의미한다.

중국은 1980년대 이 전략을 수립하고 근해 적극방위전략, 즉 도련^{Is-land Chain} 전략을 통해 동아시아에서 자국의 패권을 확장하는 동시에 미국 해양 전력의 접근을 거부하며 그 영향력을 넓히려 노력했다. 중국은 우선 쿠릴열도부터 일본, 타이완, 필리핀을 거쳐 말라카 해협까지 이어지는 제1 도련선을 설정했다. 그 뒤 오가사와제도, 괌, 사이판, 파푸아뉴기니 근해, 즉 서태평양 연안 지대까지 제2 도련선을 긋고 2020년까지 이 지역의 제해권을 장악한다는 계획을 수립했다. 더 나아가 제3 도련선 전략을 통해 알류산열도, 하와이, 뉴질랜드를 아우르는 서태평양 전역을 장악하고 2040년까지 미국의 태평양 독점 지배를 저지한다는 계획을 수립했다.

중국의 경제력 상승과 군사 무기 기술 발달은 동아시아와 서태평양에 대한 영향력 확대를 가능케 하고 있다. 중국이 A2/AD 전략을 실행하는 대표적인 수단은 육상 기지에서 발사하는 대함 탄도미사일 DF-21, DF-15, DF-25이며, 여기에 극초음속 활공체까지 가세했다. 중국은 이미 DF-31, DF-41 대륙간탄도미사일을 비롯한 다양한 미사일을 실전에 배치하고 있다. 대함 탄도미사일과 대륙간탄도미사일에 극초음속 활공체를 탑재해 발사할 경우, 사거리가 늘어나는 것은 물론이고 마하 10 이상의 속도까지 더해지면서 탄두의 크기가 작아지더라도 더 큰 파괴력을 발휘할 수 있다. 핵 탄도미사일인 DF-21을 재래식 탄두 장착용으로 개조한 지상 발사형 항모 공격 미사일, 일명 '항모 킬러' 미사일인 DF-21D는 사거리 3,000킬로미터에 최고 속도가 마하 10으로 중국 남동부와 북동부에 실전 배치되어 있다. 따라서 미국의 항모 전단은 안전을 확보하기 위해 그 사정거리 밖, 즉 중국 연안에서 멀리 물러날 수밖에 없다. 중국이 추구하는 A2/AD 전략이 달성되는 셈이다.

A2/AD 전략을 실행하면서 중국은 남중국해와 동아시아, 서태평양 지역 국가들과 마찰을 빚고 있다. 동시에 이제까지 이 지역에서 미국과의 동맹 관계를 유지하며 군사적 지원을 받던 한국, 일본, 타이완, 동남아 국가 등을 위협해 역내의 군사적 패권을 차지하려는 움직임을 보이는 중이다. 따라서 점차 호전적인 군사 행위와 무례한 외교적 행위를 병행하는 움직임이 나타나고 있다.

미국은 2000년부터 중국의 A2/AD 전략에 대한 대응을 준비하고 있다. 2000년 이전까지 동아시아와 서태평양에서 미군의 전략은 해군력을 중심으로 하는 해상 공격과 방어가 기본이었다. 그러나 급속히 국력을 키운 중국이 대함탄도미사일과 극초음속 무기 등의 전력으로 A2/AD 전략을 굳건하게 지원하면서 미국은 해상 전력의 취약성으로 인해 고민에 빠진다. 이에 따라 2010년대로 들어서면서, 미국의 대응 전략은 중국의 A2/AD 전략을 상쇄할 수 있는 공해전투Air-Sea Battle 전략으로 전환되었다.

공해전투는 NIA-D3Networked, Integrated, Attack-in-Depth to Disrupt-De-stroy-Defeat 전략을 기본으로 한다. 네트워크화되고 통합적인 종심 공격으로 적을 교란, 파괴, 격퇴한다는 뜻이다. 먼저 육·해·공군의 합동 작전을 통해 적 영토에 배치된 레이더를 비롯한 정보 수집 자산을 공격하고 교란해 적의 의사결정을 무력화시키는 동시에 아군의 의사결정 능력은 배가시키는 작전을 수행한다. 이어서 적의 A2/AD 전력을 직접 파괴한 후 A2/AD 전력의 지원을 받지 못하는 적의 육·해·공군을 격퇴함으로써 적을 제압한다는 요지의 전략이다.

중국의 팽창 정책과 더불어 러시아도 이웃 국가들을 침략하고, 정권을 해체하며, 사이버전을 비롯한 여러 전술을 사용해 민주국가의 정치체제를 공격하고 군사적 위협과 정보 전쟁을 통해 나토와 유럽연합의 연대를 약화하거나 악화시키는 행보를 보이고 있다. 러시아는 이런 행위의 영향력을 극대화하기 위해 핵무기의 현대화, 미사일 개발, 극초음속 무기의 개발 및 배치를 진행하고 있다.

북한과 이란은 정치적·지정학적 야망을 갖고 군사 능력을 확장하면서 긴장을 고조시키고 있다. 북한은 이미 핵무기를 보유 중이며 생물무기, 화학무기, 재래식무기의 개발과 향상을 도모하고 있다. 또 사이버전 능력을 극대화해 전 세계를 대상으로 각종 해킹과 범죄를 일으키고 있으며, 한반도와 동아시아 지역에 심각한 안보위협을 가하고 있다.

이렇듯 세계에서는 지금 새로운 힘의 균형을 차지하기 위한 크고 작은 움직임이 활발하게 일어나고 있다. 그리고 그 중심에는 새로운 패러다임을 이끌 게임 체인저 개발이라는 분명한 목표가 자리 잡고 있다.

극초음속 무기 개발과 전략적 상황의 변화

현재 극초음속 무기의 개발은 러시아와 중국, 그리고 러시아와 협업하고 있는 인도가 앞서나가고 있다. 이에 자극받은 미국도 엄청난 국방비와 기술 인프라를 바탕으로 따라가는 중이다. 2020년 2월 10일 트럼프 대통령은 2021년 국가 안보 예산으로 7,405억 달러(약 827조7,000여억 원)를 의회에 요청했는데 이 가운데 7,054억 달러(약 788조5,000여억 원)는 국방부를 위한 예산으로 책정했다. 이 예산은 미 국방부가 추진하는 국가 방위 전략을 지원하는 것이 목적인데, 미래의 첨단화된 전투에 대비한 자원과 투자의 우선순위를 재지정하는 국방부의 의사결정을 주도하는 중요한 요소라 할 수 있다. 기본적으로 이 예산은 치명적이고 민첩하며 혁신적인 군의 협업 체계를 네 가지 관점에서 지원하는 역할을 한다.

첫째, 지속해서 군의 준비 태세를 증진하고 더 치명적인 군사력의 현대화에 투자한다. 둘째, 동맹국들과의 제휴를 강화하고 상호운용성을 강화하며 새로운 파트너 관계를 유치한다. 셋째, 더 큰 성과와 책임을 위해 국방부를 혁신한다. 넷째, 국가 안보를 지키는 일에 참여하는 모든 동료가 가장 귀중한 자원임을 인식하면서 국가 안보에 헌신하는 군인과 그 가족을 지원한다.

이와 같은 기본 목적과 관점을 기반으로 2021년 국가 안보 예산은 핵 현대화, 미사일 요격과 방어, 우주 영역, 사이버공간 영역, 공중 영역, 해양 영역, 육상 영역, 폭탄/전투물자, 그리고 ACE로 구분해 무기체계를 강화한다는 전략을 설정했다. 무력 강화를 제외한 나머지 예산 가운데 육군에 309억 달러, 해군과 해병대에 475억 달러, 공군에 371억 달러, 그리고 특수 작전군에 95억 달러 등을 각 군의 준비 태세를 위한 예산으로 책정했다. 그 외의 예산은 군인 급여, 군인 가족 지원, 군 시설 유지와 교체 등에 투입한다는 방침이다.

극초음속 무기를 개발하고는 있지만 이를 통해 미국이 꾀하는 바는 러시아, 중국 같은 적대적 혹은 경쟁적 국가들과 조금 다르다. 냉전이 종식되고 전면전의 가능성이 낮아지면서 미국은 세계 각지에서 벌어지는 전쟁, 분쟁, 테러 등에 적극적으로 관여하게 되었다. 그 과정에서 미국은 민감하고 긴급한 표적에 대한 즉각적인 타격의 필요성을 절감했다. 이 같은 요구에 가장 잘 부합하는 수단이 바로 극초음속 무기였다. 미국은 미군이 보유하고 있는 위성을 포함한 각종 정찰자산을 통해 24시간 지구 곳곳을 정찰하고 정보를 수집하며 대응을 준비한다. 이러한 정찰자산과 극초음속 무기의 결합은 군사 작전의 효과를 더욱 증대시키는 최적의 시너지를 기대할 수 있게 한다.

그렇다면 가장 적극적으로 극초음속 무기를 개발하는 러시아와 중국은 어떨까? 러시아와 중국은 미국과는 조금 다른 관점에서 극초음속 무기에 접근한 듯하다. 두 나라는 미국과 그 동맹국들이 가진 군사적 영향력 및 정치적·외교적 협력 관계를 약화하거나 상쇄하기 위한 전략 아래 극초음속 무기 개발을 서두르고 있다. 즉, 미국의 군사적 우위를 견제하면서 균형을 맞추기 위한 전략의 한 방법으로 해석된다. 미국의 미사일 방어MD 시스템을 무력화할 수 있는 극초음속 무기를 통해 국제적 입지를 증진시키려는 것이다. 또한 중국은 현재 진행하고 있는 일대일로 전략에 방해 요소로 작용하는 미국과 동아시아 국가들의 협업과 미사일 방어망 무력화에 주력하는 모양새로 읽힌다.

미국의 극초음속 무기 개발

미국은 러시아와 중국의 극초음속 무기 개발로 인해 전략적 위협을 느끼고 있다. 극초음속 무기에 대응할 공격과 방어시스템을 보유하지 못한 현 상황은 이러한 위기감을 부채질하고 있다. 이에 미국 국방부와 정부, 군은 극초음속 무기 개발을 서두르고 있다. 러시아와 중국의 새로운 게임 체인저에 대한 억지력을 높이는 동시에 이들 두 나라의 미사일 방어시스템의 무력화도 가능하다는 판단에 따른 것이다.

이런 전략적 판단에 따라 미국은 2000년대 초부터 기존의 재래식 글로벌 신속 타격Conventional Prompt Global Strike: CPGS 프로그램을 업그레이드하는 차원에서 극초음속 무기 개발을 추진하고 있다. 2018년 국가안보전략National Defense Strategy: NDS에서 밝힌 것처럼, 미국은 극초음속 기술을 미래 전쟁을 대비하는 중요한 기술로 인식하며 개발을 진행하고 있다.

미 해군, 육군, 공군, 방위고등연구계획국이 밝힌 내용을 보면 미국은 현재 해군을 중심으로 재래식 신속 타격 무기를 개발하고 있으며, 2028년까지 초기 운영 능력을 확보한다는 방침을 세우고 있다. 육군을 중심으로는 장거리 극초음속 미사일Long-Range Hypersonic Weapon: LRHW도 개발 중이며 2023년까지 비행시험을 마친다는 계획이다.

공군은 AGM-183 공중 발사 신속 대응 무기AGM-183 Air-Launched Rapid Response Weapon: ARRW와 극초음속 재래식 타격 무기Hypersonic Conventional Strike Weapon: HCSW 등의 개발을 록히드마틴과 진행하고 있다. AGM-183A는 2020년 시험 발사에 성공했고 2021년 실전에 배치할 예정이며 2022년까지 C-HGB 개발을 완료할 계획이다. ARRW는 2022년까지 비행시험을 완료한다는 계획에 따라 개발이 진행 중이지만 HCSW는 2021년에 예산을 확보하지 못하면서 비행시험이 취소된 상태이다.

예산 집행 카테고리 및 예산(억 달러)	대표적 세부 사항 및 예산(억 달러)	
핵 현대화(289)	• 핵 지휘, 통제 및 통신-(70) • B-21 장거리 타격 폭격기-(28) • 컬럼비아급 탄도미사일 잠수함-(44)	• 장거리 스탠드오프(LRSO) 미사일-(4.74) • 지상 기반 전략 억제(GBSD)-(15)
미사일 요격과 방어(203)	• 해상 요격기(SM-3 IIA 및 IB)-(6.19) • 이지스(AEGIS) 탄도미사일 방어시스템-(11) • 국토방위 및 차세대 요격기-(6.64)	• 사드(THAAD) 탄도미사일 방어-(9.16) • 패트리엇(PAC) 미사일 단계별 향상-(7.8)
우주 영역(180)	• 미국 우주군-(154, 다음 포함) - 3-3개의 국가 안보 공간 발사 (EELV라고도 함)-(16) - 2개의 GPS III 및 프로젝트-(18) - 공간 기반 오버헤드 영구 적외선 시스템-(25)	• 미국 우주 사령부-(2.49) • 우주 개발 기관(SDA)-(3.37)
사이버공간 영역(98)	• 사이버 보안-(54) • 사이버공간 운영-(38) • 사이버공간 과학 및 기술-(5.56)	• 98억 달러의 예산 이외의 예산 자금 : - 인공지능-(8.41) - 클라우드-(7.89)
공중 영역(569)	• F-35 합동 타격 전투기 79대-(114) • KC-46 탱커 교체 15대-(30) • F/A-18E/F 슈퍼 호넷 24대-(21) • AH-64E 아파치 공격 헬리콥터 52대-(12)	• VH-92 대통령 헬리콥터-(7.39) • P-8A 항공기-(2.69) • CH-53K 킹 스텔리온 7대-(15) • F-15EX 12대-(16)
해양 영역(323)	• 컬럼비아급 탄도미사일 잠수함 1척-(44) • CVN-78 포드급 항공 모함-(30) • 버지니아급 잠수함 1척-(47) • DDG-51 알레이버크 구축함 2척-(35) • 프리깃[FFG (X)] 1척-(11)	• 상륙수송선거함(LPD) 1척-(12) • 연료 공급 유조선 선단(T-AO)-(0.95) • 대형 무인 수상 선박(USV) 2척-(4.64) • 견인, 인양 및 구조 선박(T-ATS) 2척-(1.68)
육상 영역(130)	• 합동 경전술차량 4,247대-(14) • M-1 에이브람스 탱크 개조/업그레이드 89대-(15)	• 수륙 양용 전투차량 72대-(5.21) • 다목적 장갑차 32대-(2.9)
폭탄/전투물자(213)	• JDAM (Joint Direct Attack Munitions) 20,338기-(5.33) • 유도 다중 발사 로켓 시스템(GMLRS) 7,360기-(12) • 스탠더드 미사일 125기-6-(8.16) • 소구경 폭탄 II(SDB II) 1,490기-(4.32)	• 헬파이어 미사일 8,150기-(5.17) • 공동 공대지 스탠드오프 미사일 400기-(5.77) • 장거리 대함 미사일 53기-(2.24)
ACE(Advanced Capabilities Enabler) (72.41)	• 극초음속(Hypersonics)-(32) • 마이크로일렉트로닉스/5G-(15)	• 자율성-(17) • 인공지능 (AI)-(8.41)

B-52 폭격기에 장착된 AGM-183A   (출처: 위키피디아)

　방위고등연구계획국은 전술 추진형 활공체Tactical Boost Glide: TBG, OpFiresOperational Fire, 그리고 공기 흡입식 극초음속 무기Hypersonic Air-Breathing Weapon Concept: HAWC의 개발을 서두르고 있다. TBG는 방위고 등연구계획국과 공군이 협업해 진행하며 록히드마틴이 개발을 맡았고, OpFires는 방위고등연구계획국과 육군이 협업하고 있다. 이 두 무기는 2021년 안에 비행시험을 마치고 무기체계통합 계획과 설계를 시작한다 는 계획으로 개발이 진행되고 있다. HAWC는 이미 2020년에 비행시험 을 완료했고 2021년 안에 최종 프로그램 검토를 진행하기 위해 준비하 고 있다.

　이렇듯 미국이 극초음속 무기 개발의 타임라인을 설정하고 개발을 서두르면서 미국의 각 대학 연구소들도 적극적으로 참여해 무기의 가 속도를 높이기 위해 노력하고 있다. 미 국방부는 2020년 3월 19일 하와 이 카우아이에 있는 태평양 미사일 발사장에서 극초음속 활공체의 시 험 발사를 성공적으로 마쳤다고 발표했다.

러시아의 극초음속 무기 개발

2018년 3월 1일, 러시아 블라디미르 푸틴 대통령은 연방의회에서 극초음속 활공체인 아방가르드Avangard의 성공적인 개발을 선언했고 이듬해인 2019년 12월 24일에는 공식적으로 아방가르드가 실전에 배치되었다고 발표했다. 푸틴 대통령은 아방가르드의 실전 배치를 공식화하는 자리에서 "대륙 간 극초음속 무기는 물론이고 극초음속 무기 자체를 보유한 국가는 러시아가 유일하다"라고 밝히면서 아방가르드로 무장한 첫 미사일 부대가 전투준비에 돌입했다고 발표했다. 현재 아방가르드 탄두가 탑재된 UR-100NUTTH 대륙간탄도미사일이 실전에 배치된 상태이다.

러시아는 미국과 유럽의 미사일 방어시스템 배치와 미국의 탄도탄요격미사일 규제 조약Anti-Ballistic Missile Treaty: ABM 탈퇴(2001년)를 계기로 이미 1980년대부터 연구와 개발을 시작한 극초음속 무기의 개발에 더욱 속도를 높였다. 그 결과 탄생한 무기가 아방가르드이다. 러시아는 끊임없이 발전하는 미국의 탄도탄요격미사일 시스템을 자국 핵 잠재력의 위기로 받아들였을 것이다. 이 위기감을 해결할 방법으로 더욱 완벽하고 경제성 높은 차세대 공격시스템을 추구한 끝에 극초음속 무기가 만들어진 것이다.

아방가르드는 대륙간탄도미사일에 탑재해 발사하는 극초음속 활공체로 최고 속도 마하 20~27, 사거리는 6,000킬로미터로 알려져 있다. 그러나 이는 2018년 12월 26일 푸틴 대통령이 참관한 아방가르드 발사 시험 때 우랄산맥 남부의 돔바롭스키 공군기지에서 발사된 비행체가 6,000킬로미터 떨어진 캄차카반도의 쿠라 사격장 표적지까지 날아간 것을 두고 유추한 것이다. 아방가르드가 대륙간탄도미사일의 탄두부에 탑재되어 발사되는 것을 고려하면 사정거리는 무제한이라고 봐도

탄도미사일에 실려 발사되는 아방가르드　　　　　(출처: 위키피디아)

무방할 것이다.

　아방가르드와는 별도로 개발된 지르콘Zircon 미사일은 함정에서 발사하는 초음속 순항미사일로 최고 속도는 마하 8~9에 이른다. 지르콘은 지상과 해상 목표물을 모두 타격할 수 있으며 2018년 12월 시험비행을 마쳤고 2023년경에 실전 배치될 전망이다. 또한, 2020년 전략화를 추진한 킨잘kinzhal은 최대 사거리 2,000~3,000킬로미터, 최고 속도 마하 10~12로 항공기에 탑재해 발사하는 형태이다.

중국의 극초음속 무기 개발

중국도 러시아와 마찬가지로 미국의 미사일 방어체계와 극초음속 무기 개발에 따른 안보위협에 선제적으로 대응하기 위해 극초음속 무기를 개발한 것으로 볼 수 있다. 더 정확히는, 중국은 미국의 미사일 방어체계가 혹 있을지도 모를 미국의 선제공격에 대응한 중국의 보복 공격을 무력화시킬 수 있다고 생각한다. 게다가 미국의 극초음속 무기가 중국의 핵무기나 지원 인프라를 먼저 파괴할지도 모른다는 두려움도 갖

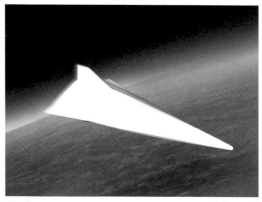

중국의 DF-ZF   (출처: MDAA)

고 있다. 따라서 중국은 극초음속 무기의 확보를 통한 상쇄 전략에 방점을 찍고 무기 개발에 박차를 가한다고 할 수 있다.

중국은 2014년부터 2016년까지 DF-ZF 극초음속 활공체의 시험비행을 수차례 실시했지만, 구체적인 내용은 아직 공식적으로 밝히지 않았다. DF-ZF의 사정거리는 시험비행에 따라 차이가 있지만 대략 1,250~1,750킬로미터인 것으로 파악된다. 2018년엔 Starry Sky-2라는 핵 탑재형 극초음속 활공체의 프로토타입의 시험비행을 마쳤으며 이와 동시에 기체 역학적 특징이 각기 다른 세 가지 종류의 극초음속 비행체 모델인 D-18 시리즈 D-18-1S, 2S, 3S의 시험을 진행한 것으로 알려져 있다.

중국은 현재 막대한 예산을 바탕으로 탄탄한 R&D 인프라를 갖추고 미국보다 더 많은 극초음속 무기를 시험하는 것으로 알려져 있다. 중국은 극초음속 지상 시험 시설에도 많은 투자를 했다. 중국 항공우주 기체 역학 아카데미China Academy of Aerospace Aerodynamics: CAAA에서는 각기 다른 속도(마하 5에서 15까지)의 미사일을 시험할 수 있는 극초음속 풍동

시설을 운영하고 있으며, 앞으로 마하 25까지 속도를 높일 수 있는 발사
센터를 갖추고 극초음속 무기를 시험할 예정이다.

각국의 극초음속 무기 개발

러시아, 중국, 미국에 이어 호주, 인도, 프랑스, 독일 등의 국가도 극초
음속 무기 개발을 서두르고 있다. 호주는 2007년부터 미국 공군연구소
와 협업해 국제 비행 연구 실험Hypersonic International Flight Research Experi-
mentation: HIFiRE 프로그램을 가동하며 스크램제트 엔진 기술개발에 노
력하고 있다. 그리고 2017년 7월, 이 프로그램을 통해 마하 8의 극초음속
활공체 비행 역학을 연구해 성공적으로 시험을 마쳤다. 호주는 세계에
서 가장 규모가 큰 시설인 우메라 시험장Woomera Test Range을 보유하고
있다. 그 크기가 미국 펜실베이니아주와 비슷하다. 이것 외에도 일곱 개
의 극초음속 풍동시설을 운영 중인 호주는 최고 속도 마하 30의 무기를
시험할 수 있는 시설도 보유하고 있다. 이는 극초음속 무기 개발 경쟁에
서 상당한 이점이다.

인도는 러시아와의 협업을 통해 마하 7의 브라모스 IIBrahMos II 극초
음속 순항미사일을 개발하고 있다. 인도는 극초음속 기술 시연 비행체
Hypersonic Technology Demonstrator Vehicle 프로그램을 통해 극초음속 순항미
사일을 개발 중이며 2019년 6월에 마하 6까지 속도를 낼 수 있는 스크램
제트 엔진 시험에 성공했다. 브라모스 II는 2017년에 실전 배치할 계획
이었지만, 개발 지연으로 2025년부터 2028년 사이에나 기본적인 운용
이 가능할 것으로 예상된다. 그럼에도 인도는 약 12개의 극초음속 풍동
시설을 운영하며 최고 속도를 높이는 연구를 계속하고 있다.

프랑스는 1990년대부터 극초음속 기술 연구에 투자를 시작했고 현
재는 러시아와의 협업을 통해 V-maxExperimental Maneuvering Vehicle 프로

그램을 진행하며 무기화를 추진하고 있다. 2022년까지 공대지 ASN4G 초음속 미사일을 개조해 극초음속 비행을 시험할 예정이다.

독일은 유럽연합이 진행하는 ATLAS II 프로젝트를 통해 방위산업체인 DLR을 주축으로 마하 5~6 정도의 비행체 설계와 연구개발을 진행하고 있다. 2012년엔 실험용 극초음속 활공체(SHEFEX II) 시험에도 성공했고 세 개의 극초음속 풍동시설을 운영하며 최고 속도의 증강을 위해 노력하고 있다.

일본은 일본항공우주탐사청Japan Aerospace Exploration Agency과 미쓰비시중공업, 도쿄대학의 협업으로 극초음속 풍동시설을 운영하고 있다. 2019년에 초고속 활공형 발사체HVGP 개발에 1억2,600만 달러를 투자했으며 스크램제트 엔진 기반의 극초음속 순항미사일 개발과 연구를 위해 5,800만 달러의 예산을 투입했다. 이와 같은 투자와 연구개발을 통해 일본은 2024년에서 2028년까지 항모 무력화 탄도와 지역 억제용 발사체를 배치한다는 계획을 세우고 있다. 공식적으로 2030년까지 극초음속 무기의 배치를 완료한다는 계획을 세우고 있지만 스케줄은 탄력적으로 유지한다는 방침이다.

타이완은 중국의 극초음속 무기 개발과 그로 인한 위협 상황을 상정하면서 극초음속 무기 기술을 국방백서에서 언급했지만 아직 공식적으로 개발 프로그램의 진행과 관련된 내용은 거론하지 않았다. 그러나 극초음속 순항미사일의 속도와 직결된 핵심기술인 스크램제트 엔진의 개발은 진행하고 있다.

대한민국은 2000년대 초반 램제트 엔진 기반의 순항미사일인 혜성 2호의 개발이 이루어졌다. 그러나 현재로서는 극초음속 무기에 대한 논의가 공식적으로 크게 진전되지 못하는 상황이다. 다만 대학 연구소를 중심으로 극초음속 공기역학Hypersonic Aerodynamics 관련 연구는 지속적으로 진행되고 있다. 현재 한국은 극초음속 무기의 우선순위가 다른 무기보다 뒤에 놓여 있고 내부적으로도 풍동실험을 위한 제반 시설이 부족해 당분간은 진전을 보기 어려운 상황이다. 그렇지만 국방과학연구소 창설 50주년 기념식에서 정부가 극초음속 무기 개발과 관련된 의미 있는 메시지를 공식 천명하면서, 앞으로 귀추가 주목된다.

러시아, 중국, 미국을 제외한 국가들의 극초음속 무기 개발은 현재로서는 낮은 수준에 머물러 있다. 당분간은 선두주자 3개국이 극초음속 무기의 개발을 둘러싸고 주도권 다툼을 벌일 것으로 예상된다. 이런 상황에서 심각하게 고려되는 또 하나의 주제가 극초음속 무기에 대응할 방어시스템의 개발이다. 미사일의 감지·추적·요격을 위한 기존 시스템의 전면적 재구성이 필요하기 때문이다.

미국은 물론이고 중국의 영향권 내에 있는 동아시아 국가와 호주는 중국의 비대칭 무기인 극초음속 무기에 대응할 방법을 어떤 형식으로든 고민해야 하는 상황에 놓여 있다. 특히 중국의 일대일로와 러시아의 서진정책을 견제하고 있는 미국으로서는 러시아와 중국이 극초음속 무기를 개발해 실전에 배치한다면 해외 전략거점과 항모 전단의 운용에 큰 타격을 받을 공산이 크다. 실제로 중국이 남중국해 연안에 극초음속 미사일을 배치하면서, 미국의 항모 전단 및 기타 해군 전력의 움직임이 예전보다 상당히 위축되는 상황이 연출되고 있다.

일부 동아시아 국가들도 극초음속 무기 기술을 연구하고는 있지만 성과가 나오려면 적어도 5~10년의 시간은 더 필요할 테니 중국의 적대적 행위에 노출될 위험이 크다. 특히 한국, 타이완, 싱가포르는 한층 심해진 군사적 불균형 상황에서 선택지가 그리 많지 않다. 따라서 이 같은 불균형 상태를 상쇄할 수 있는 전략적 연계와 기술개발을 깊이 고민해야 한다.

만일 미국이 극초음속 무기를 실전에 배치한다면 중국과 러시아의 군사적 팽창과 힘의 불균형을 효과적으로 견제할 수 있을 것이다. 여기에 더해 미국이 극초음속 무기에 대응하는 방어체계까지 갖추고 동아시아 지역 국가들도 극초음속 무기 개발을 일정 부분 가시화한다면 중국과 러시아를 견제할 수 있는 심리적·물리적 압박 도구로 작용할 수 있다.

극초음속 미사일 방어체계

강력한 위력을 지닌 극초음속 무기는 새로운 게임 체인저라 불릴 만하다. 따라서 이 무기를 방어하기 위한 새로운 '방패'의 필요성도 증대되고 있다. 현존하는 미사일 방어시스템으로는 극초음속 미사일을 막아내기가 매우 어렵다는 것이 전문가들의 공통된 의견이다. 극초음속 무기는 재래식 탄도미사일과는 다르게 비행 궤적을 예상하기 어려운 데다 낮은 순항고도와 높은 속도를 가지고 있어 조기에 감지하는 것이 불가능하다. 이 무기로부터 살아남으려면 스텔스, 무인화, 네트워크화된 방어체계가 필요하다. 미국은 극초음속 미사일 방어체계Hypersonic Missile Defense System: HMDS의 실행을 위한 준비에 돌입했다.

미국의 토마호크 순항미사일, 프랑스의 엑스오셋Exocet 등과 같이 우리가 잘 아는 미사일은 대부분 음속보다 느린 아음속(마하 0.9)으로 순항하기 때문에 미사일이 날아오는 동안 감지와 요격을 할 수 있다. 그러나 극초음속 무기는 이런 시간적 여유를 주지 않으므로 의사결정에도 장애를 발생시킨다. 즉, 극초음속 무기는 표적을 타격하는 데 소용되는 시간, 적이 상황을 인지하는 시간, 접근하는 미사일 위협에 방어시스템이 반응하는 시간을 기존의 아음속 미사일과 비교해 획기적으로 감소시킨다.

현재로선 극초음속 미사일을 방어할 확실한 방법이 없다. 그러나 새로운 '창'이 등장하면 언제나 그것을 막아낼 '방패'가 만들어졌다는 역사적 사실을 돌이킬 때 극초음속 무기를 방어할 수 있는 기술의 진보도 차례로 이루어질 것으로 보인다.

극초음속 무기는 음속보다 훨씬 빠른 속도(마하 5 이상)로 비행하므로 이것을 막기 위해선 이와 유사하거나 더 빠른 속도를 가진 무기가 있어야 한다. 이런 이유에서 현재 극초음속 미사일을 방어할 수 있는 기술로 거론되는 것이 지향성 에너지 무기Directed Energy Weapons, 입자빔Particle Beams, 기타 비운동 무기Non-Kinetic Weapons 등이다. 여기에 극초음속 무기를 감지하고 지상 무기와 연계할 센서와 위성기술까지 결합하면 기본적인 방어망은 만들어낼 수 있을 것이다.

극초음속 미사일 방어를 위한 전략과 기술은 크게 감지와 요격으로 나눌 수 있다. 감지를 위해서 미국 우주개발국Space Development Agency: SDA은 국가 방위 우주 구조National Defense Space Architecture: NDSA 프로그램을 개발했다. 이 프로그램은 기존까지 다목적 위성을 통해 수행하던 정보 수집 활동에 더 전문화된 기능을 갖춘 소형 위성을 활용한다는 내용을 담고 있다. 이 프로그램의 기본 계획은 일곱 개의 새로운 위성군을 형성하고, 각각의 위성군을 특정 작업에 쓰이는 수십 개의 작은 위성으로 구성하는 것이다. 일종의 위성 전단을 구축하는 셈이다. 이렇게 구성된 위성 전단은 미사일 추적, 탐색, 통신 및 전투 관리 등의 임무를 수행한다. GPS를 포함한 전략적 임무는 기존의 다목적 위성 전단이 계속 수행한다.

NDSA 프로그램을 운영하는 SDA는 위성 전단을 위치와 임무에 따라 추적계층Tracking Layer과 전송계층Transport Layer으로 나눈다. 추적계층에 속한 위성들은 고고도와 저고도에서 지상의 목표물을 감시하며 얻은 정보를 전단의 다른 위성들과 공유한다. 전송계층의 위성들은 이 정보를 지상의 요격시스템에 제공해 효과적으로 작전을 수행할 수 있도록 한다.

이 구조는 초음속 미사일 시스템을 포함한 위협적인 지능형 미사일을 전 지구적으로 표시, 경고, 추적함으로써 지상의 요격시스템이 표적을 잡을 수 있게끔 이루어져 있다. 이를 위해 극초음속 무기를 추적할 수 있는 미사일 센서 알고리즘을 먼저 개발하고, 다시 여기에 부합하는 위성 여덟 기를 우선적으로 개발한다는 계획이다. 또한 이미 개발이 완료된, 감도가 높은 중간 범위 추적 시스템인 극초음속·탄도 추적 우주센서Hypersonic and Ballistic Tracking Space Sensor: HBTSS와 협업함으로써 데이터 품질을 더 향상시킬 수 있다. 이러한 노력은 지구 저궤도에서 움직이는 극초음속 무기를 감지해내기 위한 전략이라고 할 수 있다.

SDA는 전송계층을 담당할 초기 위성 20기를 구축하기 위한 계약을 체결했고 2022년부터 배치를 시작해 2년마다 그 수를 늘려간다는 방침이다. 이 계획이 순조롭게 진행된다면 2024년에는 위성 전단에 수백 개의 소형 위성들이 갖춰지고 2026년경에는 전송계층의 위성이 전 지구적 커버리지를 가질 것으로 전망된다. 이런 전송계층 혁신은 로켓 발사 비용이 저렴해지면서 가능해졌는데 특히 일론 머스크의 스페이스 X에서 개발한 로켓 재활용 기술이 큰 몫을 했다.

미국은 극초음속 무기를 요격하기 위한 무기와 그 기술의 개발을 가장 우선시하고 있다. 러시아와 중국이 극초음속 무기의 실전 배치를 완료했거나 곧 완료할 예정이지만 미국에게는 아직 시간이 더 필요하다. 그동안 러시아와 중국이 지정학적으로나 외교적으로 미국의 영향력 축소를 위해 적극적으로 극초음속 무기를 활용할 가능성이 적지 않다.

방위고등연구계획국은 러시아의 아방가르드와 중국의 극초음속 미사일 및 활공체를 요격할 수 있는 글라이드 브레이커Glide Breaker 프로그램을 노스롭그루먼과 1,300만 달러에 공동연구하기로 계약했다. 이 프로그램은 지구 상층 대기권에서 접근하는 극초음속 무기의 위협을 중간에서 차단하고 요격하기 위한 기술의 연구, 개발, 시연 등의 과정으로 진행되며 2020년에 요격기의 시험비행을 마쳤다. 또 미 국방부는 록히드마틴을 통해 발키리 프로젝트를, 보잉을 통해서는 초고속 요격기 개발 프로젝트를, 레이시온Raytheon을 통해서는 SM-3 호크 프로젝트를 진행하고 있다.

현재 미국이 본토 방어를 위해 알래스카와 캘리포니아에 구축한 지상 기반 중고도 미사일 방어시스템과 미 해군 이지스함에 배치된 SM-3는 지구 저궤도에서 진입하는 탄도미사일을 요격하는 데 최적화되어 있다. 그러나 이것보다 더 낮은 궤도인 지구 상층 대기권으로 날아오는 극초음속 무기는 방어할 수 없다. 따라서 글라이드 브레이커 프로그램은 이러한 방어 사각지대를 없애고 효과적인 요격을 할 수 있도록 계획되어 있다.

브레이커Breaker라는 프로그램 명칭은 이전에도 다른 무기체계를 대상으로 사용된 적이 있다. 냉전 시대 소련의 탱크를 격퇴하기 위한 미사일 시스템인 재블린Javelin 대탱크 미사일의 개발이 탱크 브레이커Tank Breaker라는 명칭으로 진행되었고 육군 전술 미사일 시스템Army Tactical Missile Systems: ATACMS 개발은 어썰트 브레이커Assault Breaker라는 명칭으로 진행되었다. 이들과 마찬가지로 이번 글라이드 브레이커 프로그램은 현재 미국이 처한 매우 긴급한 전술적 문제를 해결하기 위한 측면이 강하다.

'최선의 방어는 공격'이라는 격언은 극초음속 무기에도 적용될까?

새로운 전략무기가 만들어지면 다른 나라도 서둘러 동일한 무기를 개발하려 드는 것이 일반적이다. 새로운 전략무기로 인한 위협은 같은 무기를 보유하는 것으로 상쇄한다는 것이 보편적인 방어 전략으로 인식되기 때문이다. 미국 또한 러시아와 중국의 극초음속 무기에 대한 방어 시스템을 준비하는 동시에 더 출력이 우수하고 타격력이 높은 무기를 개발하고 있다.

글라이드 브레이커 프로그램 (출처: 방위고등연구계획국)

미 국방부와 방위고등연구계획국, 방위산업체인 제너럴 아토믹스 일렉트로마그네틱 시스템은 극초음속 활공체 등의 무기를 요격하기 위해 레일건 발사형 미사일 개발을 서두르고 있다. 레일건 발사 방식의 극초음속 무기는 함정과 육상 기지에서 활용할 수 있고 최고 속도도 마하 6~8가량 된다. 다만 최대 사거리가 160킬로미터밖에 되지 않는다는 단점이 있다. 레일건과 함께 최적의 방어 무기로 고려되는 것이 압도적 반응 속도를 가진 레이저 건이다. 이 무기체계는 이미 미군의 함정에 배치되어 활용되고 있다.

이외에도 미국은 잠수함, 함정, 지상에서 활용이 가능한 방어용

및 공격용 극초음속 미사일을 개발하고 있다. 부스트 글라이드Boost-
Glide 추진력을 이용한 대륙간탄도미사일이나 재래식 즉시 타격 시스
템Conventional Prompt Global Strike: SPGS을 이용한 미사일은 최고 속도 마하
20까지 출력을 확보할 수 있고 최대 사거리도 약 5,500킬로미터 이상까
지 확대할 수 있다. 이는 장거리 타격과 요격을 할 수 있다는 의미이다.
그리고 전투기나 폭격기에 탑재해 발사하는 형태의 극초음속 미사일
은 자체 추진력을 통해 최대 사거리를 16,000킬로미터 이상 확대할 수
있다.

레일건   (출처: 제너럴 아토믹스 일렉트로마그네틱 시스템)

　　잠수함과 극초음속 무기가 결합하면 그 위력은 더욱 증가한다. 잠
수함이 가진 은밀성이 극초음속 무기가 가진 속도와 합쳐지면 적의 방
어망은 무용지물이 될 수 있기 때문이다. 이 때문에 미국과 러시아, 중
국을 비롯한 세계의 여러 나라들은 극초음속 무기의 운반과 발사 플랫
폼을 잠수함까지 확대하기 위해 노력할 것이다.

등장과 함께 새로운 위협을 잉태한 극초음속 무기는 역설적이게도 민간의 피해가 줄어드는 상황을 만들었다. 대부분의 폭격은 적의 군사기지와 같은 군사시설, 즉 민간에서 떨어진 지점을 목표로 삼는데, 속도와 함께 그 정확도도 비약적으로 증가한 극초음속 무기는 오폭으로 인한 민간인 피해가 잘 나오지 않기 때문이다. 그러나 이 같은 장점 아닌 장점에도 불구하고 파괴력과 타격 속도가 증대된 무기는 사람들의 호전성을 자극해 국가 간 충돌 위험을 높일 수 있다. 따라서 극초음속 무기를 가진 국가와 그렇지 않은 국가 간의 관계는 앞으로 더욱 심각한 불균형 상태에 놓이게 될 것이다.

8장

세계 방위산업 기업의 미래 전쟁 전략
세계 100대 무기 생산업체 경쟁력 비교

영화나 드라마, 소설 등의 엔터테인먼트 콘텐츠에는 각종 형태의 기업이 등장한다. 이때 단골로 출연하는 것이 방위산업 기업, 즉 방산업체이다. 예컨대 영화 〈아이언맨〉의 주인공 토니 스타크는 원래 스타크 인더스트리라는 방위산업 기업의 대표였다.

　적지 않은 창작물에서 방위산업 기업은 자사의 이익을 위해 엄청난 로비와 불법적 행위를 자행하는 주체로 나온다. 이익 극대화를 위해 각종 이권에 개입하는 모습에서 사회적으로나 국가적으로 위험한 기업이라는 이미지를 줄 때가 많다. 이로 인해 일반인들은 다른 형태의 기업과 비교해 방위산업 기업은 비리가 많고 폐쇄적이며, 비밀이 많은 곳이라는 인상을 받곤 한다. 특히 국내에서는 군과 정관계 인사, 방위산업 기업이 서로 결탁해 벌인 각종 방위산업 관련 비리로 곱지 못한 시선을 받는 형편이다.

　실제로 방위산업 기업이 성공적으로 자리 잡은 미국이나 유럽 국가를 보면, 정부에 대한 로비를 통해 사업권을 획득하는 과정이 존재한다. 이는 다른 사업과 달리 방위산업의 생산품이나 서비스는 모두 정부에서 발주하고 구매하는 방식이기 때문이다. 타국에 제품을 판매하는 과정에서도 마찬가지로 해당국의 정부와 거래하는 형태이기 때문에 정부의 영향력이 판매에 가장 중요한 요소로 작용한다. 그러나 일반적으로는 정부의 소요제기가 이루어지면 그에 부합하는 기획서와 시제품을 제출하고 타 방산업체와의 경쟁을 통해 최종적으로 계약을 맺는 구조이다.

방위산업은 국가 안보와 직접적 연관성을 가진 산업이다. 자국에서 활용할 무기를 모두 자체적으로 생산할 수 있는 기술적·경제적 여력이 있고, 미래 전쟁의 트렌드까지 주도할 수 있는 나라라면 그 무엇도 두렵지 않을 것이다. 그러나 이런 능력을 실제로 갖춘 국가는 지구상 어디에도 없다. 그만큼 경제적 효용성, 기술적 숙련도, 방위비 범위, 시기의 적절성 등과 같은 다양한 조건을 고려해야 하기 때문이다. 매년 상상을 초월하는 방위비를 지출하는 미국조차 예외가 될 수 없다. 이 때문에 각 국가는 무기 네트워크를 이용해 자국에 필요한 무기를 수급하는 전략을 취한다.

현재 미국은 전 세계 방위산업 시장에서 압도적인 지위를 유지하고 있다. 미국은 방위비 지출 규모, 방위산업 기업의 수와 판매 수익, 자국 내수 수요, 기술 R&D 투자 비용, 기술 획득 수준, 내부 연구 인프라 구축 정도와 질적 수준, 실제 전쟁 수행 관련 경험과 무기 실험 면에서 타의 추종을 불허하는 위치에 올라서 있다. 이 때문에 이제까지의 세계 방위산업 시장은 미국의 주도로 생산과 판매가 이루어지는 독과점 시장의 형태를 유지했다. 그리고 미국과 동맹 관계 혹은 비적대적 관계를 맺은 국가들은 미국 방위산업 기업이 생산한 무기를 기술이전 옵션까지 포함된 높은 가격에 수입해 배치하기 위해 노력했다. 이런 현상은 무기체계 분야에서 미국과 경쟁하는 러시아나 중국도 마찬가지였다.

주요 국가의 군사력과 국방비 지출 순위

미국 군사력 평가 전문기관 글로벌파이어파워Global Firepower: GFP는 매년 전 세계 138개국의 군사력을 비교해 발표하고 있다. 각국의 군사력 지표는 총인구를 비롯한 군 가용 인력, 육·해·공군 무기의 다양성, 천연자원, 국가 전반적 물류 시스템과 인력, 재정 안정성, 지리적 여건 등의 여덟 가지 기본 항목과 그 각각의 세부 요건을 포함해 총 50가지의 기준 항목을 종합적으로 비교하고 분석해 도출한다. 다만 핵 능력은 재래식 전력에 포함되지 않는다. 군사력 지표가 0에 가까운 나라일수록 군사력이 강력하다고 보면 된다.

2021년 세계 군사력을 보면 미국이 1위이고 러시아와 중국이 각각 2위와 3위에 자리하고 있다. 그 뒤를 이어 인도와 일본이 각각 4위와 5위를 차지하고 있으며 한국이 6위, 프랑스, 영국, 브라질, 파키스탄이 차례로 7위부터 10위까지의 군사력을 보여준다. 여기서 주목할 부분은 한반도 주변과 연관된 국가들이다. 미국, 중국, 러시아, 일본이 모두 군사력 5위 안에 들고 북한조차 28위로 대다수 국가보다 강한 편이다. 이 평가 항목에 핵 능력이 포함되지 않았다는 것을 고려하면 실제 북한의 군사력은 이보다 높은 순위를 차지하는 것으로 봐도 무방하다.

세계에서 가장 강력한 무력을 자랑하는 국가들이 한반도 주변에 포진한 상황은 큰 위협적 요소라고 할 수 있다. 하지만 역으로 생각하면 이런 상황과 긴장감은 군사력 증강을 향한 욕구를 자극해 국가 안보를 더욱 강력하게 수호하는 발판이 될 수 있다. 이런 상황을 반영하듯 한국의 국방력 순위는 2017년 11위, 2018년과 2019년 7위, 2020년 말에서 2021년 초반 6위로 상승 추세에 있다. 또 국가별 잠수함 함대 전력을 비교한 GFP의 자료에 따르면, 대표적인 비대칭 전략 자산으로 구분되는 잠수함 보유 전력도 한국은 세계에서 여섯 번째 자리를 차지하고 있다.

잠수함 보유 전력을 단순 비교한 GFP의 자료에서 1위는 79척을 가진 중국이었고 68척을 보유한 미국이 2위, 64척의 러시아가 3위, 북한이 36척으로 4위, 이란이 29척으로 5위였다. 일본, 인도, 터키, 영국 등은 각각 20, 17, 12, 11척을 보유해 7위부터 10위에 이름을 올렸다. 그러나 잠수함의 운용 목적에 따라 세분해 분류하면 이 순위는 바로 달라진다. 가령 3,000톤급 이상의 핵추진 잠수함을 중심으로 순위를 분류할 경우 미국이 14척으로 1위, 러시아, 중국, 영국, 프랑스, 인도 등이 각각 11, 9, 4, 4, 1척을 보유해 2위부터 6위를 구성한다.

주요 국가의 국방비

세계에서 국방비를 가장 많이 지출하는 나라는 어디일까? 2018년 가장 많은 국방비를 지출한 상위 10개국의 합이 1조3,475억 달러였는데, 이는 전 세계 국방비 지출 총액의 74.86퍼센트를 차지했다. 그중 미국이 36퍼센트, 중국이 14퍼센트, 사우디아라비아와 인도가 3.7퍼센트, 프랑스가 3.5퍼센트로 상위 5개국이 지출한 국방비가 전 세계 국방비 지출의 60퍼센트를 차지했다. 아울러 미국이 지출한 6,490억 달러의 국방비는 상위 2~8위에 속하는 국가가 지출한 국방비 총액보다 더 큰 금액이었다.

미국은 2018년도에 6,490억 달러, 2019년도에 7,320억 달러, 2020년도에 7,500억 달러, 2021년에 7,405억 달러를 쓰며 국방비 지출 순위 부동의 1위를 지키고 있다. 2위는 중국으로 2018년도에 2,500억 달러, 2019년도에 2,610억 달러, 2020년도에 2,370억 달러, 2021년도에 1,782억 달러를 국방에 썼다. 2018년도부터 2020년도까지 국방비 지출 3위부터 10위까지의 자리는 사우디아라비아, 인도, 프랑스, 러시아, 영국, 독일, 일본, 한국이 서로 조금씩 위치를 바꿔가며 유지되다가 2021년도에는 러시아가 10위권 밖으로 밀려나고 호주가 새롭게 들어섰다. 한국은 국방력 순위와 마찬가지로 국방비 지출 순위에서도 2017년부터 2019년도까지 10위, 2020년도 9위, 2021년도 8위로 꾸준히 상승하고 있다.

등위-국가명(군사력 지표)		
1. 미국(0.0718)	11. 터키(0.2109)	21. 캐나다 (0.3956)
2. 러시아(0.0791)	12. 이탈리아(0.2127)	22. 타이완 (0.4154)
3. 중국(0.0854)	13. 이집트(0.2216)	23. 폴란드(0.4187)
4. 인도(0.1207)	14. 이란(0.2511)	24. 베트남(0.4189)
5. 일본(0.1599)	15. 독일(0.2519)	25. 우크라이나(0.4396)
6. 한국(0.1612)	16. 인도네시아(0.2684)	26. 태국(0.4427)
7. 프랑스(0.1681)	17. 사우디아라비아(0.3231)	27. 알제리(0.4439)
8. 영국(0.1997)	18. 스페인(0.3257)	28. 북한(0.4673)
9. 브라질(0.2026)	19. 호주(0.3378)	29. 그리스(0.4673)
10. 파키스탄(0.2073)	20. 이스라엘(0.3464)	30. 스위스(0.5011)

출처: Global Firepower

국가별 방위산업 기업 비교

오늘날 세계 각국은 장차 벌어질 미래 전쟁에 대비해 앞다투어 첨단 무기를 개발하거나 수입해 실전에 배치하고 있다. 이런 상황에서 방위산업 기업들도 시장에서의 입지를 더욱 공고히 하고자 총성 없는 전쟁을 벌이는 중이다. 따라서 현재 시장에서 경쟁을 벌이는 각국의 방위산업 기업들을 이해하고 그들의 전략을 파악하는 것이 무엇보다 중요하다.

사실 군 관계자나 관련 업계 종사자가 아닌 이상 세계 시장에서 활약하는 방위산업 기업에 대해 알기는 어렵다. 그러나 점차 격화되고 있는 세계 각국의 국방비 지출 경쟁을 생각한다면, 방위산업은 앞으로도 그 규모가 커질 것이고 그것이 우리의 일상에 미치는 영향 역시 강해질 것이다. 따라서 이 시장에서 누가 주도적인 역할을 하는지 정도는 알아 두는 것도 의미가 있다.

전 세계 방위산업 시장에서 영향력을 발휘하는 100대 기업에 대해 간단히 알아보자. 1위 기업 록히드마틴을 시작으로 100위 텔레포닉스 코퍼레이션Telephonics Corporation까지 상위 100개의 방위산업 기업 중 미국 기업이 41개, 영국 기업이 10개, 중국 기업이 8개, 터키 기업이 7개, 프랑스 기업이 4개, 한국 기업이 4개 포함되어 있다. 또 이스라엘과 독일 기업이 3개, 이탈리아, 러시아, 네덜란드, 인도, 노르웨이 기업이 각 2개씩 100위 내에 진입했다. 일본, 호주, 캐나다, 스위스, 스웨덴, 싱가포르, 브라질, 스페인, 벨기에 그리고 핀란드 기업도 각 1개씩 포함되었다.

《디펜스뉴스》가 발표한 2020년 세계 100대 방위산업 기업 자료를 바탕으로 상위 20개의 기업을 살펴보자. 이 자료는 SIPRI가 집계한 자료와 약간 차이가 있지만, 상당히 유사한 결과를 보여준다. 《디펜스뉴스》의 자료는 각 기업별 수익 산출의 범위를 방위defense, 정보intelligence, 국토방어homeland security, 기타 국가안보계약 등을 아울러 제품과 서비스를 총괄해서 집계한 것이다. SIPRI가 매년 집계하는 세계 100대 방위산업 기업 리스트는 순수하게 무기 판매를 기준으로 한다. 따라서 《디펜스뉴스》와 SIPRI의 세계 100대 방위산업 기업의 순위는 약간의 차이가 있다. 그러나 두 조사기관이 집계한 각 기업의 총 판매 수익은 거의 같게 나타나고 있다.

《디펜스뉴스》의 자료에 의하면 상위 20개 기업의 매출이 전체 100개 기업 매출의 67.6퍼센트인 약 3,630억 달러를 차지한다. 특히 상위 1~5위에 포진한 미국 기업의 매출은 전체 100대 기업 총매출의 32.9퍼센트인 약 1,765억 달러이며, 상위 20위에 포함된 여덟 개 기업의 매출은 전체의 39.4퍼센트인 약 2,116억 달러이다. 관련 업계에서 미국 기업의 입지가 압도적임을 알 수 있다. 특기할 점은 100대 기업 내에 중국 기업 여덟 개가 있고, 모두 22위 이내에 포진해 있다는 사실이다. 이는 중국이 국방 무기체계의 개발과 수용에서 미국을 자극할 만큼 크게 성장하

세계 방위비 지출 상위 10개국

세계 방위비 지출 상위 10개국

등위	2018년 국방비(억 USD)		2020년 국방비(억 USD)		2021년 국방비(억 USD)	
1	미국	6,490	미국	7,500	미국	7,405
2	중국	2,500	중국	2,370	중국	1,782
3	사우디아라비아	676	사우디아라비아	676	인도	737
4	인도	665	인도	610	독일	574
5	프랑스	638	영국	551	영국	560
6	러시아	614	독일	500	일본	517
7	영국	500	일본	490	사우디아라비아	485
8	독일	495	러시아	480	한국	480
9	일본	466	한국	440	프랑스	477
10	한국	431	프랑스	415	호주	427
합계	13,475		14,032		13,444	

출처: SIPRI, GFP, 대한민국 세계 방산시장 연감의 자료를 바탕으로 재구성

고 있다는 의미이다. 반면에 미국과 경쟁하던 러시아는 그 세가 급격히 줄어들고 있는 상황이다.

《디펜스뉴스》데이터에 따르면 2020년에 한국 기업도 네 개나 100대 기업에 포함되는 실적을 올렸다. 주식회사 한화, 한화 에어로스페이스, 한화시스템, 한화디펜스 등 네 개의 국방 관련 기업으로 구성된 한화그룹은 한국 기업으로는 가장 높은 32위를 기록했고, 그 뒤를 이어 KAI가 55위, LIG넥스원이 68위, 현대로템이 95위에 자리 잡았다. 그러나 한국 기업 네 곳의 매출 총합은 약 74억 달러로, 전체 100대 기업 총매출의 1.4퍼센트밖에 되지 않는다. 하지만 4차 산업혁명의 핵심기술인 ICT 분야에서 많은 잠재력을 가지고 있는 한국 방산업체라면, 앞으로 세계 시장에서 큰 영향력을 과시할 날도 그리 멀지 않을 것이다.

주요 국방 강국의 대표 방위산업 기업의 전략:

(1) 미국

방위산업 기업은 그 기업이 속한 국가의 국방정책과 비전에 일차적으로 큰 영향을 받는다. 자국에서 필요로 하는 무기와 각종 장비를 수급하는 것이 최우선 정책이기 때문이다. 이와 더불어 무기체계 시장에도 트렌드가 존재하므로 시장의 트렌드를 끌고 가는 미국이나 러시아, 중국 등의 무기 개발은 다른 국가의 방위산업 기업에도 영향을 준다. 따라서

2020년도 방위산업 상위 100대 기업의 국가별 분류

국명	기업 수(등위)	국명	기업 수(등위)
미국	41(1~5, 9, 10, 19, 23, 25, 26, 29, 34, 36~38, 42, 46, 47, 49~52, 56, 59, 63, 66, 69~72, 78, 80~82, 84, 85, 87, 93, 97, 100)	노르웨이	2(77, 94)
영국	10(7, 27, 39, 54, 60, 62, 65, 73, 75, 96)	일본	1(21)
중국	8(6, 8, 11, 14, 15, 18, 20, 24)	호주	1(64)
터키	7(48, 53, 89, 91, 92, 98, 99)	캐나다	1(74)
한국	4(32, 55, 68, 95)	스위스	1(76)
프랑스	4(16, 22, 28, 30)	스웨덴	1(40)
이스라엘	3(31, 41, 44)	싱가포르	1(57)
독일	3(33, 67, 86)	브라질	1(79)
러시아	2(17, 35)	스페인	1(83)
이탈리아	2(13, 58)	벨기에	1(88)
네덜란드	2(12, 43)	핀란드	1(90)
인도	2(45, 61)		

출처:《디펜스뉴스》〈Top 100 for 2020〉, https://people.defensenews.com/top-100/

세계 100대 방위산업 기업에 포함된 주요 기업과 국가들의 상황과 전략을 알아보기로 한다.

우선 미국은 20세기부터 오늘날에 이르기까지 방위산업 분야의 1인자였다. 이러한 현상은 막대한 국방비 지출, 첨단 무기의 개발 및 연구를 향한 열정, (내외부적 필요조건에 따른) 방위산업 기업의 공급량 증가와 이에 따른 이익 상승이 견인한 결과라고 할 수 있다. 전 세계 무기 시장에서 가장 강력한 영향력을 보유한 록히드마틴Lockheed Martin을 필두로 보잉Boeing, 노스롭그루먼Northrop Grumman, 레이시온Raytheon Company, 제네럴 다이내믹스General Dynamics, 엘쓰리헤리스 테크놀러지스L3Harris Technologies, 유나이티드 테크놀러지스United Technologies 등이 세계에서 열 손가락에 꼽히는 미국의 방위산업 기업들이다.

미국에서 방위산업에 직·간접적으로 연관된 기업은 약 1,600여 개다. 2011년 9·11 테러 이후 발발한 아프가니스탄 전쟁과 이라크 전쟁으로 미국의 국방비가 급증하면서 방위산업과 관련된 업체들의 활동과 규모도 다양화되고 활발해졌다. 미국은 미래 전쟁을 대비한 신무기 및 기존 무기의 개량을 위한 기술개발을 위해 기존의 방위산업 기업뿐 아니라 민간 기업의 참여도 적극적으로 지원하며 협력 네트워크를 구축하고 있다. 이런 변화 속에서 기존의 강력한 방위산업 기업들도 업체 간 협업과 통합 등을 통해 새로운 모습으로 전환하려는 노력을 기울이는 중이다.

미국은 유·무인 항공 시스템, 사이버 보안, 전략무기와 우주 분야, 극초음속 미사일과 탄도미사일 및 그 방어시스템, 전자전과 레이더 등을 비롯한 다양한 분야에 관한 기술개발과 배치를 기본 방위전략으로 상정해 진행하고 있다. 유·무인 항공 시스템은 보잉, 록히드마틴, 노스롭그루먼을 중심으로 움직이고 있고, 사이버 보안 분야는 기존의 방위

등위	기업명(국명)	이익 (단위: 백만 달러)	국방 분야로 얻는 수익 비중
1	록히드마틴(미국)	56,606.00	95%
2	보잉(미국)	34,300.00	45%
3	제네럴 다이나믹스(미국)	29,512.00	75%
4	노스롭그루먼(미국)	28,600.00	85%
5	레이시온 컴퍼니(미국)	27,448.00	94%
6	중국항공공업집단공사(중국)	25,075.38	38%
7	BAE 시스템스(영국)	21,033.27	90%
8	중국병기공북집단유한공사(중국)	14,771.60	22%
9	엘스리헤리스 테크놀로지스(미국)	13,916.98	77%
10	유나이티드 테크놀로지스 코퍼레이션(미국)	13,090.00	17%
11	중국항천과공집단유한공사(중국)	12,035.25	32%
12	에어버스(네덜란드/프랑스)	11,266.57	14%
13	레오나르도(이탈리아)	11,109.27	72%
14	중국선박중공주식유한공사(중국)	11,019.56	20%
15	중국전자과기집단공사(중국)	10,148.87	31%
16	탈레스(프랑스)	9,251.68	45%
17	알마즈-안테이(러시아)	9,191.60	95%
18	중국병기장비집단공사(중국)	8,845.87	31%
19	헌팅턴 잉걸스 인더스트리스(미국)	8,119.00	91%
20	중국항천과기집단공사(중국)	7,745.57	21%

산업 기업으로부터 기술과 장비를 공급받는 동시에 민간 부문에서의 기술도 적극적으로 수용하고 있다. 전략무기는 정부 산하의 핵 연구소 네트워크를 중심으로 연구개발을 진행하고 있고 각종 미사일과 운반 체계, 레이더와 센서 시스템의 제작은 방위산업 기업을 중심으로 개발과 개량이 진행되고 있다.

극초음속 미사일과 탄도미사일 개발 및 그 방어시스템은 러시아와 중국, 북한을 비롯한 적국으로부터 미국 본토를 수호하기 위한 방어 수단이다. 기존의 탄도미사일 방어시스템으로는 보잉, 노스롭그루먼의 지상기반 중간궤도 방어 시스템이 있고 록히드마틴이 제작한 사드와 레이시온의 요격미사일 시스템도 배치해둔 상태이다. 또 오비탈 에이티케이Orbital ATK가 개발한 우주체계, 추진체계, 정밀유도탄과 재래식 탄을 통합해 활용 중이다. 각종 미사일 개발과 탄도미사일 방어시스템은 록히드마틴과 레이시온 두 개 업체가 거의 주도하는 형식으로 진행되며 보잉도 일정 부분 참여하고 있다.

특히 극초음속 미사일은 2018년 8월 미 공군과 록히드마틴이 공대지 초음속 무기 개발 계약을 체결하면서 록히드마틴의 주도로 AGM-183 애로우의 개발이 이루어지고 있다. 현재는 보잉의 B-52 폭격기에 탑재해 발사하는 실험을 완료한 상태이다. 여기에 더해 록웰Rockwell이 개발한 B-1B 랜서Lancer 초음속 전략 폭격기의 내부 무장창과 외부에 탑재해 공격에 활용하는 방안도 고려하고 있다. B-1B 랜서의 초음속 비행 능력에 극초음속 미사일인 애로우까지 합쳐지면 유사시 목표 타격에 상당한 시간적·거리적 경제성을 확보할 수 있다고 미국은 판단하고 있다. 이와 동시에 러시아와 중국의 극초음속 무기를 방어할 수 있는 레이저무기는 노스롭그루먼, 보잉, 록히드마틴 등이 주도해 개발 중이다.

전자전에 가장 특화된 항공 장비는 맥도넬더글러스McDonnell Douglas에서 개발한 F/A-18E/F를 바탕으로 제작된 보잉의 EA-18G 그라울러이며 패트리엇 미사일을 제작한 레이시온사와 미 해군은 차세대 재머Jammer 개발 계약을 체결해 이 재머를 항모에서 이착륙하는 F-35 전투기에 2021년까지 탑재해 활용한다는 계획을 세우고 있다. 통상의 레이더 수신기가 방어에 특화된 반면 이 차세대 재머는 공격도 가능하다. 이런 식으로 적 레이더를 전자전기가 아닌 전투기로 선제 무력화시킴으로써 자체 방어시스템이 없는 B-2 스피릿과 같은 장거리 타격 폭격기의 활동 범위를 크게 넓힐 수 있을 것으로 예상한다.

미국은 전통적으로 항공우주 분야에서 강세를 보인다. 록히드마틴은 주력인 항공 분야 가운데 고정익과 회전익 전투기, 전략 수송기, 감시용 및 정찰용 항공기, 무인 항공시스템 등과 관련된 설계와 제작에 주력하고 있다. 보잉은 전투기, 전략 수송기, 공중급유기, 공중조기경보통제기, 해양초계기, 공격용 및 수송용 헬기, V-22 오스프리 틸트로터 Tilt-Rotor, 무인 항공시스템에 특화되어 있다. 록히드마틴과 보잉은 오래전부터 유사한 무기체계의 개발을 놓고 경쟁과 협업 관계를 유지하고 있다.

미국의 방위산업은 탄약과 군복부터 우주체계에 이르기까지 거의 전 범위에 걸친 제품과 서비스를 제공하며, 방위산업의 자립성 측면에서 가장 완벽한 국가이다. 그러나 생산과 경제성 측면을 고려해 일부 제품이나 서비스는 다른 국가에서 수입하기도 한다. 2018년 기준 전 세계 무기 수입 물량 가운데 3.7퍼센트를 차지하는 미국은 독일, 영국, 캐나다, 프랑스, 노르웨이, 네덜란드, 스위스, 호주, 남아프리카공화국, 이스라엘 등을 포함한 국가로부터 무기를 수입하고 있다. 주요 수입 무기는 항공기가 가장 높은 비율을 차지하며 센서, 함정, 화포 등도 일부 수입하고 있다.

미국은 전 세계 무기거래량의 33퍼센트를 점유하며 세계에서 무기를 가장 많이 수출하는 나라이다. 주요 거래 무기는 항공기로 전체 수출 무기의 절반을 훨씬 넘는다. 뒤를 이어서 미사일과 기갑차량, 방공무기 순으로 거래량이 많은 것으로 나타난다. 주요 거래 국가 중 사우디아라비아가 가장 높은 비율로 미국의 무기를 수입하고 있으며 다음으로 호주, 아랍에미리트, 한국, 이라크, 싱가포르, 터키, 일본, 타이완, 영국, 인도 등의 국가가 뒤를 잇는다. 이 가운데 일본과 터키는 미국으로부터의 무기 수입이 두드러지게 늘어나는 추세를 보인다. 이는 미국의 대외적 군사정책과도 무관하지 않은 것으로 생각된다. 중국과 러시아의 약진에 따른 동아시아와 유럽에서의 영향력 유지를 위한 군사 정책적 관점에서, 일본과 터키와의 동맹 관계 강화도 이 국가들에 대한 미국 무기의 수출량 증가로 이어진다고 볼 수 있다.

록히드마틴은 1995년 군용 항공기 분야에서 명성을 쌓아온 록히드와 마틴마리에타가 합병하며 만들어졌다. 이 합병을 통해 록히드마틴은 명실상부 세계 최대 규모와 최고의 기술을 가진 방위산업 기업으로 부상했다. 록히드마틴에는 스컹크 웍스The Skunk Works라는 전문가 그룹이 있으며, 여기에서 혁신적 항공기 설계 기술들을 만들어내고 있다. 이 기업은 미국 국방부의 정책적 방향에 맞춰 항공기뿐 아니라 레이더나 방어망, 미사일, 우주 개발사업에서도 결정적인 임무를 수행하고 있다. 신의 방패라는 별명을 가진 이지스 구축함의 레이더 이지스 시스템 역시 이들의 작품이다. 또한 외계인과의 전쟁을 위해 만들어졌다는 말이 나올 정도로 강력함을 자랑하는 F-22 랩터, 한국 공군에서도 사용하는 F-35 라이트닝과 F-16, 육군의 전술 지대지미사일 에이태킴스 등이 모두 록히드마틴에서 만들어졌다. 최근 록히드마틴은 극초음속 공대지미사일 AGM-183 애로우를 개발해 러시아와 중국의 극초음속 무기에 대한 상쇄 전략을 준비하고 있다. 여기에 더해 전투기에 레이저 포드를 장착해 공중 근접전과 미사일 요격에 사용하는, 이른바 전술 공중 레이저무기 시스템Tactical Airborne Laser Weapon System: TALMS도 연구 중이다.

록히드마틴은 KAI에서 개발 및 제작한 T-50 골든 이글 고등훈련기의 기술 파트너이며 현재 진행되는 한국형 전투기 개발사업KFX에도 깊이 관여하고 있다. 우리 군이 사용하는 전투기를 공급할 뿐 아니라 한국 공군의 차세대 사업에도 큰 영향을 미치는 기업으로서, 록히드마틴은 앞으로도 한국군의 선진화 과정에서 가장 중요한 파트너라 할 수 있다.

보잉은 록히드마틴과 더불어 전 세계 군용 항공기 시장에서 가장 영향력 있는 방위산업 기업인 동시에 민간용 항공기 시장에서도 최고 의 입지를 구축한 기업이다. 록히드마틴과 달리 보잉은 방위산업에 치 중된 기업이 아니다. 실제로 보잉은 군사와 우주 개발이라는 국가 안보 와 직결된 사업은 보잉 종합 방위 시스템Boeing Integrated Defense Systems: Boeing IDS에서, 또 민간 항공기 분야는 보잉 상업항공Boeing Commercial Air-planes: BCA에서 담당하는 이중 구조로 이루어져 있다.

보잉은 B-17 폭격기를 미군에 납품하면서 방위산업 기업으로서의 입지를 마련했고 이후 B-29 폭격기가 제2차 세계대전과 한국전에서 크 게 활약하면서 세계 최정상급 폭격기 제작업체로 거듭나게 되었다. 그 뒤 B-47과 B-54로 전략 폭격기 분야에선 가장 강력한 영향력을 갖게 되 었다.

보잉은 세계적 항공기 제작사였던 맥도넬더글러스사와 합병하면 서 군용 항공기 시장에서의 강력한 발판을 마련하게 되었다. 이후 보 잉은 록히드마틴과 컨소시엄을 구성해 세계 최고 성능을 자랑하는 전 투기 F-22 랩터를 공동 생산하게 된다. 이뿐 아니라 맥도넬더글러스가 개발한 C-17 글로브마스터 II 수송기, F-15, F/A-18 호넷, F/A-18E/F 슈퍼 호넷 등의 전투기를 제작하면서 보잉은 폭격기뿐 아니라 전투기 사업 에서도 영향력을 발휘하게 되었다. 특히 F/A-18E/F를 바탕으로 개발한 EA-18G 그라울러는 세계 최고의 성능을 자랑하는 전자전기이다.

폭격기의 강자로 등극한 보잉은 맥도넬더글러스 합병 이후 전투기 라인업을 그대로 가져오면서 전투기와 전자전기를 생산하는 기업으로 거듭났다. 보잉은 여기에 수송기, 공중급유기, 해군의 대잠초계기 등을 제작하며 명실상부한 군용 항공기 제작사로서 록히드마틴과 경쟁할 수 있게 되었다. 그리고 대함 미사일 하푼, 토마호크 순항미사일, 헬파이어 대전차미사일 등을 실질적으로 제작, 판매할 수 있게 되었다. 또한, 러시아와 중국의 극초음속 무기를 방어할 대표적 무기로 인정받는 레이저무기도 미 육군과 협업해 개발 및 실전 배치를 진행했다. 보잉은 항공기뿐 아니라 미사일 분야에서도 탁월한 개발 능력을 발휘해 대륙간탄도미사일 미니트맨 3를 개발했다. 이런 미사일 기술은 미국이 주도한 아폴로 계획을 비롯한 각종 우주 분야 사업에서 막대한 이익을 가져다주었고, 현재도 우주 개발사업에 참여할 수 있는 여지를 남겨주었다. 그러나 로켓의 새로운 패러다임을 연 스페이스X와의 경쟁에서는 어떤 결과물이 만들어질지 두고 봐야 한다.

노스롭그루먼은 록히드마틴, 보잉과 함께 미국의 3대 항공우주 방위산업 기업이며 세계 최대의 군용 항공기 제작사로 세계에서 가장 영향력 있는 방위산업 기업 중 하나이다. B-2 스피릿Spirit 폭격기의 개발사로 유명한 노스롭그루먼은 전 세계 최대의 군함 제작사라는 타이틀도 가진 동시에 극초음속 무기의 방어에 사용될 레이저무기를 제작하는 회사이기도 하다. 노스롭그루먼은 1994년 노스롭과 그루먼이 합병하며 만들어졌고 이후 다른 방위산업체들을 인수하며 현재의 거대한 방위산업 기업으로 성장했다.

노스롭그루먼은 세계 100대 방위산업 기업 내에서 록히드마틴, 보잉, 제너럴 다이나믹스, 레이시온 등과 함께 가장 영향력 있는 5대 기업으로 자리하고 있다. 록히드마틴이 제작한 F-22 랩터와 F-35 라이트닝에 들어가는 레이더를 생산해 납품하고 있으며 미국의 니미츠급 항공모함 10척을 건조하기도 했다. 그 외에도 각종 구축함과 순양함을 비롯한 함정 상당수를 제작했고 극초음속 무기를 방어할 수 있는 레이저무기를 개발해 함정, 지상, 전투기 등에서 사용할 수 있도록 연구 및 개발을 진행 중이다. 참고로 레이저무기의 초기 버전은 이미 함정에 실전 배치가 완료된 상태이다.

노스롭그루먼은 다른 회사와의 협업을 통한 사업 확장에도 많은 관심을 갖고 있다. 자사에서 제작한 EA-6B 프라울러 전자전기를 대체하는 보잉의 EA-18G 그라울러 개발에 참여하기도 했고 제너럴일렉트릭General Electric: GE과 공동으로 미 해군의 원자력 잠수함을 공급한 적도 있다. 현재 노스롭그루먼은 차세대 전략 스텔스 폭격기 사업에 선정되어 B-2 폭격기에 이은 새로운 폭격기의 신화를 준비 중이다.

레이시온은 미사일과 레이더에 특화된 방위산업 기업이다. 레이시온이 생산한 첨단 미사일과 레이더는 보잉이나 록히드마틴 등 항공기 제작사가 생산한 전투기와 폭격기 및 지상의 시스템에서 공격용이나 탄도미사일 방어용으로 사용되고 있다. 이곳에서 생산된 주요 미사일로는 탄도미사일 방어시스템에 사용되는 패트리엇 지대공미사일, BGM-109 토마호크 함대지 미사일Tomahawk Anti Ship Missile: TASM, AGM-65 매버릭Maverick 공대지미사일, AIM-9 사이드와인더Sidewinder 공대공미사일 등이 있다. 토마호크 함대지 미사일은 레이더 유도식이며 탑재된 카메라와 통신 센서를 통해 목표물에 대한 정보를 타격 직전까지 지휘본부와 공유하면서 타격 목표물의 정확도를 높일 수 있다. 또한 각종 항공 장비와 위성, 해상과 지상의 함정 및 탱크 등에서 획득한 정보를 센서를 통해 수신해 최종 타격 목표의 정확도를 높이는 네트워크형 미사일이다.

레이시온은 보잉처럼 군수와 민간 양 분야에 사업 영역을 보유하고 있다. 민간 산업에서는 레이더 기술을 응용해 교통신호 통제장치나 민간 공항 관제 장치 등을 개발해 공급한다. 참고로 오늘날 많은 사람이 쓰는 전자레인지도 레이시온에서 발명한 것이다. 군용 레이더 관련 연구를 진행하던 중 우연한 발견으로 이룬 성과이다.

제너럴 다이나믹스는 육상 무기와 해저 무기에 특화된 기업으로 현재는 영역을 확대해 전투기 사업도 진행하고 있다. 대표적인 육상 무기로는 M1 에이브람스 탱크와 스트라이커 장갑차가 있으며 해저 무기로는 오하이오급 탄도미사일 잠수함이 있다. 제너럴 다이나믹스는 1899년 창업됐는데 초창기 회사 명칭인 일렉트릭 보트Electric Boat Company에서 알 수 있듯 잠수함과 전투용 함정 같은 수상용 무기를 주로 생산하던 기업이었다. 미국 최초의 잠수함 홀랜드Holland와 세계 최초의 원자력 잠수함 USS 노틸러스USS Nautilus가 바로 이 기업의 작품이다. 노틸러스는 1870년 쥘 베른이 쓴 소설 《해저 2만 리》에 등장한 잠수함 노틸러스에서 이름을 딴 것으로, 1952년 기공을 시작해 1954년 9월 30일 취역했고 1980년 3월 3일에 퇴역했다.

제너럴 다이나믹스는 사업 영역을 공중으로 확대해 F-16 전투기와 F-111 전폭기를 생산했지만, 냉전이 종식되고 경영난에 봉착하자 1993년 F-16을 비롯한 전투기 제조 부문을 록히드마틴에 매각했다. 그러나 여전히 우주항공Aerospace, 해상 시스템Marine Systems, 전투시스템Combat Systems, 기술Technologies 등의 사업 영역을 통해 민간과 군수 분야 양쪽에서 사업을 영위하고 있다. 우주항공 분야는 개인용 제트 서비스에 특화되어 있으며 해상 시스템은 군함과 잠수함 건조 및 민간에서 사용하는 대형 선박 건조 사업을 진행하고 있다. 전투시스템은 장갑차, 탱크, 육·해·공군에서 사용하는 탄약부터 무기 플랫폼까지 전술용 무기 전반에 걸친 사업을 진행하고 있다. 기술 분야는 정보기술과 미션 시스템으로 구분해 운영 중이다. 정보기술 부문에서는 IT 네트워크와 시스템 그리고 전문가 서비스를 미국 국방부와 주정부 및 민간 기업에 제공하고 있다. 그리고 미션 시스템에서는 커뮤니케이션 보안 시스템, 전술 통제 시스템, 센서, 그리고 사이버 소프트웨어 등을 만들어 군에 제공하는 사업을 진행하고 있다. 이렇듯 국방과 민간의 영역을 동시에 커버하는 구조로 사업을 진행하고 있지만 주 수입원은 75 대 25로 국방 분야에서 얻는 수익이 더 크다.

주요 국방 강국의 대표 방위산업 기업의 전략:
(2) 영국

영국은 유럽 최대의 방위산업 시장이며 총 매출에서 수출이 차지하는 비중이 25퍼센트에 이른다. 영국은 자국의 방위산업 제품과 서비스를 우선시하는 미국과 달리 다른 국가 기업의 진출이 비교적 자유롭다. 이 때문에 프랑스의 탈레스Thales와 이탈리아의 레오나르도Leonardo가 강력한 영향력을 가지고 있으며 미국의 록히드마틴이 핵과 전략무기 부문에서, 제너럴 다이나믹스가 지상 무기 부문에서 중요한 영향력을 발휘하고 있다.

이렇듯 외국 기업들의 입김이 강한 상황이지만 가장 강력하게 영국의 방위산업 시장을 지배하고 있는 기업은 BAE 시스템스이다. BAE 시스템스는 영국의 육·해·공 모든 분야에서 높은 점유율을 가지고 있다. 전투기를 비롯한 공군 전력, 전차와 장갑차를 필두로 하는 육군 전력, 핵잠수함을 비롯한 해군 전력까지 영국에서 BAE 시스템스가 지배하지 않는 분야는 존재하지 않는다.

1960~1970년대 영국의 거의 모든 항공기 제작 기업이 차례로 합병하면서 브리티시 에어로스페이스라는 거대한 합동 기업이 만들어졌다. 그리고 이것이 훗날 BAE 시스템스의 모태가 된다. BAE 시스템스는

육상, 해상, 공중, 사이버 영역 등 총 네 개의 하부구조를 갖고 있다. 항공기를 제작하는 BAE 시스템스 에어, 해상 무기체계를 제작하는 BAE 시스템스 마리타임, 탱크와 장갑차 등을 비롯한 육상 무기를 제작하는 BAE 시스템스 랜드, 그리고 사이버 보안과 네트워크를 전문으로 하는 BAE 시스템스 응용 정보Applied Intelligence가 그것이다. 이렇게 전 분야에 걸친 기술력을 갖춘 덕분에 영국의 국방 시장에서 독점적 영향력을 보유한 BAE 시스템스는 세계 시장에서도 매년 상위 10위 안쪽에 들며 미국의 록히드마틴을 비롯한 주요 5개 방위산업 기업과 경쟁하고 있다.

BAE 시스템스의 역량은 해외에서도 인정받고 있다. 이는 무기 생산과 공급에 있어 자국 기업 우선 정책이 강력한 미국 내에서 독립된 법인을 운영하는 것만 봐도 알 수 있다. 본사와는 독립적으로 운영되는 BAE 시스템스 미국 지부는 미국 내 방위산업 기업들을 합병하며 미국 10대 방위산업 기업의 반열에 올라서 있다.

BAE 시스템스는 현재 레일건과 미래 무기 시스템에 많은 역점을 두고 있다. 이들은 레일건에서 발사할 수 있는 저렴한 극초음속탄Hyper-velocity Projectile: HVP을 개발하고 이를 미군의 줌왈트급 구축함에 레일건과 함께 탑재했다. HVP는 레일건뿐 아니라 155밀리미터 곡사포와 5인치 해군 함포에서도 발사할 수 있다. 또 장기 프로젝트의 하나로 대기권 밖에서 발사가 가능한 고출력 레이저무기의 연구도 진행 중이다.

영국은 2020년 세계 100대 방위산업 기업 리스트에 총 10개의 기업을 올렸다. BAE 시스템스가 7위에 자리했고 군용 항공기와 함선 엔진 제작의 강자인 롤스로이스가 27위, 수상 전투함, 항공모함, 핵잠수함 등의 재장비와 성능 개량 및 운용 지원시스템으로 유명한 밥콕 마린 인터내셔널Bobcock Marine International이 39위를 차지했다. 그 외에도 일곱 개 기업이 50위권 밖에 포진하고 있다.

영국은 항공우주 분야 관련 기술이 강하며 미국의 F-35 라이트닝 II 와 무인 체계를 록히드마틴과 공동 생산하면서 그 기술력을 더욱 강화시켰다. BAE 시스템스는 미국과 영국에 기반을 둔 서유럽 국가의 방위 산업 기업들과 유기적인 협업 체계를 이루며 각종 무기는 물론 C4IS-R(지휘, 통제, 통신, 컴퓨터, 정보, 감시, 정찰) 시스템에 포함되는 전술 무전기, 전술 네트워크 시스템, 전자전 시스템, 고정식 및 이동식 레이더 시스템, 무인 항공기, 네트워크 기반시설, 소프트웨어, 의사결정 지원시스템도 개발하고 있다. 이런 협업 체계는 미국을 비롯한 유럽 국가들과의 국방 네트워크를 더욱 강력하게 유지하는 중요한 요인으로 작용한다.

영국은 세계에서 19번째 무기 수입국으로 이들이 사들이는 무기는 전 세계 수입 물량 가운데 약 1.7퍼센트를 차지하고 있다. 영국이 주로 수입하는 무기 가운데 가장 높은 비율을 차지하는 것은 단연 항공기로, 전체 수입 무기 중 절반 이상이다. 다음으로 미사일, 함정, 엔진순으로 수입량이 많다. 영국이 무기를 수입하는 국가는 미국이 압도적이며 다음이 한국, 프랑스, 스웨덴의 순이다. 다만 영국은 무기의 수입보다 수출의 비중이 훨씬 높은 나라로 전 세계 수출 시장의 약 4.3퍼센트를 점유하고 있다. 주요 수출국은 사우디아라비아로 전체 수출량의 40퍼센트가 넘는다. 그다음은 오만, 인도, 미국, 인도네시아순이다. 주요 수출 무기는 항공기가 약 56퍼센트 이상을 차지해 압도적이며 함정과 미사일, 엔진이 차례로 뒤를 잇고 있다.

주요 국방 강국의 대표 방위산업 기업의 전략:
(3) 중국

중국은 눈부시게 성장한 경제력을 원동력 삼아 동아시아와 태평양 지역으로 진출하기 위해 급격하게 무력을 키우고 있다. 남중국해, 조어도, 타이완, 홍콩 등과 관련된 분쟁에 적극적으로 공세적 입장을 견지하는 중국은 이런 공세적 태도를 유지하기 위한 전략으로 매년 국방비를 증가시키며 무기의 개발과 배치를 서두르고 있다. 이와 동시에 현재 동아시아와 태평양의 패권을 쥔 미국을 견제, 혹은 무력화시키고자 정부 차원에서 아낌없이 자국 방위산업을 지원하는 중이다.

최근 들어 중국은 자체적으로 항공모함을 건조하고 5세대 스텔스기를 개발 및 배치했으며 기존 탄도미사일을 개량하는 한편으로 극초음속 무기를 개발 및 배치함으로써 미국과 동아시아, 태평양 연안 미국 우방들을 자극하고 있다. 한편 이 같은 행보는 지난 10여 년간 중국 방위산업 기업들의 매출을 급증시켜 세계 100대 방위산업 기업 리스트에 여덟 개의 기업이 진입하도록 만들었다.

2020년 세계 100대 방위산업 기업에 포함된 여덟 개의 중국 기업들은 6위부터 24위 사이에 위치하고 있다. 상대적으로 높은 순위이다. 이 안에 포함된 미국 기업이 아홉 개로 중국의 기업들이 뒤를 추격하는 양상이다. 사실 국방 관련 수익 면에서 보면, 여덟 개 중국 기업의 총 수익이 미국의 록히드마틴과 보잉의 수익을 합친 것과 비슷하다. 그럼에도 중국 기업들을 과소평가하기는 어렵다. 이들이 거두는 수익 전체에서 국방 관련 수익이 차지하는 비중은 최고 38퍼센트에서 최저 16퍼센트로 비교적 낮기 때문이다. 이는 해당 기업들이 군수보다는 민간영역에서 더 많은 활동을 한다는 뜻이다. 이 때문에 전체 수익 규모를 놓고 보면 미국의 기업들과 비슷하거나 더 많은 경우도 있다. 결론적으로 중국의 기업들이 모두 상위에 있다는 사실은 상당히 의미심장하다. 중국은 미국 다음으로 국방비를 많이 쓰는 나라이므로 당연한 결과일지 모른다.

중국은 자국의 방위산업을 강력하게 보호하는 정책을 취하고 있다. 경제가 성장하면서 넉넉해진 자본으로 다양한 제품을 구매할 수 있는 여력이 생겼지만, 미국을 비롯한 서구 주요 공급자들로부터의 수입은 금수 조치로 인해 차단된 상태이다. 따라서 인민해방군에서 필요로 하는 재래식무기들은 대부분 자국에서 생산한 무기로 충당하고 있으며, 첨단 무기는 전적으로 러시아에 의존하고 있다.

중국의 방위산업은 11개의 핵심 국영기업들을 중심으로 돌아가는 구조이며 각 기업과 그 기업 산하에 소속된 수십에서 수백 개의 기업은 특정한 무기의 개발과 제조에 특화되어 있다. 따라서 각각의 무기를 전담하는 기업들은 독점적 지위가 보장되며 여기에는 경쟁의 여지가 존재하지 않는다. 또한 외국 기업의 중국 방위산업 시장 참여는 자국 방위산업 보호정책으로 인해 제한되어 있다. 따라서 중국의 방위산업 시장에는 경쟁 자체가 없다.

세계 100대 방위산업 기업 중 6위에 자리한 중국항공공업집단유한공사Aviation Industry Corporation of China: AVIC는 군용기를 생산하는 국영기업이다. 1951년 4월 1일 한국전쟁 당시 설립되었고 2010년부터 항공기 제작의 핵심인 엔진을 비롯해 부품 제작을 전문으로 하는 미국 기업들을 인수하면서 능력을 향상했다.

AVIC는 2019년 기준 포춘 글로벌 500에서 151위를 기록했다. 국방 관련 분야에서 얻은 이익은 약 251억 달러로 7위에 자리한 영국의 BAE 시스템스보다 많고 록히드마틴의 절반에 못 미치는 수준이다. 그러나 전체 이익을 놓고 보면 전체 100대 기업 중 보잉 다음으로 많은 이익을 얻었고 록히드마틴보다 약 70억 달러 이상 많은 이익을 창출한 것을 알 수 있다.

AVIC의 주요 생산품으로는 전투기(J-10·11·15·16·20·31), 전폭기(JF-17), 훈련기(JL-8·9, L-15), 수송기(Y-11·12, MA600·700 등), 폭격기(H-6·20,

J-XX), 헬리콥터, 무인기 등이 있다. AVIC는 중국 항공 산업에서 가장 중요한 임무를 수행하는 군산복합 기업으로서, 항공기 설계부터 엔진과 부품 개발, 기체 조립까지 모든 과정을 수행할 수 있는 중국의 핵심 기업이다.

현재 진행되는 미국과 중국의 경제 전쟁에서 미국은 화웨이를 비롯한 중국 기업들을 강력히 제재하고 있다. 이는 해당 기업들이 인민해방군의 소유 또는 강력한 지배력 아래 있기 때문이다. 즉, '인민해방군 기업' 리스트에 이름이 오른 곳은 미국 정부와 민간의 경계 대상이 된다는 뜻이다. AVIC 역시 화웨이, 차이나모바일, 차이나텔레콤 등을 포함한 20개 경계 대상 기업에 포함되어 있다. 그러니 미국이나 서방국가와의 협업에 어려움을 겪을 수밖에 없다.

중국의 방위산업 기업은 미국이나 영국과 달리 모두 공산당 국무원이 소유하고 운영하는 구조로 이루어져 있다. 11개의 핵심 국영 방위산업 기업은 산하에 각각 수백 개씩의 계열사를 보유하고 인민해방군에게 공급하는 무기의 개발, 제조, 유지 보수를 독점한다. 물론 2000년대 초반부터 민간이 방위산업 분야에 참여할 길을 열긴 했지만, 중국의 시스템상 순수한 민간 기업은 없다고 보는 것이 타당할 것이다. 공산당이 모든 과정을 관리하니 무기 시스템의 개발과 제조에 관한 의사결정과 투자가 여느 국가들에 비해 빠르다는 장점이 있다. 그러나 경직된 문화로 인한 창의성과 책임성의 결여는 공정 부실화를 야기할 수도 있다.

중국은 미국과의 경제적·군사적 경쟁 관계를 의식해 증대된 경제력을 바탕으로 군과 무기 현대화를 강력하게 추진하고 있다. 특히 중국은 해군력 증강을 통한 대양해군을 지향하면서 자체 항공모함과 이지스함을 비롯한 각종 군용 함정의 개발을 서두르는 중이다. 그런데 속도와 양보다 중요한 것이 제작 공정의 정확함이다. 요즘 중국의 함선들은 제작상의 문제로 군용은 물론 민간용 함선마저 안전에 빨간불이 켜진 상태이다. 가령 중국이 건조한 LNG선(액화천연가스 수송 선박) 글래드스톤호Gladstone LNG Ship號가 고객사에 인도되고 나서 2년 만에 폐기된 사례나 태국에 판매된 군함과 잠수함에서 각종 문제가 발생한 사례 등으로 인해 중국의 조선업 능력이 의구심 섞인 눈초리를 받고 있다.

이런 국제적 신뢰도 하락은 중국 조선업 전반의 불안정으로 이어지고 있다. 어쩌면 중국은 자국의 조선업 붕괴를 막기 위해 외형적으로 군함의 수를 늘려가며 미국과 동등하거나 더 낫다는 이미지를 만들려는 것인지도 모른다. 미국, 영국, 한국 등 다른 국가들은 새로운 무기를 개발하고 실전에 배치할 때 상당한 시간을 들여 다양한 안전성 검증 과정을 거친다. 그러나 중국은 군함을 새로 만들면 검증 단계를 거치지 않고 바로 실전에 배치하다 보니 문제가 지속해서 발생한다. 이는 자국 해군의 이미지를 깎아 먹는 결과로 이어지고 있다.

한편 중국은 전통적으로 러시아와 유기적인 협업 관계를 유지하면서 기술발전을 도모했다. 중국은 현재 사이버전 능력, 전자전 시스템, 통합지휘 자동화 네트워크, 레이저, C4ISR, 극초음속 무기 등을 우선적으로 현대화할 방침이다. 이 과업을 달성하기 위해 중국은 이미 해당 분야에서 상당한 기술력을 확보한 러시아의 도움을 받고 있다. 이런 노력과 함께 풍부한 자본력을 바탕으로 유럽과 미국 등 기술 선진국의 방위산업 기업의 인수에도 민간 차원에서 활발하게 힘쓰고 있다.

SIPRI 자료에 따르면 중국은 러시아로부터 가장 많이 무기를 수입하고 있으며 그다음이 프랑스, 우크라이나, 영국, 스위스, 벨라루스, 우즈베키스탄, 독일의 순이다. 수입하는 무기는 항공기(약 38퍼센트), 엔진(약 27퍼센트), 미사일(약 13퍼센트), 센서(약 10퍼센트) 등이다. 또한 파키스탄, 방글라데시, 미얀마, 알제리, 베네수엘라, 탄자니아 등과 제

3세계 국가 일부에 무기를 수출하고 있다. 주요 수출 무기 중 항공기가 약 30퍼센트로 가장 많고 함정이 약 23퍼센트, 기갑차량이 약 21퍼센트, 미사일이 14퍼센트, 방공무기가 6.4퍼센트를 차지한다.

의아한 점은 그 어떤 자료에도 중국이 북한에 무기를 수출한다는 내용이 없다는 점이다. 아마도 수출국 중 '기타'로 분류되었거나 애초부터 기록을 남기지 않은 것으로 추정된다. 중국은 북한의 최대 우방국으로 기술력과 경제력 측면에서 북한에 매우 큰 영향력을 행사하는 것으로 알려져 있다.

주요 국방 강국의 대표 방위산업 기업의 전략:
(4) 러시아

러시아는 전 세계에서 가장 넓은 국토를 가진 나라로 그만큼 지리적·전략적·정치적으로 중요한 위치에 있다. 동쪽으로는 태평양, 서쪽으로는 유럽, 남쪽으로는 북한, 중국, 몽골, 북쪽으로는 북극해와 마주하고 있다. 유라시아 대륙 북쪽의 대부분을 차지한 러시아는 소련이 해체되기 전까지 미국과 냉전 구도를 유지하며 기술적·정치적·군사적 긴장 관계를 이어가기도 했다. 냉전 종식 후 설립된 러시아 연방은 실용주의적 전방위 외교를 통해 소련이 누리던 국제적 위상을 유지하려 하고 있다. 물론 국제적 위상을 위해서는 군사력 또한 중요하다. 러시아는 지속적인 무력 증진을 추진함으로써 국제사회에서 미국에 맞서려는 노력을 기울이는 중이다.

한편 국경을 마주한 유럽 국가들과는 협력적 관계를 유지하며 기술적·경제적 지원을 끌어내기 위한 무역 정책을 펼치고 있다. 그러나 이란, 나토 및 우크라이나 등 동유럽 국가들과의 관계 악화는 새로운 갈등의 불씨가 되고 있다.

러시아는 신무기 개발의 역사에서 미국의 오랜 라이벌이었다. 이 경쟁 덕분에 군사 분야를 넘어서 다양한 기술의 혁신적 진보가 일어날 수 있었다. 그러나 냉전 과정에서 만들어진 핵무기를 비롯한 각종 대량살상무기는 지구 전체의 잠재적 위기 요소로 작용하고 있다.

미국과 러시아의 군비경쟁은 세계 무기 시장의 발전을 견인했다. 미국과 러시아가 가진 군사 과학기술은 많은 전문 기업들을 만들어냈고 이런 경쟁 관계는 현재까지 이어지고 있다. 오늘날에도 세계 무기 시장에서 러시아가 차지하는 비중은 상당히 높다. 러시아의 전력 증강 계획은 계속 업그레이드되고 있으며 이런 계획은 전 세계 국가들의 관심과 경쟁을 유도한다.

러시아는 인도와 중국에 대량의 무기를 판매해 무력 증강과 기술 획득을 도왔고 벨라루스, 이란, 베네수엘라의 무기 현대화도 촉진했다. 러시아는 중국과 마찬가지로 모든 방위산업 제품과 기업이 정부에 의해 수직적으로 관리되며, 정부의 군사정책을 그대로 반영한다. 러시아 방위산업 기업들은 2008년 세계 금융 위기를 겪으며 합병과 국영기업으로의 전환을 통해 피해를 최소화했다. 그러나 2014년 우크라이나를 군사적으로 침공한 일과 크림반도를 합병한 사건은 미국과 유럽연합 회원국, 호주, 캐나다 등 서방국가들의 강력한 거부감을 불러일으켰고, 결국 러시아에 대한 제재와 무기 금수 조치로 이어졌다. 러시아에 대한 서방의 제재는 방위산업, 석유와 가스 등의 에너지, 금융 분야 등에 적용되었다. 러시아의 최대 무역 거래처인 EU의 경제 제재와 무기 금수 조치는 러시아에 큰 경제적·외교적 어려움을 안겨주었다.

2020년 《디펜스뉴스》가 집계한 세계 100대 방위산업 기업에 러시아는 단 두 개의 기업만이 이름을 올렸다. 17위에 자리한 알마즈-안테이 Almaz-Antey의 방위사업 이익은 약 92억 달러였고 이는 기업 총이익 가운데 95퍼센트에 이르는 비율이었다. 35위에 자리한 전술 미사일 기업 Tactical Missiles Corporation: JSC의 방위사업 이익은 약 35억 달러로 이 역시 기업 총이익 중 98퍼센트를 차지하고 있었다. 이러한 결과는 러시아의 국방비 지출 규모가 최근 몇 년간 지속적으로 줄어드는 추세와도 연관이 있다. 또 서방의 금수 조치로 인한 무기 판매 감소도 큰 영향을 주었다고 볼 수 있다.

러시아는 현재 대규모 국방개혁을 추진하고 있다. 군의 구조와 무기체계 현대화를 추진 중이며 기존 세력권 내에서의 지속적 영향력 강화를 꾀하고 있다. 이를 위해 미국과의 무력 경쟁에서 우위를 점할 수 있는 게임 체인저의 개발을 목표로 잡은 상태이다. 새로운 게임 체인저로서 러시아가 공을 들이는 분야는 미국의 방공망을 무력화하고 비대칭적 상황을 구축하는 극초음속 무기 및 사이버전이다.

러시아의 대표적 방위산업 기업 알마즈-안테이는 2002년 여러 대공 무기 기업들을 통합해 탄생한 합자회사이자 국영기업으로 지대공 및 미사일 방어시스템 개발과 제작을 전문으로 하는 대공방어체계 기업이다. 대공 무기의 개발, 생산, 현대화, 수리를 전담하며 러시아는 물론이고 러시아로부터 무기체계를 수입한 국가들의 대공 무기체계를 관리해주고 있다. 주요 생산 무기는 지상용 지대공 방어시스템, 해상용 함대공 방어시스템, 그리고 대공 레이더와 통제장치 등이다.

지상용 지대공 방어시스템에는 S-300 PMU2, S-300VM, S-350 비타즈, S-400 트리움프, S-500 프로메테이 등의 장거리 지대공 방어시스템과 S-125 페초라-2A와 부크-M1-2 등의 중거리 지대공 방어시스템이 있다. 러시아판 사드로 불리는 S-500은 사거리가 600킬로미터로 스텔스 전투기, 첩보위성, 대륙간탄도미사일 등을 요격할 수 있고 가변주파수를 사용해 전자전 공격을 차단하는 기능도 있다. 기존 방공 요격미사일인 S-400보다 성능이 개량된 S-500은 지상의 이동식 발사와 함정에서의 발사가 가능하며 표적 탐지 후 4초 이내에 대응할 수 있다. 이로써 러시아는 S-500을 통해 미국의 장거리 타격 전략을 막을 방패를 갖게 되었고 반우주 방어체계의 1세대를 시작했다고 자평하고 있다.

러시아는 알마즈-안테이 외에도 다수의 방위산업 기업을 보유하고 있으며 각 기업은 자신들만의 특화된 분야에서 무기를 생산해 러시아군과 해외에 조달하고 있다. 러시아는 대부분의 무기체계를 국내 기업으로부터 조달받고 있으며 조달이 어려운 일부 무기에 대해서만 까다로운 절차를 통과한 국가로부터 제한적으로 수입한다.

러시아가 주로 무기를 수입하는 국가는 우크라이나이며 체코, 이탈리아, 터키, 프랑스, 이스라엘 등에서도 아주 소량 수입하고 있다. 그러나 우크라이나 사태로 야기된 금수 조치로 인해 서유럽 국가들과의 거래는 2015년 이후 거의 이루어지지 않고 있다. 주된 수입 무기는 항공기가 가장 많으며 다음으로 엔진, 기갑차량, 함정 등이다. 특히 우크라이나로부터 함정과 헬리콥터용 엔진을 조달받고 있다.

러시아가 생산한 무기의 주요 수출국은 구소련 시절부터 막대한 무기를 수입하던 인도가 약 33퍼센트로 가장 큰 비중을 차지하고 있고 그 다음이 중국이다. 나토를 비롯한 서방국가보다는 미국산 무기를 수입할 수 없는 중동과 아시아, 아프리카 국가들이 주요 고객이다. 항공기가 전체 수출품의 약 46퍼센트를 차지하고 있으며 미사일(약 14퍼센트), 함정(약 11퍼센트), 기갑차량(약 11퍼센트), 방공무기(약 9퍼센트), 엔진(약 6퍼센트)이 그 뒤를 잇는다. 그 외에 센서, 화포, 해상무기, 위성 등도 그 양은 많지 않지만 수출이 이루어지고 있다.

지금까지 《디펜스뉴스》와 SIPRI의 세계 100대 방위산업 기업 리스트를 바탕으로 방위산업 시장에서 큰 영향력을 행사하는 국가들과 그 국가들의 주요 기업들에 대해 알아보았다. 여기에서는 언급하지 않았지만, 터키도 세계 100대 방위산업 기업에 일곱 개 기업을 등장시키며 약진하고 있다. 한국도 이 리스트에 네 개의 기업이 이름을 올리며 군사 강국을 향한 발걸음을 내딛고 있다. 한국의 방위산업 기업 중 세계 100위에 진입한 기업들의 세부적 전략과 방향은 9장 〈대한민국 자주국방의 필수 전략〉과 10장 〈핵심기술 1등 기업의 컨소시엄 전략〉에서 자세하게 살펴보면서 어떤 시너지를 창출하고 앞으로 나갈 수 있는지를 논의하겠다.

결론적으로 보면 아직도 세계 방위산업 시장은 미국이 강력한 기술력과 자본력을 기반으로 주도하고 있으며 영국도 미국과의 동맹 관계를 통해 시장에서 강력한 힘을 발휘한다는 것을 알 수 있다. 미국은 영국, 더 나아가 나토 군사동맹을 기반으로 하는 유럽연합의 국가들 및 아시아 지역 우방국들과 무기거래 네트워크를 형성해 러시아와 중국의 무기거래 네트워크에 속한 국가들과 팽팽한 대립각을 유지하고 있다.

이런 무기거래 네트워크는 단순한 무역을 넘어 군사적 동맹 관계로 이어지고 있다. 러시아와 중국은 당연히 미국의 네트워크를 약화시켜 국제 질서에서 미국의 독주를 견제하는 것이 목적이다. 미래 전쟁에서 유리한 고지를 점령하기 위한 거대 세력들 간의 경쟁은 이제 차세대 게임 체인저의 개발이라는 국면으로 접어들었다.

이제까지의 군비경쟁이 하드웨어를 중심으로 하는 경쟁이었다면, 앞으로의 군비경쟁은 소프트웨어와 ICT를 기반으로 이루어질 것이다. 유사 이래 새로운 게임 체인저를 개발하고 적용하기 위해서는 기술적 우위와 더불어 경제력이 필수적이었다. 이 메커니즘은 지금도 여전하지만, 여기에 더해 새로운 변화가 예상된다. ICT라는 새로운 기술의 이해 및 적용 여부가 전통적인 강대국의 서열을 변화시킬 수 있기 때문이다. 따라서 누가 얼마나 빨리 이 새로운 가능성을 포착하고 활용하느냐가 관건이다. 무기체계의 개발과 ICT의 결합을 통해, 세계 방위산업 시장에서 우위를 점하고 국가 경제력을 증진하는 동시에 국방력의 증강까지 실현할 수 있다.

미래 무기의 기술 트렌드를 주도하는 것은 4차 산업혁명의 핵심기술들이다. 무기 성능의 중심이 하드웨어에서 소프트웨어로 이동 중이며, 무기체계의 유형도 변화할 조짐이 보인다. 전 세계 방위산업 시장의 격변기가 다가온 지금, 이제까지 무기 생산에서 주도적 역할을 하지 못했던 중위 그룹 국가에 새로운 기회가 열리고 있다. 4차 산업혁명의 주요 기술인 ICT에 집중하고 기회를 포착하면 국가의 일반 산업은 물론 방위산업에서도 급격한 성장을 기대할 만한 환경을 마련할 수 있다.

현재까지 세계 방위산업 시장에서 주도적 역할을 하던 기업과 국가, 반대로 그러지 못했던 기업과 국가의 입장이 역전될 것이라는 전망은 너무 이른 것일까? 인류 역사에서 기술, 특히 무기 기술의 발전이 곧 국가 발전의 원동력이었음을 부정할 사람은 없다. 무기 기술의 첨단화는 언제나 국가를 더욱 강력하게 만드는 가장 중요한 요소였기에 기술력이 부족해 힘이 없는 국가는 무기 첨단화를 이룬 국가에 경제적 혹은 무력적 종속관계를 강요당했다. 이런 기술과 힘의 종속관계는 현재진행형이다. 따라서 이런 관계에서 벗어나 세계의 강대국들과 동등한 위치를 확보하기 위해서는, 무기 기술을 가진 국가의 전략적 측면을 분석하고 이해하는 벤치마킹이 필요하다.

대한민국 자주국방의 필수 전략
한국 방위산업 기업의 약진

미국 군사력 평가 전문기관 글로벌파이어파워의 군사력 지표에 따르면 2021년 한국은 미국, 러시아, 중국, 인도, 일본에 이은 세계 6위의 군사 강국으로 자리하고 있다. 전 세계 국가의 국방비 지출 규모를 비교한 SIPRI와 GFP의 자료에서 한국의 국방비는 2018년 약 431억 달러로 세계 10위, 2020년 440억 달러로 9위, 2021년 480억 달러로 8위를 기록 중이다.

한 국가의 국방비는 안보에 대한 그 국가의 관심과 경제력에 비례한다. 또한 국방비의 상승은 곧 자국 방위산업 기업의 수익에도 지대한 영향을 미친다. 산업연구원의 집계에 따르면 한국의 방위산업 기업은 약 300개 정도이며 이 가운데 몇 개를 제외하면 대부분 규모와 매출 면에서 소규모의 영세성을 지니고 있다. 이런 소규모 기업들은 자체적 생산보다는 상위 방위산업 기업의 수주로 일부 품목을 납품하는 형태로 경영된다. 그러나 영업이익이 적어 새로운 기술력의 확보나 신무기 개발은 고사하고 사업을 영위하기도 어려운 상황이다. 국가의 방위비가 증가하고 기술력이 증대되는 새로운 시기를 맞이하면서, 이러한 문제가 해결되는 전환점이 만들어지기를 기대해본다.

《디펜스뉴스》가 집계한 2020년 전 세계 방위산업 100대 기업 리스트에는 국내 기업 네 곳이 포함되었다. 미국, 영국, 중국, 터키에 이어 다섯 번째로 많은 기업이 포함된 것이다. 한화

한화그룹

그룹이 32위, KAI가 55위, LIG넥스원이 68위, 현대로템이 95위에 자리했다. 그러나 이 기업들의 매출 이익은 약 74억 달러로 세계 100대 기업이 거둔 총매출 이익의 약 1.4퍼센트밖에 차지하지 못해 아직 미미한 수준이다.

세계 100대 방위산업 기업 리스트에 한국 방위산업 기업이 처음 진입한 것은 2001년으로, KAI가 94위를 차지했다. 이후 2004년 46위에 오른 뒤 2005년부터 2007년까지 KAI는 60~70위권에 머물렀다. 그러다가 2008년 현대로템이 새로 들어왔고 2009년 삼성테크윈이 71위로 진입하면서 한국 기업 세 곳이 세계 100위권에 이름을 올렸다. 2015년 53위로 처음 진입한 한화는 삼성테크윈을 인수하면서 우리나라 기업으로는 처음으로 상위권 기업으로 도약하는 발판을 마련했다.

세계 100대 기업에 이름을 올린 우리 기업들의 매출은 전반적으로 계속 상승하는 추세이다. 그 가운데서 한화의 매출은 다른 한국 기업들의 두 배 이상이다. 이런 상승세는 국내 수요의 증가와 수출의 호조가 견인한 것으로 보인다.

한화는 주식회사 한화, 한화 에어로스페이스, 한화디펜스, 한화시스템, 한화테크윈 등을 거느린 한국의 거대 방위산업 기업이다. 한화는 삼성테크윈을 인수하면서 50퍼센트의 지분을 보유했던 삼성탈레스의 공동경영권을 가져왔고, 삼성테크윈이 보유한 KAI의 지분 10퍼센트도 확보했다. 탄약, 정밀유도무기 부문에서 강점을 가진 한화는 그동안 취약한 편이던 전자 장비 분야를 삼성테크윈 인수로 만회하면서 자주포, 항공기와 함정용 레이더 등을 강화할 수 있게 되었다.

한화의 계열사를 살펴보면, 항공과 방위산업을 총괄하는 한화 에어로스페이스는 대한민국 유일의 항공 엔진 제조 기업으로 세계 시장을 향해 달려가고 있다. 한화디펜스는 지상 전력인 화력체계, 기동체계, 대공체계의 개발과 생산에 주력하고 있고 무인화체계의 개발을 통해 국방 로봇, 무기체계의 전투능력을 향상시키는 원격사격 통제체계 등을 포함한 첨단 방위산업 솔루션을 개발하기 위해 노력하고 있다.

한화시스템은 통신과 레이더 사업을 담당하며 항공우주, 감시 정찰, 지휘 통제, 통신, 해양 시스템, 지상 시스템, 국방 ICT 등의 개발과 생산에 주력하고 있다. 한화시스템은 한국형 전투기 KF-21 보라매에 탑재될 능동전자주사식위상배열 레이더를 이스라엘과의 기술협력을 통해 자체 개발하는 데 성공했다. 한국 역사상 최초의 자체제작 전투기에 최초의 자체제작 레이더를 장착한다는 상징적 의미도 크지만 그 성능 또한 매우 우수하다는 평가를 받고 있다.

비호복합 대공화기(좌), 레드백 미래형 궤도 장갑차(우)   (출처: 한화디펜스)

한화디펜스인터내셔널은 방위산업 제품의 수출에 특화되어 있다. 또한, 주식회사 한화는 방위산업 분야와 더불어 화약을 기반으로 하는 글로벌 부문과 기계 설비를 담당하는 기계 부문 등 3개 영역을 담당하는 군산복합체계로 운영되고 있다. 삼성테크윈을 인수한 한화는 한화테크윈으로 사명을 변경하고 보안 솔루션과 영상장비, 4차 산업혁명의 기초인 인공지능 관련 핵심기술을 개발하고 있다. 한화는 이런 부문별 전문성과 기술력을 바탕으로 국내는 물론 해외로도 수출을 확대해 세계 방위산업 기업 10위권 진입을 위한 매출 규모의 확장을 계획하고 있

연도별 세계 100대 방위산업에 포함된 한국 기업과 실적

연도	기업명 (등위)	방위산업 이익 (100만 달러)	전체 이익 (100만 달러)	방위산업의 비중(%)
2001	KAI 94위	250.00	408.00	61.3
2004	KAI 46위	712.00	793.00	89.8
2005	KAI 64위	596.50	669.80	89.1
2006	KAI 72위	557.80	626.00	89.1
2007	KAI 69위	595.60	668.50	89.1
2008	KAI 79위	532.00	705.00	75.5
	현대로템 91위	356.40	1,682.70	21.2
2009	삼성테크윈 71위	746.50	2121.90	35.2
	KAI 94위	484.70	790.00	61.4
	현대로템 97위	414.20	2090.10	19.8
2010	삼성테크윈 51위	1,374.00	3085.70	44.5
	KAI 88위	662.20	856.50	72.6
	현대로템 100위	407.90	2,149.50	19.0
2011	삼성테크윈 61위	1,032.00	2,752.00	37.5
	LIG넥스원 73위	811.00	811.00	100.0
2012	삼성테크윈 63위	1,092.00	2,684.50	40.7
	KAI 72위	898.20	1,169.90	76.8
	LIG넥스원 79위	823.50	823.50	100.0
2013	삼성테크윈 65위	990.00	2,700.00	36.7
	LIG 넥스원 77위	856.89	856.89	100.0
	KAI 87위	672.48	1,377.00	48.8
2014	KAI 55위	1,364.20	1,814.70	75.2
	LIG넥스원 62위	1,087.40	1,087.40	100.0
	삼성테크윈 70위	945.00	2,610.00	36.2
2015	한화 53위	1,545.00	5,154.30	30.0
	LIG넥스원 59위	1,330.10	1,330.10	100.0
	KAI 61위	1,160.00	2,199.10	52.7
	삼성테크윈 73위	945.00	2,484.80	36.4
2016	한화 38위	2,374.74	2,427.72	97.82
	KAI 47위	1,678.86	2,552.91	65.76
	LIG넥스원 51위	1,528.67	1,528.67	100.0
2017	한화 19위	4,214.97	40,523.38	10.0
	KAI 41위	1,818.69	2,666.58	68.0
	LIG넥스원 44위	1,618.10	1,618.10	100
2018	한화 23위	3,895.27	44,507.09	9.0
	LIG넥스원 51위	1,555.24	1,555.24	100
	KAI 66위	982.28	1,829.80	54.0
	현대로템 93위	446.87	2,406.76	19.0

	한화 27위	4,281.48	44,304.80	10.0
2019	KAI 54위	1,694.35	2,532.57	67.0
	LIG넥스원 61위	1,341.23	1,341.23	100.0
	현대로템 93위	459.95	2,477.93	19.0
	한화 32위	3,976.23	42,900.00	9.0
2020	KAI 54위	1,740.87	2,667.20	65.0
	LIG넥스원 68위	1,246.42	1,246.42	100.0
	현대로템 95위	449.82	2,040.00	22.0

출처: DefenseNews Top 100 연도별 자료를 바탕으로 한국 기업만 재구성

다. 한국의 록히드마틴을 목표로 하는 한화는 실제로 2017년 세계 순위에서 19위를 차지한 경험도 있다.

한화그룹은 계열사별 전문성을 최대한 살려 시너지를 창출하는 전략을 구사하며 K-9 자주포를 세계에 알리고 수출을 이어가고 있다. 한화는 인도의 대공 무기체계 '비호복합'과 호주의 '레드백' 장갑차 사업도 추진하고 있다. 비호복합 사업은 우리 육군의 단거리 자주대공포인 K-30 비호를 개량한 자주대공포 비호에 LIG넥스원의 지대공미사일 신궁을 장착한 것으로 총 사업비는 3조 원에 달하는 대규모 무기 사업이다. 이는 저고도로 침투하는 적 항공기나 헬리콥터를 요격하기 위한 방공무기 시스템으로 유효 사거리 3킬로미터, 1분당 600발 사격이 가능한 30밀리미터 쌍열대공포 비호에 LIG넥스원의 단거리 적외선 지대공 유도미사일 신궁 네 발을 탑재한 형태이다.

호주군의 미래형 궤도 장갑차 획득 사업인 '랜드 400 페이즈 3Land 400 Phase 3'는 보병 전투장갑차와 계열차량 8종 등 400여 대를 교체하는 사업으로 5조 원이 투입되는 대규모 사업이다. 대한민국 방위산업 역사에서 가장 큰 규모의 무기 수출 프로젝트이기도 하다. 한화는 이 사업에 레드백 장갑차를 수출하기 위한 작업을 진행하고 있다. 한화디펜스가 생산하는 레드백은 차체 중량 42톤으로 K-9 자주포의 파워팩(엔진과 변

속기) 솔루션과 30밀리미터 기관포, 대전차미사일, 원격 무장, 각종 탐지 및 추적 기능 등을 탑재하고 있다. 기동성이 우수하고 지뢰와 총탄 공격을 막을 수 있는 최첨단 방호 시스템도 갖춰 미래형 궤도 장갑차라 할 만하다. 한화디펜스의 레드백이 독일의 라인메탈디펜스Rheinmetall Defence가 생산한 링스Lynx와 함께 이 사업의 최종 후보로 선정되며 글로벌 시장에서 우리의 기술이 조명받고 있다. 호주의 육군 장갑차 교체 사업 이후에는 50조 원 규모의 M2 브래들리 장갑차 대체 기종 선정 사업이 있을 예정인데 우리의 레드백 장갑차가 여기에도 도전할 수 있기를 기대한다.

한국의 방위산업은 짧을 시간에 높은 성장률을 보이며 진화했다. 방위산업의 가격, 기술, 품질은 선진국 대비 85퍼센트, 87퍼센트, 90퍼센트 수준이라는 산업연구원 방위산업연구부장의 분석처럼 우리의 방위산업 능력은 미국, 러시아, 중국 등의 무기 생산 강국을 바짝 추격하고 있다. 군사력 세계 6위, 국방비 지출 규모 세계 8위인 한국은 생산, 수출, 과학기술 수준에서도 이미 세계 10위권 내에 진입했으며 한국 방위산업 기업이 세계에서 차지하는 위치 또한 지속해서 상승하고 있다. 앞으로 이어질 무기 수출의 양과 질이 향상되면 우리 방위산업은 국방력은 물론 국가 경제에도 커다란 영향을 미치는 산업으로 전환될 것이다.

KAI는 1999년 창업 이후 한국 방위산업 기업 가운데 세계 Top 100에 가장 많이 이름을 올린 기업으로 주력 분야는 항공기 생산이다. KAI는 당시 현대우주항공, 삼성항공우주산업, 대우중공업의 항공기 사업 부문을 분리해 결합한 회사로 초기에는 정부 지원을 받는 공기업의 형태로 출발했다. 항공기의 개발 및 생산을 민간용과 군수용으로 구분해 진

KAI

행하는 KAI는 군산복합체의 형태를 띤다는 점에 미국 보잉사와 유사하다. KAI는 한국의 항공 산업을 견인하고 있으며 위성 개발과 발사체 조립까지 그 영역을 확대하며 우주 사업 역량을 키워가고 있다.

KAI가 진행하는 대표적 사업으로는 한국형 국산 전투기 개발사업이 있으며 경전투기인 FA-50 및 삼성항공과 공동 개발한 훈련기 T-50도 KAI의 작품이다. 자체 생산한 T-50은 각기 다른 사양으로 터키, 이라크, 태국, 인도네시아, 페루 등에 수출했으며 FA-50도 필리핀에 수출했다. 또한 미국의 보잉, 록히드마틴, 벨Bell, 프랑스의 에어버스, 이스라엘의 IAI, 브라질의 엠브레이어Embraer 등과 협업해 부품과 동체 등을 제작해 납품하고 있다.

KAI는 군단과 사단급에서 사용하는 무인 항공기를 개발했으며, 아리랑 위성의 개발과 발사도 관장하고 있다. 또 공격용 헬기인 KUH-1 수리온의 개발과 생산을 담당하는 한편으로, 미국 외의 기업 가운데서는 유일하게 AH-64 아파치 헬기의 동체 구조물을 독점 생산하고 있다. 이는 나이키의 스포츠용품이나 애플의 아이폰을 외국 공장에서 최종 생산하는 것과 유사하다. 그리고 KAI는 보잉사의 F-15 전투기 전방동체와 주익을 생산해 납품 중이며 A-10 공격기의 주익과 P-8 해상초계기의 미익과 윙팁의 제작에도 참여하고 있다. 아울러 록히드마틴의 F-16 동체 대형 조립구조물을 제작하고 있으며 C-130J 수송기의 엔진실 덮개도 제작해 납품하고 있다.

LIG넥스원은 2002년 11월 20일 설립된 순수한 방위산업 기업이다. 2011년 세계 Top 100 기업 리스트에 73위로 처음 진입한 이후 지금까지 매년 순위를 상승시키며 사업 영역을 확대하고 있다. LIG넥스원은 미래의 네트워크 중심 전Network Centric Warfare: NCW에 대비하는 무기

LIG 넥스원

LIG넥스원

체계 분야에 특화된 방위산업 기업이다. 이를 위해 이들은 유도무기, 감시정찰, 지휘 통제 통신 분야 등의 최첨단 무기체계 개발과 생산에 주력하면서 육지, 바다, 하늘을 수호할 수 있는 군수품 지원에 역량을 발휘하고 있다.

우선 LIG넥스원에서 만든 육상용 유도무기를 살펴보면, 중·저고도로 침투하는 적 항공기를 요격하는 지대공미사일로는 한국형 미사일 방어체계KAMD의 핵심인 천궁이 있고, 이것을 탄도탄 공격과 적 항공기 요격용으로 개량한 천궁 II가 있다. 단거리 지대공 유도무기 천마, 적 항공기와 소형 헬기를 요격할 수 있는 휴대용 지대공 유도무기 신궁, 30밀리미터 비호와 신궁을 결합한 복합대공화기 비호복합, 적의 전차를 공격할 수 있는 3세대 대전차 유도무기 현궁, 해안으로 상륙하는 적의 공기부양정을 정밀타격하는 유도무기 비궁 등도 LIG넥스원에서 개발되었다.

함정과 공중에서 발사하는 유도무기로는 재래식 일반 목적 폭탄에 GPS 유도 키트를 장착해 사거리와 정확도를 향상한 중거리 GPS 유도 키트KGGB, 전투기에서 발사해 적의 종심에 위치한 전략 목표를 원거리에서 정밀타격할 수 있는 장거리 공대지 유도탄, 적의 전력 공급 시스템을 무력화할 수 있는 정전 섬유를 내장한 특수 목적 폭탄에 GPS 유도 키트를 장착해 사거리와 정확도를 향상한 정밀 유도폭탄 정전탄, 적의 대함유도탄 요격과 항공기 및 수상함 공격에 사용하는 대공 유도무기 해궁, 전투함정에 탑재해 적 함정을 공격할 수 있는 함대함 유도무기인 해성-I, 고속정에 탑재해 적의 공기부양정과 소형정을 원거리에서 정밀타격할 수 있는 함대함 유도무기 비룡, 수상 전투함에 탑재해 적의 지대함 유도탄과 해안포 사정권 밖에서 지상의 적 주요 시설, 병력, 장비, 연안 기지 등과 같은 전술 표적을 정밀타격할 수 있는 함대지 유도무기 해룡 등이 LIG넥스원에서 개발되었다.

수중에서 발사하는 형태의 유도무기로는 수상함, 해상 작전헬기, 대잠초계기에서 적 잠수함을 공격할 수 있는 대잠 유도무기 청상어, 경어뢰에 유도탄 추진체를 결합해 수상함에서 수직으로 발사하며 작전반경 밖에 있는 적 잠수함을 공격하는 대잠수함 유도무기 홍상어, 고속 추진과 탐지, 정밀 항법유도조종 기능 등이 결합된 고성능 수중 유도무기 범상어, 수중에서 어뢰처럼 주행하며 적을 기만하는 자항식기만기, 적의 주요 항구에 부설해 항만을 봉쇄하는 무기체계인 자항기뢰 등이 있다.

LIG넥스원은 감시정찰 분야에서도 큰 임무를 수행하고 있다. LIG넥스원은 항공기용 능동위상배열 사격통제 레이더를 국방과학연구소와 함께 10여 년 동안 개발했으나 현재 개발 중인 KF-21 보라매 전투기에 탑재할 우선 협상 대상자 선정에서 한화시스템에 밀려 탈락했다. 그외에도 LIG넥스원은 저고도로 침투하는 적 항공기와 무인기의 항적을 탐지해 정보를 제공하는 3차원 레이더인 국지방공 레이더, 대포병 탐지 레이더, 해상 감시 레이더, 항공관제 시스템 등의 감시 및 정찰 자산을 개발했다.

LIG넥스원은 유도무기와 감시정찰 외에도 지휘 통제 통신시스템, 항공전자 시스템, 지상·함정·항공용 전자전 장비 및 국가 중요시설 대드론 방호 시스템, 무인 체계도 개발 중이다. 또한 근력 보조 로봇과 근력 증강 로봇과 같은 웨어러블 기기, 워리어플랫폼을 지원하는 초소형 스마트 무장과 전술 정보 네트워크, 개인 전장 가시화 시스템, 사이버 전 무기체계 등도 개발하고 있다.

1999년 7월 1일 창립한 한국 로템은 주식회사 현대모비스로부터 철도차량과 플랜트 및 방위사업을 넘겨받으며 본격적인 방위산업 기업

으로서 첫발을 내디뎠다. 민간용품과
군수용품을 동시에 생산하는 군산복합
체의 형태를 가진 이들은 지상 무기체
계의 연구와 개발에 역점을 두고 있다.

현재 한국의 지상 무기 분야 시장은 현대로템, 한화디펜스가 나눠서 지
배하는 구조이다.

　현대로템은 한국군의 주력전차인 K1 전차, K1A1 성능 개량 전차, K2
흑표 전차 등을 개발했고, 한편으로는 차륜형 전투차량, 유·무인 무기
체계, 로봇, 첨단 무기체계 등의 연구와 개발을 진행 중이다. 국내를 대
표하는 방위산업 기업 중 하나로 자리매김한 현대로템은 2008~2010년,
2019~2020년 세계 100대 방위산업 기업 리스트에 이름을 올렸다. 현대
로템은 민간과 방위산업의 비중이 약 8 대 2 정도로 상대적으로 방위산
업의 수익이 작지만 꾸준한 연구개발을 통해 그 무기의 성능을 인정받
고 있다.

　한국의 무기체계 개발을 담당하는 주요 방위산업 기업들은 전차,
자주포, 장갑차, 대공 무기와 차량, 재래식 전투기 등에 주력하고 있다.
물론 차세대 미래 무기체계의 연구와 개발도 진행하고는 있지만, 현재
까지는 지상 무기 시스템의 개발이 주를 이룬다. 전 세계 무기체계 시장
에서 이러한 지상 무기 시스템이 주요한 비중을 차지하고 있다는 면에
서, 한국 방위산업 기업들의 약진을 기대할 수 있다. 이미 우리의 주력
지상 무기들이 시장에서 호평을 받는 것도 수출에 큰 힘으로 작용한다.

　이러한 지상 중심의 재래식무기에 ICT를 접목한 창의적 변환 모델
까지 개발한다면 이미 우리가 가진 강점을 극대화해 국가의 안보를 더
욱 강력하게 수호할 수 있는 것은 물론, 세계 무기체계 시장에서의 영향
력을 확대할 수 있을 것이다.

무기의 개발 및 활용은 세계적 트렌드와 국가별 특화성이 효과적으로 어우러질 때 가장 최적화될 수 있다. 트렌드만 쫓으면 불필요한 비용의 낭비가 유발되고 특화성만 고집하면 방어의 허점을 노출할 수 있다. 따라서 이 둘을 배합해 경제성과 필요성을 충족할 수 있는 최적의 배합을 찾아야 한다. 가령 특정한 무기를 자체적으로 생산할지, 아니면 외부에서 도입할지도 이 같은 최적화를 기준으로 결정해야 할 문제이다.

한국은 국방비와 전력화 예산의 증가를 바탕으로 새로운 전략무기의 개발에 속도를 높이며 자주국방을 위한 기틀을 만들어가고 있다. 자주국방을 위한 필수적 요소는 경제력과 군사력이다. 1968년 건국 21주년에 처음 언급된 자주국방이라는 말은, 그 당시에만 해도 그저 희망 사항이었을지 모른다. 그러나 그로부터 53년이 흐른 2021년, 한국은 자주적으로 안위를 지킬 수 있는 경제력과 군사력을 갖추게 되었다. 우리의 의지와 능력만으로 국가 방위의 목표를 달성할 힘이 축적되었다는 의미이다. 누구의 간섭 없이 독자적으로 의사를 결정하고 집행할 수 있으며 타국의 능력이 아닌 우리의 기술과 능력으로 국가 방위를 책임질 수 있는 것, 이것이야말로 자주국방의 진정한 의미이다.

그렇다면 한국의 자주국방을 위한 기술과 도전은 현재 어떻게 진행되고 있을까? 한국은 2020년 사상 처음으로 국방비 50조 원 시대로 진입했다. 방위사업청 보도자료에 따르면 정부는 2020년도 국방 예산을 2019년 대비 7.4퍼센트 증액한 50조1,527억 원으로 편성해 국회에 제출했다. 2021년도 국방 예산은 2020년 대비 5.4퍼센트 증액된 52조8,401억 원으로 확정되었다. 2017년 40조3,347억 원이던 국방 예산은 2020년엔 약 12조5,000여억 원이 증가했다. 방위력 개선비 비중도 2006년 25.8퍼센트, 2016년 30.0퍼센트, 2017년 30.2퍼센트, 2018년 31.3퍼센트, 2019년

32.9퍼센트, 2020년 33.3퍼센트, 2021년 32.2퍼센트로 매년 30퍼센트 이상을 유지하고 있다. 2020년 방위력 개선비는 14조7,003억 원이었고 2021년에는 전체 방위비에서 방위력 개선비가 차지하는 비율이 소폭 하락했지만, 금액 자체는 2020년에 비해 1.9퍼센트 증가한 16조9,964억 원을 기록했다. 전체 방위비 상승분에 따른 실제 금액을 계산하면 이러한 증가세는 더욱 큰 의미가 있다. 2021년 국방비 지출을 기준으로 한국은 전 세계 8위를 기록하며 경제에 이어 국방비로도 세계적 강국으로 발돋움하고 있다.

주변을 둘러싸고 급변하는 전방위적 안보위협에 대응하기 위해, 현재 한국은 첨단 무기체계 확보에 예산을 집중한다는 전략이다. 2020년 방위력 개선비는 핵을 비롯한 대량살상무기의 위협에 대응하는 무기체계 획득에 6조5,000여억 원의 예산을 할애했고 다음으로 국방개혁과 연계한 구조 개편에 필요한 무기체계 획득에 6조 원, 전작권 전환 관련 한국군 핵심 군사 능력 보강을 위한 무기체계 획득에 약 2조 원을 투입했다. 이어서 자주국방 역량 확보를 위해 국내 연구개발 위주의 전략을 강화했고, 그에 따른 국방 R&D 예산을 약 4조 원 책정했다. 이러한 기조는 2021년에도 이어지고 있다.

정부의 '국방개혁 2.0'을 기반으로 국방부는 《2019~2033 국방과학기술진흥정책서》를 발간했다. 여기에서 국방 과학기술의 비전으로 '첨단 과학기술에 기초한 스마트 강군 건설'을 제시했고 정책 목표로 전방위 안보위협에 주도적으로 대응할 수 있는 첨단전력의 기반 구축과 국가와 사회적 요구에 맞을 국방 과학기술발전을 목적으로 설정했다. 이와 동시에 국방전략기술 8대 분야를 선정했다.

국산 전투기 개발사업과 기타 전력화 계획

KFX 사업(보라매 사업)은 국방과학연구소와 KAI가 주도하는 대한민국 자체 전투기 개발사업이다. KFX는 개발비 8조6,000억 원에 120대 양산비 10조 원으로 구성된, 단군 이래 가장 거대한 무기 개발사업이다. 2002년 11월 제197차 합동참모회의에서 장기신규소요를 결정한 이후 2003년 3월부터 2009년 4월까지 타당성 검증을 위한 선행연구가 진행되었고 2009년 3월부터 탐색개발이 시작되어 2012년 12월 31일 탐색개발을 종료했다. 이후 2013년 3월부터 체계개발 타당성 조사와 착수 준비, 계약 체결 과정이 시작되어 2015년 12월 31일 한국형 전투기 사업단을 신설하면서 본격적으로 사업 궤도에 진입했다.

이러한 과정을 거치며 사업 자체의 존폐 위기도 있었지만, 끝내 어려움을 극복하고 2016년부터 본격적인 설계와 개발 작업이 진행되어 2021년 이내에 시제기 제작을 목표로 하고 있다. 2020년 7월 KAI가 시제기 동체 조립 과정을 공개했고 같은 해 8월 5일 국방과학연구소 설립 50주년 기념식에서 KFX에 탑재할 국산 AESA 레이더 시제품 출고식이 이루어졌다.

하지만 그 와중에 KFX 시제기 공개 관련 일정이 미뤄지면서 일각에서는 불안한 시선을 감추지 않았고 F-35 도입의 대가로 록히드마틴으로부터 이전받기로 한 25개 기술 가운데 4대 핵심기술인 능동전자주사식위상배열 레이더, 적외선 탐색 추적 장비Infrared Search and Track: IRST, 전자광학 표적 획득 및 추적 장비Electro-Optical Targeting Pod: EOTGP, 전자파 방해 장비의 기술 이전을 미 의회가 불승인하면서 사업이 어려움이 겪기도 했다. 그러나 한국은 이 기술들을 국내에서 자체적으로 개발하기로 가닥을 잡고 제작 작업을 이어나갔다.

현대의 전투기에서 가장 중요한 기능을 담당하는 AESA 레이더는 한화시스템에서 세계 11번째로 개발했고 이것이 KF-21에 탑재될 예정이다. AESA 레이더는 전투기의 '눈'으로 기술 선진국은 그 기술의 해외 유출을 엄격히 제한하고 있다. 한 번도 만들어본 적 없는 AESA 레이더를 국내 기술로 개발하는 것은 말 그대로 무에서 유를 창조하는 것이나 다름없었다. 이번에 한국이 개발한 AESA 레이더는 5밀리미터 크기의 잠자리 홑눈 같은 모듈이 원형판에 1,088개 집적된 구조이다. F-35에 탑재된 AESA 레이더는 약 1,200개의 모듈로 구성되어 있다. 1,088개의 모듈은 각각 레이더파를 조사해 110킬로미터 밖에서 표적을 탐지하고 이렇게 탐지된 표적을 동시에 수십 개씩 공격할 수 있다. LIG넥스원과 국방과학연구소가 협업해 10여 년간 진행하던 AESA 레이더 개발사업은 LIG넥스원이 KFX 우선 협상 대상자에서 탈락하면서 무산되었고 일각

국방전략기술 8대 분야

자율·인공지능 기반 감시정찰 분야	초연결 지능형 지휘 통제 분야
초고속·고위력 정밀타격 분야	미래형 추진 및 스텔스 기반 플랫폼 분야
유·무인 복합 전투 수행 분야	첨단기술 기반 개인 전투체계 분야
사이버 능동 대응 및 미래형 방호 분야	미래형 첨단 신기술 분야

출처: 국가과학기술자문회의 제6회 심의회의 자료

미래 8대 국방 핵심기술

첨단센서	인공지능	무인로봇
신추진	신소재	가상현실
고출력/신재생 에너지		사이버

출처: 2020년 국방부 업무보고

시제기 출고식에서 모습을 드러낸 KF-21 보라매 　　　　　　　(출처: KAI)

에서는 국방 예산 낭비라는 비판이 나오기도 했다.

　　이러한 우여곡절이 있었음에도, 끝내 2021년 4월 9일 대통령 등이 참석한 출고식에서 KF-21의 시제기가 공개되었다. KF-21은 2022년까지 시험비행 과정을 거쳐 2026년경 양산 체제로 넘어간다는 계획이다. KF-21이 완성되어 양산에 돌입하면 한국은 세계에서 13번째로 전투기를 자체 개발한 국가가 된다. 우리만의 독자적인 전투기 플랫폼을 가짐으로써 앞으로의 항공 무장 분야의 개척에 청신호가 켜지게 된 것이다.

　　KF-21은 대한민국 공군의 4.5세대 전투기로 기본적 목적은 이미 노후화된 전투기 F-4 팬텀Phantom과 F-5 프리덤 파이터Freedom Fighter를 대체하고 미국의 F-35와 함께 한국의 영공을 지키는 것이다. 공군은 1차로 120대를 도입한다는 계획을 세운 상태인데 전문가들은 추가 도입을 통해 500대 정도가 있어야 한다고 주장한다. 양산이 완료되며 300~500대 정도의 시장성이 있다는 분석이다. 그러나 공군에서 500대를 모두 수용하기엔 예산의 문제가 있다. 수출을 고려해볼 만한 부분이다. KF-

21의 운영비는 F-35A 라이트닝의 절반 수준이며, 생산 단가도 (생산 수량에 따라 차이가 발생하겠지만) 약 800억 원으로 F-35보다 저렴할 것이다. 비록 F-35의 가격이 계속 하락하고 있지만 이를 구매할 여력이 없는 국가들은 유사한 성능을 보이는 KF-21에 매력을 느낄 가능성이 크다.

KF-21은 국산화율 65퍼센트로 아직 기술력에서 열세인 엔진 등을 제외하면 국산화를 최대로 끌어올린 무기체계이다. 외국산 전투기를 수입해 사용하면서 겪어야 하는 비용과 관리의 어려움을 국산 전투기인 KF-21이 감소시켜 공군력의 향상을 기대할 수 있다. 또한, 국산 무기를 탑재해 다양한 용도로 활용할 수 있다는 점과 더불어 수출을 통한 이윤 창출도 기대할 수 있다. KFX 사업의 경제적 파급효과는 약 80조 원으로 예상된다. 생산 유발 효과로 약 24조4,000억 원, 부가가치 유발 효과로 약 5조9,000억 원, 기술적 파급효과로 약 49조5,000억 원이 예상되며, 약 11만 명의 취업 유발 효과도 있을 것으로 보인다. 세계에서 전투기를 생산해 판매하는 나라는 소수에 한정되어 있으므로 국가 경쟁력을 높이는 측면에서도 KF-21이 큰 역할을 할 수 있기를 기대한다.

KF-21 보라매는 길이 16.9미터, 너비 11.2미터, 높이 15.3미터, 자체중량 12,000킬로그램, 최대 이륙중량 26,000킬로그램으로 미국의 F-16 파이팅 팰컨보다는 크고 F/A-18E/F 슈퍼 호넷, F-4 팬텀, F-15 이글, F-22 랩터보다는 작은 중형급 전투기이다. 최고 속도 마하 1.81로 미국 5세대 스텔스 전투기의 마하 1.80을 넘어서고 여기에 탑재되는 AESA 레이더의 성능도 우수하다는 평가를 받고 있다. 항속거리 2,900킬로미터로 한반도 전역은 물론 동아시아 지역을 폭넓게 커버할 수 있다.

KF-21에는 한화시스템의 AESA 레이더와 적외선 탐색 추적 장비 및 전자광학 표적 추적 장비EOTGP, LIG넥스원의 ALQ-200K 기반 내장형 통합 DECM^{Defensive Electronic CounterMeasures}과 전자파 방해 장비등이 포함된 통합 전자전 장비^{EW Suite}가 탑재된다. 이러한 항전장비는 표적의 탐지와 추적 및 네트워킹 능력을 높임으로써 전투기의 방어와 공격 능력을 끌어올리는 데 중요한 역할을 한다. 또 이러한 항전장비의 국산화는 앞으로의 전투기 제작에 큰 영향을 미칠 것이며 다른 국가들로의 수출에도 큰 도움이 될 것이다.

KF-21에 장착할 무기 하드포인트는 총 12개소로 주익 하부에 6개소, 동체 반매립 4개소, 동체 하부에 2개소로 이루어져 있으며 총 7,700킬로그램의 무장을 탑재할 수 있다. 여기에 각종 일반 항공폭탄, KGGB, 합동공격 직격탄을 비롯한 여러 폭탄이 장착되고 공대공, 공대지, 공대함 미사일 등이 장착될 예정이다. 아울러 이 미사일 중에는 국산 공대공, 공대지, 공대함 미사일도 장착될 예정이어서 국산 미사일 기술을 한층 업그레이드하면서 국산화율을 높일 기회로 활용할 수 있다.

현대전에서 항공기의 생존성과 공격성은 굉장히 중요하다. 이 때문에 KF-21은 동체와 안테나 등의 첨단 설계를 통해 저피탐성을 향상하는 데 노력했다. 그 덕분에 F/A-18E/F 슈퍼 호넷보다 저피탐성이 높다는 평가를 받았다. 비록 공격성의 향상 측면에서는 F-35 라이트닝보다 못하다는 평가를 받았으나 전투 효과 측면에서 F-16 파이팅 팰컨을 뛰어넘었고 공대공 임무효과에서도 F/A-18E/F 슈퍼 호넷보다 우수하며 공대지 임무효과 역시 F-16C를 앞선다고 예측되었다. 우리의 전투기 개발 역사가 매우 짧고 기술 축적도 많이 이루어지지 않은 상황에서 만들어낸 결과라고는 믿기 어려울 정도로 KF-21의 우수함과 앞으로의 발전 가능성이 엿보이는 평가가 아닐 수 없다.

KFX 사업은 블록-0에서 블록-III까지 차례로 기능을 업그레이드할 계획으로, 완전한 스텔스 기능과 수직이착륙 기능을 포함한 파생형 전투기까지 고려되고 있다. 이런 일정이 순조롭게 진행된다면 한국의 항공 전력 강화와 국산화는 물론, 자주국방의 기틀을 마련하는 데에도 큰 힘이 될 것이다. 현재 KF-21은 급선회 및 기동 등의 우수한 비행 능력을 갖춘 데다 최첨단 장치로 무장하고 있다. 이미 이 정도만 해도 스텔스기를 제외한 세계의 여타 전투기 가운데 최상의 성능을 가질 것으로 예상된다. 당연히 북한의 전투기는 비교 대상조차 아니고 일본과 중국의 일반 전투기보다 우수한 수준이다. 앞으로의 업그레이드 계획이 차질 없이 진행되어 한국형 전투기 KF-21의 스텔스 기능까지 개량된다면, F-35보다 우수하다는 평가를 받는 F-117 나이트호크의 수준까지 도달할 수 있을 것으로 KAI 관계자는 전망했다. 공군은 유사시 적의 스텔스기는 F-35A로 제압하고 일반 전투기는 KF-21과 F-15K가 제압한다는 구상을 하고 있다. 여기에 개량된 KF-21이 스텔스 기능까지 가지게 된다면 동북아에서 한국의 영공을 넘볼 적은 없을 것이며 한국은 자주국방을 실현하는 국가로 거듭날 수 있을 것이다.

몇몇 사람들은 현재 개발 중인 KF-21이 4.5세대 전투기인 것에 부정적 시각을 보이기도 한다. 세계의 강국들은 6세대 전투기를 개발 중인 상황에서 4.5세대를 만든다는 건 트렌드에 맞지 않는다는 논리이다. 그러나 처음 전투기를 개발하는 우리로서는 아직 기술력 측면에서 넘어야 할 산이 많다. 우선은 기술력을 확보하고 다음 단계로 넘어가야 최대한 실수를 줄일 수 있으며 더 나은 차기 전투기를 개발할 수 있다. 그런 의미에서 KF-21은 우리에게 새로운 시작이자 다음 세대를 향한 디딤돌이 될 수 있다. 록히드마틴을 비롯한 세계 최고 수준의 전투기 제조 방위산업 기업들의 시작은 우리보다 더 미미했다. 하지만 그 시작을 바탕으로 지금의 기술력을 확보하고 세계를 호령할 수 있게 되었다. 4.5세대를 넘어 스텔스로, 다시 6세대 무인화 전투기로 가는 길은 우리에게 그리 길지 않은 여정이 될 것이라 믿는다. 우리의 무인 스텔스기가 위성으로부터 정보를 수신해 극초음속 무기의 속도인 마하 20으로 편대비행하며 날아가 적을 제압하는 날도 곧 우리 앞에 펼쳐질 것이다.

한국형 스텔스 구축함 사업과 기타 핵심 전력 사업

대한민국은 공군의 KFX 사업과 더불어 해군에서도 미래 전쟁을 대비하는 사업을 진행하고 있다. 바로 '한국형 차기 구축함 사업Korea Destroyer Next Generation: KDDX'으로, 최첨단 전투체계 개발을 통한 군 전력 증강은 물론 수출을 통한 경제적 효과까지 고려한 대규모 전력 증강 사업이다. KDDX는 2011년 11월 25일 최종 소요가 결정되었고 몇 차례 사업이 지연되다가 2020년 5월 29일 방사청에서 기본설계사업 입찰 공고가 시행되면서 본격적으로 사업 궤도에 진입했다. 선체는 현대중공업이 맡았고 전투함의 핵심인 전투체계CMS 및 다기능레이더MFR 개발은 한화시스템이 최종 사업자로 선정되었다. 이로써 2030년까지 총 여섯 척의 최신 한국형 구축함을 보유할 수 있게 되었다.

KDDX는 7,600톤인 세종대왕급 이지스 구축함보다 작은 6,500톤급 구축함으로 길이 156미터, 폭 19미터 크기이다. 선체를 비롯해 탑재되는 전투체계와 다기능레이더 등의 핵심 무기체계 및 무장이 모두 순수 국내 기술로 건조되는 최초의 구축함이라는 점에서 의미가 깊다고 할 수 있다. 개발비 1조6,000억 원에 건조비 6조 원이 투입되어 2030년까지 총 여섯 척을 건조할 계획으로 1척당 가격은 대략 1조 원이다. 이 여섯 척의 최신 스텔스 구축함은 단계적으로 4,500톤급 한국형 구축함KDX-II 여섯 척을 대체할 예정이다.

2020년 12월 24일 KDDX의 핵심장비인 전투체계 및 다기능레이더 개발사업 계약자로 한화시스템이 선정되어 국방과학연구소와 약

5,400억 원 규모의 사업계약을 체결했다. 이로써 한화시스템은 2029년 까지 전투체계와 다기능레이더를 개발해 KDDX 여섯 대에 탑재할 예정이다. KDDX의 두뇌와 중추신경 역할을 할 전투체계에는 최첨단 ICT가 적용되어 대공·대함·전자·함대지전 등 다양하고 다발적인 전투 상황에서 지휘와 무장 통제 임무를 수행할 수 있도록 설계된다.

한국형 스텔스 구축함　　　　　　　　(출처: 방위사업청)

　　KDDX가 기존의 전투함과 구분되는 가장 큰 특징은 국내에서 사용되는 구축함에 처음으로 적용되는 통합마스트Integrated MAST다. 통합마스트는 말 그대로 모든 것이 하나로 통합된 운용 형태를 의미한다. 기존에 함정 여러 곳에 분산되어 운용되던 레이더, 통신, 전자전 시스템, 각종 센서 등을 한곳에 모아 함정의 레이더 반사 면적을 줄이고, 이를 통해 스텔스 성능을 극대화할 수 있다.

　　통합마스트에 탑재될 다기능 위상배열 레이더는 전 세계 최초로 대형 S-밴드 레이더와 소형 X-밴드 레이더를 통합한 형태이다. 이 두 레이더는 서로 다른 주파수 대역을 사용하는데, S-밴드 레이더는 일반적으로 수백 킬로미터의 거리 밖에서 접근하는 적 항공기와 미사일을 탐지할 수 있지만 세밀함은 상대적으로 미흡하다는 단점이 있다. 반대로 X-밴드 레이더는 파장이 짧아 근거리의 표적만 탐지하고 추적할 수 있지만 정밀한 추적과 탐지가 가능하다는 장점이 있다. S-밴드 레이더는 장거리 대공 표적, 탄도탄의 탐지 및 추적에 쓰이며 X-밴드 레이더는 단거리 대공 표적과 해면 표적의 탐지 및 추적에 쓰이는데 여기에서 문제는 이 둘을 모아 놓으면 서로 전파간섭이 일어나 제 기능을 못한다는 점이다.

이 둘을 통합한 듀얼밴드 다기능레이더 기술은 이제까지 미국에서 시도는 되었지만 성공하지 못했다. 이를 한국에서 세계 최초로 개발해 탑재한 것이니 그 의미가 더욱 크다고 할 수 있다. KDDX에 탑재될 다기능레이더의 S-밴드 레이더는 크기가 크고 최신 기술이 적용된 덕분에 탐지거리가 300~500킬로미터에 달할 것으로 예상되며 추후 탄도미사일 방어Ballistic Missile Defense: BMD에도 활용될 것으로 보인다.

KDDX 함정의 스텔스 능력을 극대화할 통합마스트에는 적외선 탐지 추적 장비, 피아식별기IFF 등의 탐지 센서와 VHF와 UHF 등의 통신 안테나가 평면으로 장착될 예정이다. 이는 함정의 피탐률을 낮추는 동시에 센서와 통신 안테나 간 전파간섭 문제를 획기적으로 해결해 생존력과 전투력 모두를 극대화하기 위함이다. 또, 잠수함을 효과적으로 추적하고 공격하기 위한 대잠 장비로 선체 장착형, 통신선 형태의 와이어형, 그리고 대잠초계기가 바다에 담가 사용하는 케이블형 소나 등의 기능이 모두 포함된 멀티 스태틱Multi-Static 형식의 소나 시스템이 장착될 예정이다.

KDDX는 통합마스트에 집약된 첨단 시스템을 통해 통합 전투체계의 결정판이 될 것이다. 현대의 전투시스템은 통합 전투체계를 기본으로 임무를 수행한다. 모든 센서와 통신시스템으로 획득한 정보를 시스템 간 네트워킹을 통해 분석하고 교환하며 전술과 교전 계획에 맞게 적용함으로써 모든 작전 과정을 자동으로 수행할 수 있게 만드는 것이 통합 전투체계의 요체이다.

KDDX에 탑재될 무장도 상당할 것으로 예상된다. 한국은 충무공 이순신급 구축함 이후로 선체의 크기에 비해 강력한 무장을 장착하는 것을 추구했다. 이는 북한과의 대치상황에서 우리가 택할 수 있는 가장 현명한 선택지였기 때문일 것이다. KDDX에는 이전 충무공 이순신급, 세종대왕급, 대구급 등에 적용된 한국형 수직발사체계Korea Vertical Launching System: KLVS를 업그레이드한 KLVS-II를 탑재할 예정이다. 2020년 8월 17일 방위사업청은 개발 기간 57개월에 개발비 700억 원의 개발사업 입찰을 공고했다.

KLVS-II는 기존 KLVS보다 면적은 180퍼센트, 길이는 120퍼센트, 탑재 중량은 185퍼센트 증가한 형태로 총 64셀이 탑재될 예정이다. 여기에 공격용 무기로는 최대 사거리 1,500킬로미터짜리 국산 공격용 함대지 순항미사일을 탑재해 지상 목표물을 정밀하게 타격할 것이며 대잠 미사일인 홍상어와 현재 개발 중인 한국형 초음속 대함 미사일도 탑재될 예정이다. 방어용 무기로는 1셀에 네 발이 장착되는 쿼드팩 형태의 해궁 단거리 함대공 미사일, 천궁을 개량한 중장거리 함대공 미사일 등을 탑재한다는 계획이다. 이는 KDDX에 탑재된 첨단 레이더 시스템과 결합해 적의 탄도미사일 요격을 실현하기 위한 포석이다.

한국은 해군의 KDDX 사업과 함께 2020년 차세대 잠수함 도입의 의지를 표명하면서 한국형 원자력 잠수함에 대한 여지를 남겼다. 또한 2015년 북한의 잠수함 발사 장거리 탄도미사일 북극성 1호의 발사 실험에 자극을 받아 대량 응징 보복 수단으로 K-SLBM 사업을 시작했다.

한국의 독자적인 SLBM의 핵심기술 개발을 2017년에 완료했고, 곧 장보고-Ⅲ급 잠수함에 배치할 거라는 뜻이다. 2021년 실전 배치될 장보고-Ⅲ급 잠수함에는 SLBM 발사를 위한 수직발사관이 설치되어 있다.

여기에 더해 장보고-Ⅲ급 잠수함에서 쓰는 잠대함 미사일이나 SLBM의 탄두에는 2023년경 테스트가 완료될 부스트 글라이드Boost Glide 같은 극초음속 무기를 탑재할 수 있다. 이 극초음속 무기는 현무-2C와 현무-4 미사일에 탑재해 발사할 수도 있다. 이것이 실현된다면 북한은 물론이고 중국과 일본 같은 주변국을 견제하는 전략적 억지력 효과도 노릴 수 있다. 중국은 이미 부스트 글라이드형 미사일인 DF-17을 실전 배치했다. 북한의 SLBM과 중국의 극초음속 무기에 대한 상쇄 전략이 가능하다는 것이다.

현재 KDDX 같은 첨단 시스템을 갖추고 작전에 임하는 구축함을 보유한 국가는 없다. 한국은 이미 반도체, 통신 네트워크를 비롯한 ICT, 조선업 분야에서 세계를 선도하는 국가로 발돋움했다. 이런 인프라와 기술집약적 기업들이 포진한 한국이 KDDX 사업을 통해 더욱 첨단의 기술력을 획득하게 된다면 전 세계를 호령하는 미국의 록히드마틴, 레이시온, 제너럴 다이나믹스, 영국의 BAE 같은 세계적 방위산업 기업이 한국에서 탄생할 날도 성큼 다가올 것이다. 또한 KDDX와 더불어 이지스함과 앞으로 가지게 될 핵 추진 잠수함, SLBM, 부스트 글라이드, 경항모, 무인 수상정 및 무인 잠수정, 수중 자율 기뢰 탐색체를 비롯한 해상과 해저의 전략자산들이 우리의 바다를 지킨다면 자주국방의 시기는 더욱 앞당겨질 것이다.

한국형 첨단 무기체계의 개발은 이어진다

한국군은 북한의 초대형 방사포와 장사정포의 위협에서 수도권을 복합 다층적으로 방어하기 위해 장사정포 요격시스템인 한국형 아이언 돔을 2030년까지 전력화할 계획이다. 군사분계선MDL 인근에 포진한 북한의 170밀리미터 자주포, 240밀리미터 방사포 300여 문은 수도권을 언제든 무차별적으로 공격할 능력을 갖추고 있다. 북한이 늘 주장하는 '서울 불바다' 협박은 이들 장사정포가 시간당 최대 3,000발을 발사해 휴전선에서 멀지 않은 수도권 핵심시설에 큰 타격을 입힐 수 있기에 가능한 이야기다. 북한은 2019년 탄도미사일급 사거리에 저고도로 비행하며 유도 기능까지 갖춘 600밀리미터 대구경 초대형 방사포를 공개했다. 이에 우리 군은 북한의 장사정포를 효과적으로 요격하기 위한 대응체계의 필요성을 지속적으로 제기했고, 그 결과 한국형 아이언돔의 개발이 준비되고 있다. 이스라엘의 아이언돔은 주변국의 공격을 효과적으로 막아내면서 그 진가를 발휘했다. 물론 이스라엘의 아이언돔이 싸구려 포탄을 그보다 수백 배 비싼 미사일로 요격한다는 점에서 비용 효율성의 문제가 제기되기도 하지만, 국가와 국민의 안전이 우선이라는 관점에서는 충분히 고려할 가치가 있다. 다만 이스라엘의 모델을 우리 실정에 맞게 변형해 방어의 효율은 높이면서도 비용은 줄일 수 없을지 심각하게 고려해야 할 것이다.

한국군은 한국형 아이언돔의 개발과 더불어 기존 한국형 미사일 방어체계에 탄도탄요격미사일인 패트리엇과 국내 개발 지대공 유도무기인 철매-II의 성능 개량형을 2025년까지 추가 배치할 계획이다. 이를 통해 현재의 시스템을 두 배로 증강해 적의 위협을 방어하려 하고 있다. 또한 장거리 지대공 유도무기L-SAM 양산 사업이 완료되면 현재보다 세 배 이상의 요격미사일이 확보될 것이므로 적 미사일을 방어하는 능력 또한 강화될 것이다.

현재 우리 군은 적 전투력의 파괴 및 살상 극대화에 중점을 둔 기존의 '섬멸적 전쟁 수행 방식'에서 적 군사적 요충지의 중추 기능을 선별적으로 제압하는 것에 중점을 둔 '중심 마비전 방식'으로의 전환을 모색하고 있다. 이를 위해서는 육·해·공 전 영역에서 자유롭게 기동할 수 있는 통합적 네트워킹 시스템이 필요하다. 다영역 동시 타격이 가능하려면 초연결 네트워크를 기반으로 전 군의 전략자산을 구분 없이 혼합적으로 적용할 수 있어야 한다. 이런 다영역 작전Multi-Domain Operations 전투체계를 모자이크 전투 수행 전략이라고 하며 이는 각 군의 무기체계, 전투부대, 전투 플랫폼 등을 통합해 활용하는 것을 말한다.

자주국방의 필수 조건, C4ISR과 ICT

북한의 위협과 주변국들의 군사력 팽창은 한국의 자주국방에 지속적인 위기감을 주고 있다. 4차 산업혁명의 핵심인 ICT를 적용해 무기와 시스템을 첨단화시킨다면 우리 군의 자주국방에 한층 힘을 실어줄 수 있다. 통합적 작전을 위해서는 지휘 통제와 감시정찰 정보의 관리 시스템인 C4IRS 시스템이 필요하다. C4IRS 시스템은 기존의 지휘 통제 시스템 C4I과 전장 감시체계ISR을 통합한 시스템을 말한다. 이는 국방 지휘 체계와 전장 관리를 자동화하는 시스템인데, 모든 국방 관련 시스템이 네트워크화되어 처리되는 것을 의미한다. 미국은 이미 1차 걸프 전쟁에서 네트워크화된 지휘, 통제, 정보, 감시, 정찰 시스템을 통해 승리를 확보한 전례가 있다.

네트워크화된 C4IRS는 ICT의 핵심인 ICBMSIoT, Cloud Computing, Big Data, Mobile Communication, Security를 적용해 각 전력의 임무와 관련된 정보를 수집 및 분석하고, 이를 통해 지휘관의 즉각적인 의사결정을 이끄는 것이 핵심이다. ICBMS는 서로 분리된 기술이 아닌, 유기적으로 연결되어 작동하는 기술이다. 전장의 상황 정보를 수집하고 분석해야 공격 방향을 정확하게 설정할 수 있고 방향이 정확하게 설정되어야 가장 효과적인 대응과 공격이 가능해지기 때문이다. 정보 획득과 분석, 신속하고 정확한 의사결정을 가능케 하는 것이 바로 C4IRS이다. 이는 우리 군이 추구하는 통합적 작전 수행과 정밀타격 체계, 아군 인명 피해 최소화를 실현시키는 가장 중요한 핵심 시스템이다.

앞으로의 미래 전장은, 앞서도 몇 차례 언급했듯 네트워크화와 무인화가 주도할 것이다. 무인화된 무기체계가 얼마나 임무를 잘 수행할 수 있는지는 ICBMS의 유기적 네트워크 형성과 작동 정도에 따라 달라질 것이다. 이미 우리는 독자적 군사위성을 보유하고 있으며 앞으로 소형 위성을 지구궤도에 올려 정찰과 탐지는 물론, 지상의 무기체계와 작전지휘 체계를 연결시키는 일도 가능해질 것이다. 이렇게 되면 모바일 통신으로 모든 영역에서 원활한 커뮤니케이션이 가능해져 C4IRS의 기본 인프라가 갖추어진다. 이렇게 갖춰진 인프라는 ICBMS의 다른 기술들이 효과적으로 구동될 수 있는 길을 터준다.

우리 군은 이런 인프라 시스템의 구축은 물론이고 공격과 방어를 위한 다양한 무기체계의 개발과 배치 계획을 실행하고 있다. 북한은 4,000여 대의 전차를 보유하고 있어 이를 통해 제파식 전술을 구사할 수 있는데, 이런 전술을 무력화하기 위해 우리는 한국형 공격 헬기 사업에 1조2,000억 원을 투입해 200여 대를 생산하는 사업을 진행 중이다. 한국형 공격 헬기에는 미국의 AGM-114 헬파이어 미사일의 한국형 버전인 '천검 대전차미사일' 네 발이 탑재된다. 이는 우리가 이미 보유한 아파치 가디언과 함께 지상의 북한 전차를 격파할 수 있는 능력이 배가된다는 것을 의미한다.

우리 군은 또한 상륙 돌격 장갑차-II 사업을 통해 육상 공격의 능력을 배가하며 유·무인 복합체계의 개발을 통해 전투원의 생존력을 높이고 전투 효율성을 극대화하려는 노력을 기울이고 있다. 지상 무인 체계는 전투원의 인명 피해가 예상되는 수색, 정찰, 폭발물 제거 등의 임무를 대신할 소형 정찰 로봇이나 무인 수색 차량 및 다목적 무인 차량 등을 연구와 개발을 통해 전력화할 예정이다. 적의 드론 공격을 방어하는 레이저 대공 무기의 경우, 이미 2020년 말에 개발을 마치고 국가 중요시설에 시험 배치를 진행했다.

이와 더불어 우리 군은 2020년 국방과학연구소 창립 50주년에 선보인 현무-4 미사일을 비롯한 미사일 기술을 계속 증대시키고 있다. 우리 군의 주력 미사일 체계인 현무는 탄도미사일 겸 순항미사일로 지대지, 함대지, 잠대지 미사일에 모두 적용 가능한 유연성과 전천후성, 정확도와 파괴력을 겸비하고 있다. 이는 핵무기와 같은 대량살상무기나 비대칭 전략무기를 가지고 있지 않은 한국이 북한을 비롯한 주변국에 대해 강력한 억제 수단으로 활용할 수 있는 최고 수준의 전략무기라고 할 수 있다. 1970년대 '백곰 미사일 계획'을 바탕으로 발전을 거듭한 미사일 개발 기술은 1986년 현무-1, 2001년 현무-2와 현무-3, 2020년 현무-4로 이어지면서 유효 사거리, 탄두 중량, 정확도, 파괴력이 계속 증대되었다. 그리고 퇴역한 현무-1을 제외한 다른 미사일들은 사거리와 탄두 중량을 변화시키며 계속 진화하고 있다.

현무 미사일 기술은 1970년대 미국의 나이키 허큘리스 미사일의 지대지 공격 능력 강화를 목적으로 하는 '백곰 미사일 사업'에서 시작되었다. 이후 정권이 바뀌면서 한 차례 사업이 무산되었지만, 북한의 아웅산 테러를 계기로 북한의 위협에 대응한다는 목적으로 미사일 개발사업이 부활하게 된다. 그러나 미국과의 미사일 협정으로 인해 사거리와 탄두 중량은 많은 제약을 받았다. 그럼에도 우리 군은 국방과학연구소 주도로 끊임없이 기술을 발전시켰고, 관성항법장치를 도입해 목표물의 좌표만 입력하면 발사 후 스스로 날아가 목표물을 타격하는 미사일까지 독자적으로 개발했다. 이렇게 개발된 현무-1은 다시 현무-2로 이어지며 마하 7의 속도에 기존의 탄도미사일과는 달리 비행궤도를 중간에 바꾸거나 사거리를 변화시킬 수 있는 미사일로 발전했다. 현무-2는 A, B, C형이 있으며 각각 사거리와 탄두 중량을 변화시킬 수 있다. 탄두 중량은 최대 2톤까지 늘릴 수 있고 사거리도 최대 800킬로미터까지 변화시킬 수 있으며 지상, 함정, 수중 어디에서든 발사할 수 있어 전천후로 활용 가능하다. 현무-3는 탄두 중량 500킬로그램의 순항미사일로 A, B, C, D형이 있는데 D형은 최대 사거리가 3,000킬로미터에 이른다. 현무-2와는 달리 음속 이하로 비행하지만, 저고도로 비행하기 때문에 적이 포착하기가 어렵고 목표 타격 정확도 또한 높다. 이것 역시 지상, 함상, 잠수함에서 모두 발사가 가능하다.

가장 최근에 공개된 현무-4는 사거리 800킬로미터에 탄두 중량 2톤으로 2017년 한미 미사일 사거리 지침 개정으로 탄두 무게의 제한이 풀리자 전역 탄도미사일로 개발한 모델이다. 탄두의 무게가 늘어나고 기술이 발전하면서 목표 관통 능력과 정밀도가 높아져 북한 지하 기지의 콘크리트 구조물도 쉽게 파괴할 수 있게 되었다. 2톤의 탄두 무게와 마하 10 이상의 하강 속도로 끌어내는 관통력은 전술핵 1킬로톤의 위력을 낼 수 있기에 그야말로 대벙커 미사일이라 할 만하다. 이로써 한국군은 북한 전역은 물론, 중국과 일본을 모두 사정권에 둔 미사일 전력을 보유한 국가가 되었으며, 앞으로도 미사일 기술을 더욱 개량하고 발전시켜 다양한 용도로 활용할 수 있을 것이다. 여기에 더해 2021년 5월 열린 한미 정상회담에서 그동안 발목을 잡던 한미 미사일 지침이 완전히 폐지되면서 한국의 미사일 개발은 어떤 제약도 없이 도약할 수 있는 길이 열렸다. 미사일 탄두 중량에 이어 미사일 사거리라는 족쇄까지 풀리면서 북한, 중국, 러시아까지 사정거리에 둘 수 있는 미사일의 개발이 가능해졌다. 이로 인해 한반도는 물론 인도 태평양을 아우르는 지역에서의 새로운 군사적·외교적 변화가 예상되고 있다.

우리 군은 방어 및 공격 무기와 더불어 다양한 영역에서 활용할 각종 첨단 무기들을 연구하거나 개발하고 있다. 미래 전쟁을 대비하는 워리어플랫폼부터 첨단 극초음속 무기 및 사이버전 무기까지, 그 개발 범위는 넓고 다양하다.

대한민국 국방개혁 2.0과 한반도 주변 환경의 변화

현재 동북아에서는 중국의 무력 팽창이 빠르게 일어나고 있으며 일본 또한 북한과 중국의 무력 증강을 명분으로 헌법까지 뜯어고쳐 전쟁을 할 수 있는 나라로 변하려 하고 있다. 이는 일본의 무력 증강을 의미한다. 중국은 현재 타이완과의 분쟁, 인도와의 무력 충돌, 도련선의 확대를 통한 남중국해 및 인도 태평양 지역에서의 패권 강화 시도 등 여러 행보로 주변국들을 자극하고 있다. 북한은 어려운 경제 상황으로 인한 주민의 어려움도 무시하고 끊임없이 핵과 미사일 개발에 매진하고 있다. 여기에 사이버전을 비롯한 전략자산의 확대를 추진하고 새로운 전략무기인 초음속 무기의 개발도 발표하는 등 다방면에서 한국을 위협하고 있다.

러시아는 동유럽 국가들과의 군사적 마찰 및 침략으로 긴장을 고조시키는 한편, 미국의 대공망을 무력화할 새로운 게임 체인저의 개발에 속도를 내고 있다. 미국은 중국과 북한의 남진을 막고 러시아를 견제하며 인도 태평양과 동아시아에서의 강력한 영향력을 유지하기 위해, 그리고 '세계의 경찰'이라는 역할을 담당하기 위해 군사력을 증강하고 있다. 한반도를 둘러싼 주변국들의 첨예한 이해관계는 대한민국과도 깊이 연관되어 있다. 각 나라 모두 자국의 이익을 창출하기 위해 한반도를 그 도구로 활용하려 하기 때문이다.

대륙과 대양을 잇는 길목에 선 한반도는 전략적 요충지라는 이유로 늘 외세의 침략을 받았다. 지금의 상황도 그런 역사의 연장선이다. 위로는 중국이, 아래로는 일본이 과거와 같이 한반도에 발을 들일 기회를 호시탐탐 노리고 있고 반으로 잘린 한반도의 남쪽 대한민국과 북쪽 북한은 서로 극명한 이념적·경제적·문화적 차이를 보이며 70년째 휴전상태를 유지하고 있다.

이러한 상황에서 대한민국은 어떻게 방향을 설정하고 진행해야 국가의 안보와 이익을 동시에 극대화할 수 있을까? 현재 대한민국은 국방의 혁신과 변화라는 강력한 요구에 직면해 있다. 또 미국을 비롯한 군사 대국들 역시 새로운 전략자산의 개발 및 배치를 통해 힘의 균형 무력화를 추진하고 있다. 국가 간 동맹 관계는 국가의 이익에 기반을 두기 때문에 언제든 변할 수 있다. 실리주의를 기본으로 하는 국제관계에서 누군가의 힘에 의지해 나라를 지탱하는 것은 어리석은 일이다. 이런 어리석은 선택을 하지 않기 위해서는 힘을 가져야 하고 그 힘을 현명하게 활용할 줄 알아야 한다.

미국에 트럼프 행정부가 들어선 것을 계기로 한미동맹에 대한 한국인들의 인식이 바뀌었다. 미국은 방위비 분담 등에서 자국의 이익만을 극대화하려는 태도를 취했고, 이를 본 한국인들 다수가 과거보다 실리주의적 시각에서 한미 관계에 접근해야 한다고 생각하게 되었다. 한미 연합방위체제의 변화를 이야기는 사람들이 늘어나고 정부도 그쪽으로 방향을 잡으면서, 자연스럽게 전시작전통제권을 한국군이 가져와 국가 방위 임무를 주도적으로 수행해야 한다는 주장도 나오게 되었다. 확연히 달라진 한국의 경제력과 국방력, 기술력을 바탕으로 패러다임을 전환해야 할 시기가 다가온 것이다.

ICT를 기반으로 한 과학기술이 군사 무기체계에 급속도로 적용되면서, 전쟁의 양상은 새로운 형태로 진화하고 있다. 미국, 러시아, 중국 등 군사 강국들은 전통적 방식의 비대칭 무기를 개량하는 한편 이제까지 없었던 게임 체인저를 등장시켜 힘의 균형을 흔들고 있다. 이런 신무기와 공격 방식의 변화는, 안보위협의 유형을 더욱 다변화시켰고 불확실성 또한 증대시키고 있다. 다시 말해 전쟁의 예측과 예방이 더 어려워졌다는 뜻이다. 따라서 이 같은 안보위협에 효과적으로 대응할 역량을 확보하기 위해서라도 한국의 국방체계는 변화될 수밖에 없다.

한국은 2018년 7월 27일 국방개혁 2.0을 발표하며 새로운 안보환경에 맞춘 방향 전환을 모색했다. 국방개혁 2.0에는 '강한 국방, 책임 국방의 구현'이라는 모토 아래 대한민국을 더 평화롭고 강하게 만들어 가겠다는 포부가 담겨 있다. 이를 위해 '전방위 안보위협 대응', '첨단 과학기술 기반의 정예화', 그리고 '선진화된 국가에 걸맞은 군대 육성'이라는 3대 목표를 설정했다. 전력구조, 국방운영, 병영 문화, 방위산업 분야에서의 혁신적 개혁과 발전을 추진하겠다는 취지다.

국가 국방시스템은 인력, 무기, 지휘구조, 외부와의 협업 등 많은 요소로 구성되며 이 요소들은 하나의 거대한 네트워크로 연결되어 구동된다. 국가 인구의 감소는 군 인력 구조 개편으로 이어졌으며 정보 수용 능력 및 국가 경제력 상승, 교육수준의 향상은 폐쇄적이고 강압적인 병영 문화에 변화를 요구하고 있다. 국가를 방위하는 핵심은 군이며 군의 핵심 자산은 군인이다. 군인과 군복이 인정받고 존중받는 사회를 만들기 위해서는 군 내부에서부터 그들의 인격과 권리를 보장하는 문화를 정착시켜야 한다. 이런 노력이 있어야 강력한 의지와 투지를 가진 정예 전투원이 탄생해 나라를 지킬 수 있게 된다.

첨단기술을 적용한 전략무기의 개발과 배치, 운용은 정예 전투요원을 양성하는 것과 병행해야 한다. 무기와 시스템을 통제하고 움직이는 것은 결국 사람이기 때문이나. 따라서 첨단기술을 적용해 부족해진 인력을 대체하고 인재를 키우는 것이 필요하다. 군대는 '시간을 버리는 곳'에서 '최고의 교육을 통해 지식과 기술력을 키울 수 있는 곳'으로 탈바꿈되어야 한다. 이를테면 군 내부에서 인재를 육성해 소수정예의 능력을 발전시키는 이스라엘의 탈피오트Talpiot 제도를 우리가 벤치마킹하고 더욱 효과적인 형태로 발전시켜야 한다. 현재 그 첫걸음으로 과학기술정보통신부와 국방부 합동으로 '과학기술 전문사관' 제도를 운용하고 있다. 이 제도를 통해 군의 현대화와 혁신기술 개발의 마중물 임무를 수행할 인재가 육성되길 기대한다.

정부는 국방개혁 2.0을 통해 북한을 비롯한 적의 위협으로부터 국가를 방위하는 독자적 억제능력을 구축할 것이라고 밝혔다. 이런 억지력은 재래식무기와 첨단 전략무기의 효과적 배합을 통해 이룩할 수 있다. 이미 군 정찰위성을 포함한 정찰, 감시, 정보 능력의 확보가 시작되었고 한국형 미사일 방어체계와 정밀타격이 가능한 무기체계의 개발도 이루어지고 있다. 육·해·공군의 무기체계에 국내 기술로 개발된 신무기들이 속속 배치되고 있으며 막대한 예산이 투입되는 새로운 무기체계개발 또한 진행 중이다.

각 군의 무기 소요는 북한과 주변국의 군사역량 변화에 대응할 수 있는 형태로 개발과 배치가 이루어져야 한다. 세간의 이목을 의식한 보여주기식 무기 개발로는 나라를 지키지 못한다. 다변화하는 동북아, 더 나아가 세계정세를 자세히 파악하고 분석해 저비용 고효율의 무기를 서둘러 개발해야 한다. 이제 전쟁은 군인의 숫자나 재래식무기의 양이 아닌, 전략무기의 효과적 운용 여부로 단기간에 판가름 나는 형태로 변화했다. 미래 전쟁은 비대칭전력을 얼마나 적극적으로 수용하고 빠르게 활용하느냐로 승패가 결정된다. 속도가 곧 파괴력을 결정하는 동시에 가장 훌륭한 방어력이기 때문이다.

국방비 및 군의 첨단 무기 소요제기의 증가는 방위산업의 기술 획득과 발전에 직접적 영향을 미친다. 70여 년 전 대한민국은 총 한 자루도 스스로 만들지 못하던 나라였다. 반면 21세기의 대한민국은 각종 첨단 무기를 개발하고 생산하면서 세계 속에서 강력한 영향력을 발휘하는 국가가 되었다. 다변화된 안보위협에 신속히 대응하고 자주국방을 이룩하기 위해서는 방위산업의 발전이 필수적이다. 방위산업이 성장하기 위해서는 비리와 부실을 원천적으로 차단할 수 있는 시스템과 규제개선을 통한 공정한 경쟁 환경의 조성이 필요하다.

전 세계 국방 무기체계를 선도하는 미국은 국가 전체가 무기체계 개발 요새처럼 네트워크로 연결된 시스템 속에서 유기적으로 움직인다. 또 무기체계의 연구와 개발에서 창의성과 지속성, 연결성을 강조한다. 다시 말해 정부, 군, 연구소, 대학, 방위산업 기업, 민간 기업, 그리고 국민이 하나의 유기체로서 움직인다는 것이다. 실패를 좌절이 아닌 새로운 배움으로 인식하는 문화 속에서 무서운 기술이 탄생한다는 것을 명심해야 한다. 우리도 이런 유기적 협력 네트워크의 구성과 창의적이고 지속 가능한 연구 환경의 조성이 필요하다. 아울러 민군협력을 강화해 스핀-온과 스핀-오프가 원활하게 이루어지도록 R&D 역량을 강화하면서 민·군 상생을 촉진해야 더 빠르게 군의 첨단화를 달성할 수 있다. 한때 비리의 온상처럼 인식되었던 방위산업과 군의 유착은 국가의 경쟁력과 단합을 해치는 주범이라는 인식의 전환이 필요하다.

대한민국은 국방개혁 2.0을 바탕으로 미래의 네트워크 중심전을 대비해 무기 현대화를 빠르게 추진하고 있다. 방위산업의 틀도 변화시켜 주변의 위협에 대응할 수 있는 독자적 기술력 확보와 개발을 촉진한 다는 기본 전략을 구상 중이다. 첨단 군사력의 건설은 첨단기술력에서 나온다. 이런 기술력이 적용된 첨단 무기의 개발 및 생산, 배치는 우리 가 처한 안보환경에 가장 잘 부합하는 무기체계를 고민한 뒤에 실행되 어야 한다. 또한, 북한의 핵 위협과 군사도발, 혹은 미국과의 동맹 관계 를 국익의 관점에서 분석해 국방개혁을 실행하는 지혜가 필요하다.

국방개혁을 통해 미래 전쟁에 대비하는 일은 안보적 불확실성이 그 어떤 나라보다 큰 한국에게 어려운 과제가 아닐 수 없다. 그런 만큼 언 제나 위기를 극복해온 한국의 저력을 다시 한번 발휘할 때이다. 미래 전 쟁을 어떻게 분석하고, 어떻게 준비하며, 어떻게 승리할지를 안다면 걱 정할 필요는 없다. 이것이 진정한 국방개혁의 목표이며 자주국방을 이 룩하는 길이다. 아울러 국방개혁과 신무기 개발 및 도입이 정확한 분석 에 기초해 이루어진 것이라면, 정권의 교체와 상관없이 그 진행은 국익 의 관점에서 일관성 있게 진행되어야 한다. 국민 모두가 빠짐없이 공감 하고 지지할 수 있는 개혁은 세상에 존재하지 않지만, 그 개혁의 필요성 을 널리 알리고 동참을 이끌어낼 수 있도록 설득해야 한다. 이것이 자주 국방으로 가는 첫걸음이다.

10장

핵심기술 1등 기업의 컨소시엄 전략
한국의 위상 변화

우리 방위산업의 발전은 앞으로 확대될 세계 무기 시장에서 경쟁력을 담보할 수 있다. 우리가 생산한 무기의 우수성을 인정하는 국가들이 늘고 있지만, 기술 우수성과 효율성 대비 가격의 평가는 브랜드 가치의 미확립으로 인해 세계 시장에서 아직 저평가되고 있다. 또한, 우리 무기의 수출과 생산 협업구조에도 문제가 없지 않다. 인도네시아와의 협업으로 진행된 KFX 사업에서도 인도네시아는 지속적으로 불가해한 행동을 보이며 협상의 룰을 깨려 했다. 앞으로 동남아 국가들과의 무기거래가 더욱 활성화될 것으로 보이는 상황에서, 계약이나 협상에서 발생할지 모를 이른바 '꼼수'를 원천적으로 차단할 수 있는 확실한 기술적·비용적·효용적 우위를 확보하는 것이 필요하다. 세계 시장에서 그 기술력을 인정받는 우리의 기업들과 군의 협업이 지금보다 더 확대되고 4차 산업혁명 기술의 적극적 적용이 이루어진다면, 세계적인 군사 강국이자 무기 개발 강국으로 자리매김할 수 있을 것이다. 이제 그 가능성에 대해 함께 살펴보자.

2019년 자료에 따르면 글로벌 방위산업의 시장 규모는 1조7,390억 달러로 매년 2.2퍼센트씩 성장하고 있다. 우리나라 방위산업 기업이 세계에서 차지하는 위상 또한 커지는 중이다. 2020년 《디펜스뉴스》에서 집계하는 세계 100대 기업에서 한국은 총 네 개의 기업이 이름을 올려 세계에서 다섯 번째로 많은 기업을 리스트에 올린 나라가 되었다. 한국

방위산업 기업들의 판매량 자체는 전 세계 거래량의 1.4퍼센트 정도로 그리 크지 않지만, 이 정도 발전 속도라면 앞으로 세계 방위산업 시장과 국제 군사 무대에서 큰 역할을 담당할 수 있을 것이다. 이를 위해 국내 민간 기업, 특히 각 분야에서 세계 1등을 하는 기업들과의 협업을 통해 시너지를 극대화하는 방법을 고민해봐야 한다. 또한 방위산업과 연계된 기존 협력 기업들과의 네트워크 강화를 통한 품질 향상과 발전도 더욱 공고히 해야 한다.

ICT로 이루는 무기의 세대교체

무기의 세대교체가 ICT를 중심으로 일어날 것이라는 예상이 여기저기서 나오고 있다. 이 같은 무기의 세대교체는 앞으로의 무기 시장을 엄청난 규모로 확대시키는 촉매제가 될 것이다. 어쩌면 이제까지 무기거래 시장을 선점하던 록히드마틴이나 레이시온 등의 영향력이 감소하고 IT 혹은 ICT 중심 기업이 시장의 새로운 강자로 부상할 수도 있다. 장 크리스토프 노엘 프랑스 국제관계연구소 연구원의 언론 인터뷰 내용에서 보듯, 밀리테크 4.0을 먼저 달성하는 국가가 앞으로 펼쳐질 미래의 주도권을 잡을 수 있다. 비록 지금은 군사력 측면에서 초강대국에 비견되지 못하는 국가라도 밀리테크 4.0 기술을 완성하면 미들파워에서 하이파워로 도약하는 기회가 생길지 모른다.

세계적 방위산업 기업인 미국의 레이시온과 영국의 BAE 시스템스는 IT업체 인수를 단행하며 방위산업에 전자기술을 더하는 융복합 계획을 추진하고 있다. 또 프랑스의 방위업체 탈레스는 2017년 세계 최대의 보안용 반도체 칩 생산업체인 젬알토를 48억 유로(약 6조1,740억 원)에 인수한 데 이어 2018년 7월엔 암호화 솔루션 기업인 보메트릭을 3억 7,500만 유로(약 4,823억 원)에 인수하는 등 사이버전을 준비하기 위한 행보를 이어가고 있다. 한국의 한화시스템스와 LIG넥스원도 이러한 추세에 맞춰 사이버와 전자 관련 역량을 키우려 노력하고 있다. 이렇듯 기존의 방위산업 기업들은 하드웨어를 넘어 소프트웨어의 강화를 통해 미래 전쟁 기술을 확보하고자 다각적인 협업과 기술개발을 진행하고 있다.

4차 산업혁명이 우리 앞에 모습을 드러내면서 각종 산업의 패러다임 전환이 가속화되는 추세이다. 이러한 변화의 증거 중 하나가 방위산업과 민간 산업 간의 구분이 모호해지는 혼합화 현상이다. 밀리테크 4.0은 기술과 시장의 패러다임 전환을 그대로 보여주는 결과물이며 미래 전쟁이 어떤 형태로 전개될 것인지를 보여주는 청사진이다. 무인화와 네트워크화가 핵심적으로 기능할 미래 전쟁은 AI전, 사이버전, 우주전으로 그 영역을 확대할 것이며 이것을 가능케 할 기술이 4차 산업혁명의 핵심이라는 점에서 무기 시장에서의 지각변동은 불가피할 것으로 보인다.

국방 분야에 기반을 둔 기술들이 민간에 흘러들어 발전하고, 발전된 기술이 다시 국방 분야로 유입되면서 새로운 게임 체인저의 개발에 활용되는 기술혼합활용 현상은 이제 새로운 혁명기로 돌입하고 있다. 새로운 무기의 등장은 새로운 시장의 도래를 예고하는 것이며, 새로운 플레이어들의 등장을 견인하게 될 것이다. 앞으로는 4차 산업혁명의 핵심기술을 활용하는 새로운 무기 개발자들이 나타날 것이다. 지금까지보다 시장의 규모도, 그에 따른 기회도 커질 것이다.

이제까지 방위산업 시장은 국방 기술을 선점하고 발전시킨 몇몇 거대 기업들로 인해 타 산업군의 기업이 진입할 수 없는 거대한 크기의 울타리가 쳐진 상태였다. 그러나 무기 소비자들의 요구가 변화하고 무기 기술이 발전하면서 시장을 지배하던 기존의 거대 방위산업 기업들로는 감당할 수 없을 만큼 그 다양성이 심화되었다. 동시에 기술의 스핀-업 현상이 확대되면서 국방과 민간의 기술 경계가 모호해지는 상황이 펼쳐졌다. 그리고 이 지점에서 새로운 기회가 생겨났다. 이미 앞에서 살펴본 록히드마틴과 마이크로소프트의 경쟁은 이러한 변화의 조짐일 뿐이며 앞으로 더 많은 경쟁이 촉발될 것으로 예상한다.

통계청의 〈기업활동조사〉에서는 4차 산업혁명 연관 핵심기술을 사물인터넷, 클라우드, 빅데이터, 모바일 5G, AI, 블록체인, 3D 프린팅, 로봇공학, 가상·증강현실 등의 아홉 개 분야로 구분했다. 여기에 혼합현실MR과 양자컴퓨팅을 추가하면 정확한 4차 산업혁명의 핵심기술이 완성된다. 이 기술들을 유기적으로 얼마나 잘 결합 또는 통합하고 기존의 기술과 연결하느냐에 따라 4차 산업혁명의 성공적 적용 여부가 판가름난다. 이런 기술의 융합 또는 통합은 민간의 거의 모든 산업에서 핵심적 역할을 하며 발전 중이고 국방 분야에도 큰 파급효과를 미치고 있다. 무기체계는 미래 전쟁을 대비하는 방향으로 진화하고 있으며 그 핵심에 바로 이 기술들이 자리하고 있기 때문이다.

세계 선두를 달리는 한국 기업의 시너지:
(1) 모바일 네트워크 산업

ICT의 핵심기술인 ICBM(즉 사물인터넷, 클라우드, 빅데이터, 모바일) 가운데 가장 기본이 되는 기술은 무엇일까? 모바일, 즉 무선통신시스템이다.

전 세계 이동통신은 '세대'로 구분된다. 모바일 네트워크는 1세대 1G부터 5세대 5G까지 시대별로 그 기술에서 많은 차이를 보인다. 1세대 모바일 네트워크는 1970년대 후반 일본에서 등장했다. 아날로그 데이터 전송 방식인 관계로 액세스는 쉬웠지만, 안정성은 많이 떨어졌다. 데이터 처리 속도도 2kbps(초당 2킬로비트) 정도로 텍스트 몇 줄을 겨우 처리하는 수준이었다. 2세대 2G 모바일 네트워크는 1990년대 초반에 등장했으며 디지털 음성, SMS(단문 메시지 서비스)와 MMS멀티미디어 메시지 서비스 등의 기능이 있었다. 데이터 처리 속도는 200kbps로 1G에 비해 빨라지고 보안도 향상되었지만, 통화의 끊김 현상이 발생하는 등 현재와 비교하면 아주 초보적인 수준이었다. 당대를 배경으로 하는 영화나 드라마 등에서 통신 신호를 잡기 위해 전화기를 허공에 들고 이리저리 움직이는 우스꽝스러운 모습을 본 기억이 있을 것이다.

3세대3G는 2000년대 중반에 등장한 기술로, 모바일 인터넷을 즐길 수 있는 수준까지 기술이 향상되었으며 스마트폰의 탄생을 촉진했다. 데이터 처리 속도가 40Mbps(초당 40메가비트)로 2G와 비교해 200배 이상 빨라졌다. 이렇게 빨라진 데이터 처리 속도에 힘입어 모바일 인터넷 시대로의 진입이 가능해졌다.

4세대 4G 모바일 네트워크는 2010년에 출시되었는데 LTELong-Term Evolution 서비스로 불리기도 한다. LTE는 네트워크의 용량과 속도를 증가시키기 위해 만들어진 4세대 무선 기술로 한국에서는 2013년 9월부터 이동통신 3사(SK텔레콤, KT, LGU+)가 서비스를 시작했다. 데이터 처리 속도는 최대 100Mbps(초당 100메가비트)로, 고화질 비디오 파일을 내려받고 3D 게임을 플레이하거나 음악 및 가상현실, 기타 고용량의 서비스를 누릴 수 있게 되었다. 그러나 사용자가 많아지고 유통되는 데이터의 용량이 늘어나면서 데이터 처리를 위한 대기 시간이 늘고 내려받기 속도까지 느려지는 등 문제가 발생하자 사용자들의 불만도 증가했다.

4G LTE 서비스의 데이터 처리 속도 저하는 모든 사용자가 구분 없이 같은 라인을 사용하면서 발생한 병목현상 때문이었다. 이러한 4G 모바일 네트워크로는 앞으로 등장하게 될 자율주행 자동차, 원격의료, 사

물인터넷 등 한층 대용량의 데이터를 다루어야 하는 서비스를 감당할 수 없기에 새롭게 등장한 것이 5G 모바일 네트워크이다. 5G는 4G LTE를 대체하고 새롭게 등장한 다양한 서비스를 원활하게 처리할 목적으로 설계되었다. 데이터 처리 속도는 20Gbps(초당 20기가비트)로 LTE와 비교했을 때 20배 빠른 속도를 보여준다. 대기 시간은 10분의 1로 획기적으로 단축되었고 신호의 원격 커버리지도 매우 증가해 다양한 서비스를 빠르게 소화할 수 있는 무선통신 초고속도로라 할 수 있다.

4G LTE와 차별화되는 5G의 가장 큰 특성은 네트워크 슬라이싱Network Slicing이 가능하다는 것이다. 네트워크 슬라이싱은 네트워크 이용자들을 용도별로 구분하고 공급업체에서 각각의 이용자에게 가상의 네트워크를 할당해 끊김이나 지연 없는 서비스를 공급하는 기술을 말한다. 도로에 비유하면 4G LTE가 양방향 1차선 국도, 5G는 양방향 8차선 고속도로이다. 여기에 차량별로 운행 가능한 차선을 부여해 차량 흐름을 촉진하는 것과 같은 원리이다.

자율주행 차량이나 원격의료와 같이 사람의 생명과 직결된 서비스의 경우, 데이터 전송의 지연을 최소화하는 것이 무엇보다 중요하므로 이들 필수 인프라는 독자적 네트워크 라인을 사용하도록 하는 것이 바람직하다. 그 외에도 사용자별로 그들이 요구하는 서비스에 따라 네트워크 라인을 할당함으로써 병목현상을 최소화할 수 있다.

이러한 5G 모바일 네트워크는 3장에서 언급한 것처럼 앞으로의 군 통신과 장비들의 무인화 및 네트워크화를 적극적으로 지원하는 기본적 인프라로 활용할 수 있다. 미래 전쟁을 대비하기 위한 무기 현대화의 핵심은 네트워크화된 시스템의 통합과 무인 장비들의 효과적 활용이다. 이를 위해 나아가야 할 방향은 항공기와 전투함부터 개인 전투원이 착용하는 기본 장비까지 모든 장비를 통합된 군 네트워크에 연결함으로써 실시간 의사소통이 가능하게 하는 것이다. 통합된 네트워크를 구축하는 데 가장 중요하면서도 가장 기본적인 인프라를 제공하는 것이 5G이다. 즉, 5G는 군 네트워크와 무인화 장비들의 생명선이자 연결선이 된다.

이런 이유로 전 세계는 지금 5G 모바일 네트워크 기술을 군과 민간에 적용하는 데 혈안이 되어 있다. 미국과 중국이 패권 경쟁을 벌이는 와중에 미국과 그 동맹국들이 중국의 화웨이를 비롯한 통신기업과 반도체 기업을 가장 우선적인 제재 목표로 지목한 것도 모바일 네트워크가 군의 생명선의 역할을 하기 때문이다. 또한 중국 기업이 세계 시장에서 차지하는 비중이 커질수록 네트워크를 통한 정보 누출과 네트워크 운용 방해 같은 사태가 벌어질 수 있기에 이를 사전에 차단하려는 전략이라고도 할 수 있다.

미국과 서방국가, 그 동맹국들의 이 같은 움직임은 우리에게 무엇을 시사할까? 국내 통신기업들의 발전된 기술력은 국내 산업 및 군대, 무인화 서비스에 그 어떤 나라보다 훌륭한 시스템을 제공할 수 있다. 또 세계 시장에서 중국 기업들에 대한 제재가 강화될수록 우수한 5G 네트워크 시스템 기술을 가진 한국 기업들의 선전도 기대할 수 있다. 중국 기업들의 저가 공세는 가격 경쟁력으로 작용해 한국 기업과의 경쟁에서 우위를 확보케 했다. 그러나 아무리 가격이 저렴해도 시스템 자체를 믿을 수 없다면 이야기는 달라진다. 혹자는 중국 기업에 대한 서방 세계의 제재로 한국 기업이 반사이익을 얻은 것뿐이라 평할지도 모르지만, 엄밀히 보면 반사이익이 아닌 기술력의 차이를 통한 당연한 시장 선도라고 할 수 있다.

현재 전 세계의 많은 국가가 5G 모바일 네트워크에 대한 투자를 확대하고 있고 그에 따른 단말기와 장비의 진화도 빠르게 일어나고 있다.

이러한 세계적인 5G 생태계의 확장은 세계 최초의 5G 서비스 상용화 국가인 한국에게는 시장을 선도할 수 있는 기회이다. 이 기회를 제대로 잡기 위해서는 한국 내 5G 서비스 확대를 위한 추가적인 노력이 이동통신사와 정부의 협업을 통해 원활하게 이루어져야 한다. 즉, 진정한 의미의 5G 전국 서비스가 실행되고 사용자의 증가로 이어져야 한다는 것이다. 그래야만 해외에서의 유치 사업도 더 큰 힘을 받을 수 있다. 현재 전 세계적으로 5G와 연결할 수 있는 스마트폰, 사물인터넷 모듈, 고정형무선접속장치CPE 등 각종 기기가 빠르게 도입되고 있다. 여기에 코로나-19가 번지면서 통신시스템의 중요성이 나날이 커지는 상황이라 앞으로의 시장은 각종 서비스와 기술의 시너지가 폭발하는 '5G 대중화' 시대로 진입할 것이다.

통신기기와 장비, 국가 네트워크 시스템 부분에서 세계 최고의 기술을 보유한 한국은 이미 전 세계 최초로 5G 모바일 네트워크 서비스를 상용화하는 데 성공했다. 여기에는 지리적인 이점 또한 작용했다. 정보통신 기술 분야에서 강력한 영향력을 가진 국가들은 대부분 국토의 면적이 작고 인구가 적다. 광케이블을 비롯한 각종 네트워크 인프라를 설치할 때 적은 비용으로 큰 효용을 누릴 수 있기 때문이다. 한국을 비롯한 노르웨이, 핀란드, 스웨덴 등이 이 조건에 부합한다. 여기에 기술력의 확보를 통한 빠른 상용화는 한국을 전 세계에서 가장 빠른 인터넷을 서비스하는 국가로 만들었다. 한국이 전 세계에서 출시되는 각종 서비스의 '테스트 베드'로 인식되는 것도 우연이 아닌 것이다. 한국에서 성공한 서비스는 전 세계 어디서든 성공할 수 있다는 믿음이 어느새 자리 잡았다.

앞서 언급한 지리적 이점을 가진 국가들 가운데 한국은 정보통신 시장의 변화에 가장 잘 대응한 국가로 인정받는다. 한국은 아날로그 시스템에서 디지털 시스템으로 바뀌는 정보통신 기술의 변화에 가장 발빠르게 대처하며 신기술을 적극적으로 도입해 상용화했다. 또한 애플이 출시한 스마트폰으로 세계 시장의 판도와 경제의 흐름이 뒤바뀌는 시기에도 우리는 현명한 대처로 위기를 기회로 전환했다. 피처폰 시장에서 부동의 1위를 유지하던 핀란드의 노키아는 새로 등장한 스마트폰에 무심한 채 변화를 거부하다가 결국 시장에서 사라졌다. 반면 한국의 삼성전자는 적극적으로 아이폰에 대응할 기기를 만들어 세계 스마트폰 시장에서 1위를 차지했다.

4차 산업혁명의 핵심은 초연결성이다. 이러한 요구에 부합되는 5G 모바일 통신은 군의 미래 전쟁 대비를 위한 중요한 자원으로 떠오르고 있다. 5G 모바일 네트워크는 변화가 예고된 밀리테크 4.0을 주도할 가장 기본적 기술이다. 군이 세계를 선도할 기술력을 가진 민간 기업과의 협업을 통해 최상의 시너지 도출 방안을 구상하고 실현한다면, 군사 무기체계 분야에서 새로운 강점과 경쟁력을 확보할 수 있을 것이다.

세계 선두를 달리는 한국 기업의 시너지:
(2) 반도체 산업

반도체는 철이나 구리처럼 전기가 원활하게 전달되는 도체와 나무나 돌처럼 전기가 흐르지 못하는 부도체의 중간 성질을 가진 물질을 말한다. 평소에는 전기가 통하지 않지만 특정 조건에서는 전기가 흐르고, 이를 통해 신호를 제어, 증폭, 기억할 수 있게끔 가공된 전자부품이 바로 반도체이다. 대표적인 반도체가 실리콘과 게르마늄인데, 대중적으로 널리 인식되는 반도체는 그중 실리콘이다. 전자부품으로서의 반도체를 만들려면 순도 일레븐 나인 즉, 99.999999999퍼센트의 초순수 결정체가 필요하다.

반도체는 전기의 흐름뿐 아니라 전자제품의 역사까지도 바꾼 '세기의 발명품'이다. 반도체가 만들어지기 전까지 전자제품은 진공관을 사용했다. 그러다가 1947년 미국 벨연구소의 쇼클리W. Shockley가 반도체를 이용한 트랜지스터를 최초로 발명하면서 혁신적인 변화가 시작되었다. 하나의 반도체 기판 위에 트랜지스터 한 개, 저항기 세 개, 축전기 한 개 등 총 다섯 개의 소자가 집적된 최초의 집적회로Integrated Circuit: IC가 등장한 이후, 반도체의 집적 능력은 상상을 초월할 정도로 발전했다. 현재 우리가 사용하는 1G D램은 한 개의 반도체 칩에 11억7,000만 개의 트랜지스터가 집적되어 있다.

반도체의 종류는 크게 메모리와 비메모리로 구분되는데 메모리는 말 그대로 정보를 저장할 수 있는 것이고 비메모리 혹은 시스템 반도체는 연산과 제어만이 가능한 형태이다. 메모리 반도체는 다시 휘발성인 램Random Access Memory과 비휘발성인 롬Read Only Memory으로 구분된다. 램은 칩 내에 정보를 기록하고 저장된 정보를 읽거나 그 내용을 변경할 수 있지만, 전원이 끊기면 자료가 사라지는 휘발성 메모리이다. 롬은 기록된 정보를 변경할 수 없고 읽는 것만 가능하면 전원이 끊겨도 기록된 자료가 사라지지 않는 비휘발성 메모리이다. 흔히 사용하는 PC나 스마트폰을 생각하면 쉽게 이해할 수 있다. PC나 스마트폰의 데이터 처리 속도를 살펴볼 때 우리는 보통 내부에 장착된 저장장치의 용량을 비교하는데 이것이 바로 램이다. 램의 용량을 보면서 얼마나 많은 정보를 처리할 수 있는지 비교하는 것이다. 롬은 우리가 사용했던 CD-ROM 혹은 DVD-ROM을 생각하면 쉽게 이해할 수 있다. 정보를 읽을 수는 있지만, 내용을 변경할 수 없는 형태의 저장 매체이다.

램은 그 형태와 용도에 따라 D램, S램, V램 등으로 구분된다. D램은 작은 칩에 많은 정보를 저장할 수 있다는 장점이 있어 PC의 저장장치로 사용되고, S램은 정보 처리 속도가 빠르고 전력 소모가 적다는 장점이 있지만 작게 만드는 것이 어려워 PC의 캐시메모리, 통신기기, 전자오락기, 서버, 통신기지국 주요 장비 등에 사용되는 것이 일반적이다. 마지막으로 V램은 화상 정보를 기억할 수 있도록 특별히 만들어진 전용 메모리이다.

롬도 여러 종류로 나뉘는데 우리에게 잘 알려진 플래시메모리는 램처럼 빠른 속도로 정보를 읽고 쓸 수 있으며 저장도 할 수 있고 전원이 꺼져도 정보가 지워지지 않는 비휘발성 메모리이다. 플래시메모리는 전력 소모가 적으며 고속 프로그래밍과 대용량 저장도 가능해 컴퓨터의 주기억장치인 HDD를 대체하는 추세인데 이는 다시 데이터 저장형인 낸드NAND와 코드 저장형인 노아NOR로 구분된다. 그 가운데 낸드 플래시메모리는 USB 메모리카드, 스마트폰 저장장치, HDD를 대체 중인 저장장치 SSDSolid Station Drive, 캠코더, 디지털카메라 등 모든 모바일 기기에 폭넓게 사용되고 있다. 코로나-19 상황과 기술 변화에 따른 플래시메모리 수요의 폭발적 증가로 인해 제조사 간 치열한 전쟁이 일어나고 있는 메모리 분야이기도 하다.

비메모리 반도체는 정보의 저장이 아닌 연산과 제어 기능을 담당하는데, 컴퓨터를 제어하는 기능을 가진 핵심 부품인 마이크로 컴포넌트 칩, 논리소자Logic IC, 아날로그 소자Analog IC, 개별소자Discrete, 광반도체와 센서 등으로 구분할 수 있다. 비메모리 반도체는 각 시스템에 부합하는 형태로 설계하는 기술이 관건이며 다품종 소량생산을 기본으로 한다. 이는 소품종 대량생산을 기본으로 생산기술이 관건인 메모리 반도체와 구분된다. 컴퓨터나 스마트폰의 두뇌 역할을 하는 반도체는 시스템 반도체이며 흔히 우리가 듀얼코어Dualcore, 쿼드코어Quadcore라고 부르는 연산 속도를 관장하는 프로세서가 바로 이것이다. 시스템 반도체는 여러 정보 처리 능력을 갖추었으며 기기의 작동을 효과적으로 컨트롤하기 위해 한 기판에 집적해야 하는 회로도 여러 가지인 관계로 메모리 반도체보다 구조가 복잡하다.

스마트기기의 두뇌인 애플리케이션 프로세서AP의 코어를 개발하는 영국의 ARM이나 스마트기기에 들어가는 시스템 반도체 칩을 만드는 미국의 퀄컴이 시스템 반도체 시장에서 가장 강력한 점유율을 자랑하고 있다. 전 세계 스마트폰과 태블릿 PC의 90퍼센트 이상에 ARM의 기술이 쓰이며 퀄컴은 ARM 코어를 활용해 모바일 AP를 만들기도 한다. 그런데 한국의 삼성이나 SK하이닉스가 대규모 생산 공장을 가동해 메모리 반도체를 생산하는 것과 달리, 저 두 시스템 반도체 회사는 생산 공장을 가지고 있지 않다. 오직 반도체 설계만 진행하며 생산은 타이완이나 중국의 반도체 공장에서 진행하기 때문이다. 이렇듯 생산 공장 없이 설계만 담당하는 기업을 팹리스Fabless라고 하며 설계도면을 받아 위탁 생산만 하는 기업을 파운드리Foundry라고 한다. 삼성전자는 메모리와 시스템 반도체를 모두 개발하고 생산까지 담당하므로 종합 반도체 기업이라고 한다.

반도체는 아주 간단한 구조의 장난감부터 첨단 과학기술의 집약체라 할 수 있는 우주항공 산업까지 다양하게 쓰이고 있으며 4차 산업혁명으로 변화될 미래의 각종 산업에서도 현재보다 중요성이 더 커질 것으로 예상된다. 일반적인 산업은 물론, 국방 무기체계에도 반도체 없이는 구동 자체가 불가능한 것이 상당수이다. 이 때문에 반도체는 '산업의 쌀'이자 '경제의 인프라'이며 미래 전쟁의 핵심 수단이다. 무인화와 네트워크화가 적용된 미래의 항공기, 미사일, 드론, 로봇, 군용 차량 및 각종 전투 장비, 방공장비 등에서 반도체는 필수적인 요소로 자리매김했다.

이러한 산업적 변화에 따른 반도체 수요 및 중요성의 증대는 반도체 생산 기업 간의 경쟁으로 이어지고 있다. 반도체 생산 기업은 기술력, 자금, 반도체 수요에 따른 경기에 맞춰 생산과 판매를 조절하며 세계 시장에서 다투는 중이다. 이런 경쟁의 꼭대기에서 세계 시장을 주도하는 기업이 한국의 삼성전자와 SK하이닉스이다. 삼성전자와 SK하이닉스는 반도체 제조 공정별 구분에서 가장 성숙한 형태인 일관공정 업체Integrated Device Manufacturer: IDM로 반도체 칩 설계부터 제조, 테스트까지의 모든 과정을 직접 수행한다. 이는 기술력과 자본력을 바탕으로 대규모 투자를 감행함으로써 규모의 경제를 실현해 시장에서 경쟁 우위를 확보하고 고수익을 취하는 형태이다.

2010년대 초반까지 반도체 시장에서 메모리 반도체와 비메모리 반도체는 대략 2 대 8의 비율을 보였다. 비메모리가 메모리의 네 배 정도였던 셈이다. 그러나 2020년대로 들어서면서 이 격차는 좁혀져 비메모리의 비중이 메모리의 두 배 정도로 줄어들었다. 전반적으로 반도체 시장은 정보통신 기기들의 발달과 확산, 전기차를 비롯한 각종 기기의 등장을 통해 계속 성장할 것으로 예상된다. 이 가운데에서도 비메모리 반도체 분야와 메모리 분야 중 낸드 플래시메모리의 성장은 더욱 빠르게 진행될 것으로 보인다.

한국의 경우, 1965년 미국의 다국적기업들이 국내로 진출하면서 반도체라는 것이 처음 소개되었다. 이후 한국은 양질의 저임금 노동력을 바탕으로 조립 가공 분야에 뛰어들었고, 1982년 당시 상공부(지금의 산업통상자원부)에서 〈반도체 공업 육성 세부계획(1982~1986)〉을 수립하면서 본격적인 일관공정(반도체 생산의 모든 공정을 특정 기업에서 전부 수행하는 것)을 통한 반도체 대량생산과 연구개발 시스템이 가동되기 시작했다. 이 반도체 기본 계획을 바탕으로 1983년 삼성, 금성, 현대

전자 등이 메모리 D램 사업에 착수하면서 한국의 메모리 반도체 산업이 첫 발을 내딛게 된다. 이후 10년 만인 1992년, 세계 최초로 64M D램을 개발하면서 선진국을 따라잡고 본격적인 성장기에 돌입한 한국 반도체 산업은 이후 오늘날의 위치에 자리하게 되었다. 다만 메모리 반도체에 집중하느라 비메모리 분야에 대한 기술개발과 시장 진출이 다소 늦었다는 아쉬움이 남는다.

한국은 메모리 반도체 시장에서 세계 1위를 유지하고 있다. 한국의 메모리 반도체 세계 시장 점유율은 65퍼센트로 23퍼센트인 미국의 거의 세 배 가까운 수준이다. 여기에 SK하이닉스가 인텔의 낸드 플래시메모리 사업부를 인수하면서 한국의 메모리 반도체 세계 시장 점유율은 70퍼센트대로 상승할 것으로 예상되니 시장에서의 독주는 계속 이어질 전망이다. 삼성전자로서는 낸드 플래시메모리 부문 세계 1위의 자리를 SK하이닉스가 추격하는 모양새지만 국가 전체로 놓고 보면 한국의 세계 시장 점유율 상승으로 이어지니 긍정적 면도 없지 않다. 한편 반도체 시장 전체에서 한국은 점유율 47퍼센트인 미국에 이어 19퍼센트의 점유율을 보여주고 있다. 이는 일본의 10퍼센트, 유럽의 10퍼센트, 중국의 5퍼센트보다 월등히 높은 수치이다.

메모리 반도체 시장에서 한국은 강력한 시장 점유율을 보여주고 있지만, 앞으로 2025년까지 약 370조 원 이상으로 규모가 성장할 시스템 반도체 분야에서는 큰 힘을 쓰지 못하는 실정이다. 하지만 한국인의 DNA는 순간적인 폭발력을 바탕으로 한 개발과 발전에 특화된 측면이 있으므로 앞으로의 비메모리 반도체 시장에서의 선전을 기대할 수 있을 것이다. 시스템 반도체 분야는 미국이 전 세계 점유율 60퍼센트를 차지하고 있으며 상위 15개 기업 중 아홉 곳이 미국 기업이다. 다음으로 유럽 기업이 두 곳, 타이완, 중국, 한국, 일본 기업이 각각 한 곳이며 한국은 삼성전자가 11위에 올라 있다. 이에 삼성전자는 '반도체 비전 2030'을 수립하고 2030년 세계 1위를 목표로 투자와 기술개발, 국내 기업들과의 협력을 통한 생태계 강화를 추진하고 있다. 또한 국내의 주력 수출산업인 자동차와 조선과의 연계를 강화해 주력 산업의 동반 경쟁력 강화 및 첨단산업의 세계 시장 주도권 확보를 위해 노력해야 한다는 지적이 제기되고 있다.

반도체 기반 재료를 변경해 효율성을 극대화하는 동시에 국산화를 통해 경쟁력을 강화하려는 시도도 이루어지고 있다. 실제로 국내에서 반도체 핵심재료로 새롭게 떠오르는 질화갈륨을 이용해 전력 소자 칩을 개발했다. 일본이 한국과의 관계 악화를 이유로 소재, 부품, 장비 등의 수출을 규제하면서 새로운 반도체 핵심재료의 국내 개발이 촉진되었고, 그 과정에서 질화갈륨에 관한 연구도 시작되었다. 질화갈륨은 실리콘보다 고압과 고열에 강한 소재로 전달된 신호의 변환 속도가 빠르며 에너지 손실도 적어 차세대 반도체의 핵심소재로 부상했다. 이런 이점 때문에 고주파용 통신시스템, 전기자동차용 전력 시스템, 레이더, 의료장비, RF Radar Frequency 에너지 등과 같이 높은 효율이 필요한 각종 기기의 차세대 전력 소자로 주목받고 있다.

이에 한국전자통신연구원 ETRI과 국내 연구진은 질화갈륨을 소재로 하는 고출력 전력 소자 반도체 칩의 국내 개발을 서둘렀고, 마침내 개발에 성공하면서 군사용 레이더와 이동통신 기지국의 고출력 전력 소자의 국산화가 가능해졌다. 이로써 반도체의 핵심 부품 국산화를 통해 외국산 장비의 국내 시장 잠식과 의존도를 획기적으로 줄일 수 있게 되었다. 세계 반도체 시장에서 강력한 영향력을 과시하는 삼성전자는 2018년부터 질화갈륨 기반의 전력용 반도체 연구를 본격적으로 시작했으며 상용화를 위해 노력하고 있다. 이런 기술의 상용화는 민간 산업은 물론, 국방 무기체계를 더욱 안정적이고 효율적인 상태로 이끌어갈 것이다.

질화갈륨을 이용한 반도체 시장이 앞으로 획기적으로 성장할 것으로 보이는 가운데, 국내 연구소와 기업이 자체적인 기술력을 보유하는 것은 반도체 시장에서의 영향력 유지와 강화에 큰 힘으로 작용할 것이다. 물론 우리가 추구하는 자주국방을 위한 무기체계 선진화에도 도움이 된다. 국방 무기체계에 적용할 고출력·고효율의 전력 소자 반도체 칩은 군용 감시정찰 레이더, 위성통신, 이동통신 등의 장비에 활용될 것이기 때문이다.

ETRI와 국가과학기술연구회 융합연구단은 전투기에 탑재될 AESA 레이더용 질화갈륨 반도체 송수신기 스위치 집적회로를 국내 최초로 개발했다. AESA 레이더의 송수신부는 수천 개의 부품이 서로 능동적으로 기능하면서 레이더의 효

AESA 레이더용 질화갈륨 반도체 송수신기
스위치 집적회로　　　　　 (출처: ETRI)

과적 활용을 가능하게 한다. 특히 국산 AESA 집적회로는 크기가 가로 1.3밀리미터, 세로 1.55밀리미터, 높이 0.1밀리미터로 미국이나 유럽에서 만들어진 기존 집적회로의 450분의 1 크기이며 이런 부피로 인해 AESA 레이더의 소형화와 경량화가 가능해졌다. 이 기술은 전투기는 물론 각종 전투 장비에 탑재되는 레이더에도 적용할 수 있어 그 활용도가 앞으로 계속 늘어날 것으로 보인다. 이는 국산화를 통한 자주국방 실현에도 많은 힘이 될 것이다.

세계 선두를 달리는 한국 기업의 시너지:
(3) 자동차 산업

자동차 산업은 매출과 고용 창출 측면에서 막대한 영향력을 갖는 제조업 분야로 자동차 산업을 보유한 국가는 그로 인해 경제 성장에서 커다란 시너지 효과를 얻을 수 있다. 자동차 산업은 자동차 생산과 부품 산업을 기본으로 전방과 후방의 다양한 산업을 아우르는 구조로 이루어져 있다.

우선 자동차 산업의 전방에는 철강, 금속, 유리, 고무, 플라스틱, 섬유, 피혁, 도료 등을 공급하는 소재 산업이 자리한다. 또한 공작기계, 자동화 설비 산업, 금형 및 각종 계측장비 산업 등도 촘촘하게 연관되어 있다. 후방에는 각종 형태의 운송 서비스 산업, 유통·정비 산업이 있으며 교통 시설, 도로 건설, 정유소, 보험 등과 같은 건설·유류·금융산업 등도 연계되어 있다. 21세기로 들어서면서부터 자동차는 ICT, 바이오기술, 에너지기술, 환경기술 등과의 연계도 빠르게 진행되고 있다. 국가 경제에 미치는 생산 유발과 기술 파급 효과가 더욱 커진 것이다.

휘발유에서 전기로, 전기에서 다시 수소로 에너지원이 변화하면서 자동차는 점점 에너지 효율이 뛰어난 친환경 운송수단으로 거듭나고 있다. 여기에 사물인터넷, 인공지능, 직관적 인터페이스 등이 탑재됨에 따라 자동차는 종합 기술의 결정체가 되었다. 센서, 소프트웨어, 맵핑, 사이버 보안, 연결성과 정보, 인간-기계 인터페이스 및 음성인식, 반도체, 텔레매틱스 및 지능형 교통, 전기 배터리 등의 기술이 종합적으로 적용된 오늘날의 자동차는 다양한 연관 산업의 기술발전을 견인함은 물론 다양한 분야로의 응용과 활용 가능성도 커질 것으로 보인다.

1903년 '고종황제의 어차' 용도로 처음 한국에 들어온 자동차는 100여 년 뒤 한국의 핵심 사업으로 부상했다. 2020년 한국의 현대자동차는 그해 글로벌 100대 브랜드 자동차 부문에서 세계 5위에 올랐다. 한국 자동차 역사의 산 주역인 현대자동차는 1974년 국내 고유모델 포니를 처음 생산하고 1976년 포니 다섯 대를 에콰도르에 수출하면서 본격적인 자동차 생산과 수출의 물꼬를 트기 시작했다.

한국전쟁이 끝나고 등장한 자동차 회사들은 일본이나 미국 자동차 회사와 협업하며 자동차를 생산했다. 이때까지만 해도 드럼통을 망치로 두드려 펴서 자동차 외형을 만드는 수준이었고, 그나마도 자본력이 부족해 대다수 회사가 도태되어 사람들의 기억에서 사라졌다. 이후 현대자동차, 기아자동차, 쌍용자동차 등이 기술발전을 바탕으로 내수 시장에서 선전하기 시작했고 외국 브랜드와의 협업을 통해 탄생한 기업들이 시장에 진입했다. 이런 경쟁을 통해 자동차 개발 기술은 급속히 발전했다. 그러던 중 현대와 기아가 합병하면서 거대 자동차 기업의 면모를 갖추는 동시에 세계 시장에서 입지를 굳히게 되었다. 오늘날에는 전 세계 어디를 가든 현대자동차에서 생산한 자동차를 어렵지 않게 볼 수 있다.

민간에서 성장한 자동차 산업은 어느 시점부터인가 국방 무기체계에도 기술적 성숙도를 제공할 수 있게 되었다. 기존 재래식무기로 평가되는 장갑차, 탱크, 전술차량, 각종 군용 차량 등에 그동안 자동차 산업에서 획득한 다양한 기술적 역량이 투입되어 우리의 지형과 상황에 적합한 군용 장비가 생산되고 있다. 앞으로 등장할 자율주행차 개발에서 습득한 기술 역량은 미래 전쟁의 핵심인 무인화와 네트워크화에 특화된 전술 이동 무기체계에도 그대로 적용될 것으로 예상된다.

현대와 기아자동차 그룹은 그동안 축적한 기술을 바탕으로 군용차를 제작해 군수 사업 역량을 강화하고 있다. 특히 자회사인 현대로템은 설계부터 생산까지의 전 과정을 거쳐 육군 최초의 한국형 전차인 K1을

K2 흑표 전차　　　　　　　　　　　　　　　　　(출처: reddit.com)

양산하는 데 성공했다. 그 후속작인 K2 흑표 전차는 해외로까지 수출되
는 등 한국 방위력 개선과 더불어 방산 기술의 우수성을 다른 나라에 알
리는 데 일조하고 있다. 현대로템은 차륜형 장갑차를 개발해 육군에 보
급했으며 미래 전쟁을 대비한 전투차량 플랫폼과 유·무인 자율주행 제
어기술의 연구와 개발에도 노력하고 있다. 이는 현대자동차 브랜드 중
고급 승용차에 탑재된 자율주행 기능을 군사용 차량에 적용한 것이다.

　현대로템은 전차, 차륜형 장갑차, 미래형 전투차량은 물론 현재 전
세계적으로 큰 관심을 끌고 있는 웨어러블 로봇의 연구도 지속하며 미
래 병사용으로 활용하려는 노력을 기울이고 있다. 이미 노약자나 보행
에 도움을 제공하는 의료용 로봇 H-MEX와 하반신 마비 환자의 재활용
보조 로봇인 HUMA의 개발에 성공했다. 이런 기술력을 바탕으로 군사
용 웨어러블 로봇의 개발도 곧 이루어질 것으로 기대된다.

세계 선두를 달리는 한국 기업의 시너지:
(4) 조선업

조선업은 해운, 해양자원 개발, 군수물자 조달에 필요한 배를 조선소에서 제조, 가공, 조립하는 일련의 과정을 수행하는 제조업이다. 조선업은 자동차, 반도체, 철강, IT, 디스플레이 등과 함께 한국의 경제를 이끄는 주력 산업으로, 한국에서 생산된 선박은 전 세계 시장에서도 그 품질을 인정받고 있다.

1970년대, 경제개발오개년계획에 의한 중공업 육성정책을 기반으로 한국에 대규모 조선소가 건설되었다. 한국의 조선업은 1980년대부터 세계 시장에서 우위를 점하며 그 기술력을 인정받았고, 2000년 초반 최초로 세계 1위의 수주량을 기록하며 정점에 이른다. 그러나 2008년 미국의 금융위기로 시작된 세계 경제의 위축과 선박 공급 과잉이 겹쳐지면서 한국뿐 아니라 전 세계 조선 시장은 침체기에 접어들었다. 설상가상으로 2014년 세계 유가가 급락하자 상황은 악화일로를 걸었다.

중국의 조선업이 대규모 저가 물량 전략을 펼친 것 또한 한국 조선업의 위기를 심화시켰다. 그러나 중국의 글래드스톤호가 양도된 지 2년 만에 폐기된 사건은 중국 조선업에서 대한 세계적 이미지를 악화시켰고, 그 반사이익을 한국 조선업이 받으며 다시 일어설 수 있는 발판이 마련되었다.

조선업은 대표적인 노동집약적 산업으로 숙련공의 수와 기술력이 제품 생산에 막대한 영향을 미친다. 한국에는 3대 대형 조선 기업이 있는데 울산을 거점으로 하는 현대중공업, 거제를 거점으로 하는 대우조선해양과 삼성중공업이 그것이다. 이들은 모두 1970년대에 조선소를 건설해 50년 가까이 기술력을 축적했고 든든한 자본력을 통해 세계 조선업계의 정점에 이르렀다.

현재 세계 1위인 현대중공업과 2위인 대우조선해양은 인수합병을 준비 중인데 유럽연합이 두 회사의 합병으로 세계 LNG선 시장에 독점이 발생할 수 있다며 인수합병을 허가하지 않고 있다. 두 회사의 LNG선 시장 점유율 합이 거의 70퍼센트에 이르기 때문에 발생한 우려이다. 현재 EU는 LNG선 시장 독점 가능성을 해소해야 두 회사의 인수합병을 허가하겠다는 입장이다. 이에 현대중공업은 LNG선 건조 기술을 국내의 중형 조선사인 STX조선해양, 한진중공업 등에 이전하는 방안을 마련했다. LNG선 건조는 수익성이 높은 대신 높은 수준의 기술력이 필요한데, 오늘날에는 국내 조선업계가 사실상 전 세계 시장에서 독보적인 경쟁력을 발휘하는 실정이다.

중국도 LNG선 건조의 수익성을 익히 알고 도전장을 내밀었지만, 부족한 기술력으로 인해 엔진 셧다운 등 온갖 문제가 발생하며 세계로부터의 평판을 스스로 깎아내리고 말았다. 기술력의 부재로 인한 선체 결함에 더해 국내 인건비까지 상승한 탓에 중국 조선업의 저가 수주 공세에도 제동이 걸렸고, 이는 심각한 침체로 이어졌다. 설상가상으로 계약 이행에도 문제가 발생하면서 신뢰도는 밑도 없이 추락해 이제는 수주가 아예 끊기다시피 한 상황이다.

한국 조선업의 강점은 독보적인 기술력, 풍부한 전문 인력, 수주 및 계약 이행 과정의 신뢰성으로, 이는 세계 시장에서 강력한 경쟁력으로 작용했다. 2018년 이후 중국 조선업의 신뢰도 하락은 고객들의 눈을 한국으로 돌리게 만들었다. 게다가 선박에 대한 환경규제가 강화되는 세계적인 추세와 맞물려 친환경 선박 건조에 강점을 가진 한국에 유리한 상황이 만들어지고 있다. 이런 외부환경의 변화는 한국 조선업의 부활에 청신호로 작용할 가능성이 크다.

한국이 보유한 조선업 기술력과 전문 인력을 활용한다면 해상 전투함을 자체적으로 건조하는 것도 불가능하지 않다. 공군의 KFX 사업과 더불어 진행되는 해군의 KDDX 사업은 한국형 차세대 전투함 개발사업이다. '미니 이지스함'이라 불리는 이 신형 전함 개발에는 7조 원의 개발비가 투입되었다. 세계 조선업 1위인 현대중공업과 2위인 대우조선해양이 수주 경쟁을 벌였고, 현대중공업이 최종적으로 우선 협상 대상자로 선정된 상태이다. 아쉽게도 이후 KDDX 개념 설계도 기밀유출 등 불미스러운 일이 발생했지만, 우리가 여기서 눈여겨봐야 할 부분은 한국이 국내 조선업 기술로 차세대 전투함을 개발하고 양산하는 수준에 이르렀다는 사실이다.

도산안창호함(KSS-III)   (출처: 국방일보)

한국의 조선업 기술력은 전투함은 물론이고 잠수함 건조도 거침없이 추진할 정도의 수준이다. 대우조선해양은 4년의 시간을 들여 길이 83.3미터, 폭 9.6미터의 중형급 잠수함인 도산안창호함(장보고-III)을 만들고 2018년 9월 14일 성공적으로 진수했는데, 여기에 투입된 건조비용이 1조 원이었다. 이 잠수함은 우리의 기술로 개발한 첫 3,000톤급 잠수함으로 함교에 여섯 개의 수직발사관을 갖추고 있어 잠대지 탄도미사일을 발사할 수 있으며 어뢰도 기본으로 탑재하고 있다.

그전까지 한국은 잠수함 전력을 독일 업체의 기술력에 의존해왔다. 1987년 잠수함 확보 계획을 처음 추진하면서 독일 업체와 계약을 맺었고, 이후 1992년 독일에서 건조한 1,200톤급 잠수함이 해군에 인도되면서 처음으로 잠수함 전력을 갖게 되었다. 이후 2001년까지 총 아홉 척의 1,200톤급 잠수함(장보고-I)이 도입되었는데 첫 잠수함을 제외한 나머지 여덟 척은 대우조선해양이 독일 기업과의 기술협력을 바탕으로 생산한 것이다. 또한 2000년부터 2018년까지 실전 배치된 1,800톤급 잠수함(장보고-II) 아홉 척 역시 대우조선해양과 현대중공업이 독일 업체의 기술협력을 받아 건조한 것이었다.

한국은 이 같은 과정을 거쳐 획득한 기술력을 바탕으로 3,000톤급 잠수함을 독자 개발하는 데 성공했으며, 여기에 더해 잠수함의 각종 장비도 국내에서 개발한 것들로 탑재함으로써 국산화 비율을 76퍼센트까지 끌어올렸다. 앞으로 2023년까지 도산안창호함을 포함한 3,000톤급 잠수함 세 척이 실전에 배치될 예정이며 3,600톤급 잠수함 세 척은 국산화율을 80퍼센트까지 끌어올려 2028년까지 실전 배치할 예정이다. 이 계획대로라면 우리는 총 24척의 잠수함을 보유하게 된다. 아울러 이렇게 만들어낸 3,000톤급 이상 잠수함들이 원자력 잠수함이 될 가능성도 염두에 두어야 한다. 한국의 영해에서 적의 도발 의지를 꺾는 전략무기가 탄생하는 것이다.

만약 한국이 지금 같은 기술력과 전문화된 인력을 확보하지 못한 나라였다면 과연 자체적으로 첨단 전투함과 잠수함을 건조할 수 있었을까? 분명 외국의 기술에 의존하며 앞으로도 비싼 가격의 무기를 들여와 썼을 것이다. 그러나 우리는 조선업 기술은 물론이고 정보통신기술, 각종 센서 기술, 레이더 기술 등의 기반 기술을 부족함 없이 보유하고 있다. 그 덕분에 외형 제작부터 내부의 핵심 시스템 구축까지 국내 기술을 적용할 수 있는 것이다.

미래, 한반도의 기적을 꿈꾸며

이제까지 모바일 네트워크, 반도체, 자동차, 조선업 등 우리가 가진 핵심기술 1등 기업들과 그 연관 기업들의 노력 및 결과를 부분적으로나마 살펴보았다. 아직 이 결과에 만족하기는 이르다. 가야 할 목표가 더 남아 있기 때문이다. 궁극적으로 이 기업들을 하나의 네트워크로 연결해 산업의 근간으로 삼고, 더 나아가 군사 무기체계의 자립화를 이루는 초석으로 활용한다면 우리가 추구하는 자주국방을 더 빨리 달성할 수 있을 것이다.

이제는 기술의 개발과 활용 및 적용에 민간과 군사의 경계가 모호해지는 시대를 맞고 있다. 총 한 자루 스스로 만들지 못하던 한국은 이제 자체 기술로 각종 전략무기를 만들어내는 군사 강국으로 거듭났다. 이 같은 변화의 촉매는 중화학공업에 사활을 걸고 달려온 기간산업 기업들과 그들이 노력해 획득한 기술력, 그리고 이를 몸으로 실행한 자랑스러운 한국인들이다. 이제 이 세 요소를 하나의 네트워크로 단단히 묶고, 정부와 대학, 각종 연구소와의 시너지 극대화를 위한 연구 및 개발 컨소시엄 네트워크를 구성할 시간이다. 그렇게 된다면 한국은 미래 전쟁을 대비할 수 있는 혁신적 무기체계의 산실이자 거대한 전략적 요새로 발전할 수 있을 것이다.

일본의 침략으로 시작된 불행하고 뼈아픈 식민통치의 시기와 한국전쟁을 거치면서, 한국은 자원도 기술력과 자본력도 없는 세계 최빈국이 되었다. 오직 사람이 미래의 자산이라는 희망으로 교육에 매진했고, '잘살아보자'라는 실현 불가능해 보이는 꿈을 안고 경제와 산업 발전 계획을 추진했다. 뼈를 깎는 노력과 입술 터지는 고된 노력의 결과, 우리는 전 세계 어떤 국가도 이룩하지 못한 불가능한 꿈을 단기간에 달성했다. 세계 10위의 경제 대국이자 세계 6위의 군사 강국. 세계인들은 한국을 '한강의 기적'이라는 표현으로 기억하고 있다.

원조를 받던 나라에서 원조를 하는 나라로 탈바꿈한 세계 유일무이한 국가 한국은 지금 새로운 '무한 질주'를 준비하고 있다. 우리가 물려받은 근면하고 성실하고 명석한 DNA로 무에서 유를 창조한 지난 경험은, 앞으로 마주하게 될 새로운 도전의 시기에 우리를 견고하게 떠받치는 기둥이 될 것이다. 상상을 현실로 만들기 위해 흔들림 없이 달려간다면, 한국은 누구도 넘볼 수 없는 막강한 국가로 거듭나게 될 것을 믿어 의심치 않는다.

전장의 혁신자:
미국 방위고등연구계획국

현대의 방위산업은 군과 민간의 경계가 점차 희미해지고 있다. 첨단기술의 연구와 개발이 군사 무기의 발전과 민간 산업의 발전에 동시에 영향을 주는 추세로 이동했기 때문이다. 이러한 추세를 주도하는 것은 경제와 군사 분야 모두에서 선두에 선 미국이다. 일찍부터 미국은 민관군과 산학연의 거버넌스Governance 구축을 통한 이점을 최대한 활용해 경제와 군사 분야를 동시에 발전시켰고, 이를 바탕으로 최강의 국가를 건설해 100년 가까이 전 세계를 선도하고 있다. 미국에서 진행되는 거버넌스의 대표적인

방위고등연구계획국의 로고

예가 국방 연구개발을 수행하는 정부 기관인 방위고등연구계획국, 매사추세츠공대MIT의 미디어랩을 비롯한 대학 연구소들, MIT 부설 링컨랩Lincoln Lab같이 국방 무기체계 연구와 개발을 담당하는 국가 연구소들, DIUDefense Innovation Unit: 국방부 산하 국방혁신단, 민간 방위산업체, 첨단 과학 민간 기업의 협업이다.

- 방위고등연구계획국의 출현

방위고등연구계획국은 미 국방부DoD의 연구와 개발을 담당하는 조직으로 1958년 2월 7일 아이젠하워 대통령에 의해 만들어졌다. 초기의 이름은 고등연구계획국Advanced Research Project Agency: ARPA이었지만 몇 번의 개칭을 거쳐 지금의 방위고등연구계획국이 되었다. 방위고등연구계획국은 미 국방성 산하 핵심 연구개발 조직으로서, 국방과학과 무기체계를 위한 기초 및 응용 연구개발 프로젝트를 관리 감독한다.

1957년 10월 4일 소련은 세계 최초로 스푸트니크Sputnik 인공위성을

지구 저궤도로 발사하는 데 성공했다. 이 소식을 접한 미국인들은 자신들이 공산주의 국가보다 과학기술이 뒤처졌다는 사실에 큰 충격을 받는데, 이것이 바로 스푸트니크 쇼크이다. 이를 계기로 미국은 혁신적 기술을 연구하고 개발하는 전문 조직의 필요성을 절감했고, 이렇게 탄생한 것이 고등연구계획국이었다. 뛰어난 과학자들로 구성된 고등연구계획국은 정부의 전폭적 지원 아래 일견 불가능해 보이는 임무를 수차례 수행했다.

방위고등연구계획국의 60년 역사는 가능성에 대한 도전과 창의성의 실현을 통해 '혁신의 아이콘'을 정립하는 시간이었다고 할 수 있다. 1958년부터 1970년까지 방위고등연구계획국은 대통령의 세 가지 과제인 우주, 미사일 방어, 핵무기 테스트 탐지에 집중했다. 그중 우주 공간은 민간의 영역에서 맡는 것이 타당하다는 아이젠하워 대통령의 의견에 따라 미 항공우주국이 창설되면서, 방위고등연구계획국은 미사일 방어와 핵무기 테스트 탐지를 위한 기술개발에 집중하게 된다.

1970년대 중반으로 들어서자 방위고등연구계획국의 성격은 기존의 임무 중심 과제 수행기관에서 기술개발 중심 조직으로 점차 이동하게 된다. 특히 핵무기에 대한 기술적 대안을 모색하는 일에 방위고등연구계획국이 깊숙이 관여하면서 조직은 새로운 형태로 전환된다. 이때 진행된 장기 기술 프로젝트 가운데 네트워크 중심전, 스텔스 기술, 정밀 및 자율 시스템, 미사일 방어시스템 관련 기술에 관한 연구가 이루어지면서 스텔스 전투기, 우주 기반 레이저, 우주 기반 적외선 기술, AI 분야로의 기술적 진전이 실현되었다.

1980년대로 들어서면서 방위고등연구계획국은 스텔스, 스탠드오프 정밀공격 및 무인 항공기를 활용한 전술 감시 등의 프로그램을 진행하는 한편 새로운 전술 능력을 개발하고 시연했다.

그리고 이러한 지속적인 노력을 통해 얻은 기술을 군에 적극적으로 적용시켰다. 국방에서 방위고등연구계획국의 영향력이 증대됨에 따라, 방위고등연구계획국은 소련의 군사 능력을 상쇄할 수 있는 '군사 문제의 혁명'을 주도하게 된다.

1990년대 초입에 미국 최대의 라이벌 소련이 붕괴한다. 냉전이 종식되자 방위고등연구계획국이 추진하던 무기 개발 연구의 구심점이 사라졌고 여기에 더해 1980년대에 지출한 방대한 국방비가 부메랑이 되어 예산의 위기가 닥쳐왔다. 클린턴 행정부는 방위 기술 분야에서의 리더십을 유지하면서도 경제 경쟁력을 높이기 위해 국방과 민간 경제 모두에 이익이 되는 기술의 '이중 사용Dual-use' 정책을 시행했다. 이는 국방 분야의 기술을 민간에 이전해 활용하면서 산업의 발전을 도모하는 동시에, 새로운 기술개발 비용을 절감하기 위한 전략이었다. 이에 따라 군용 네트워크 기술인 아파넷이 민간에 이전되어 현재 우리가 쓰는 인터넷으로 거듭나게 된다.

클린턴 행정부의 정책 변화는 방위고등연구계획국의 연구 환경 또한 전환시켰다. 국방 기술개발자, 민간 기업, 대학의 협업 체계를 적극적으로 유도하게 된 것이다. 방위고등연구계획국의 '획기적 기술Breakthrough Technologies 탐색과 개발'이라는 조직의 신념 및 방향은 미 국방부와 백악관을 움직였고, 그 결과 만들어낸 무인 시스템과 정밀타격 기능 프로그램은 공격용 무인기 MQ-1 프레데터 및 정찰용 RQ-4 글로벌호크로 이어졌다. 또한 방위고등연구계획국은 정보 및 전자, 고급 감지, 전장 감시 분야의 신기술을 육성하기 시작하는 한편 생명공학 프로그램도 착수했다.

2000년대 들어 국방과 국가 안보는 새로운 국면으로 전환되었다. 전면적 전쟁과 더불어 테러와의 전쟁은 새로운 전략과 기술을 요구했다. 방위고등연구계획국은 핵심 국방 기술에 정밀타격, 운영 네트워크, 고급 센서와 무인 시스템 같은 주요 기술을 계속 수용한다는 전략을 수립했다. 이런 기존의 정책적 기조와 더불어 방위고등연구계획국은 테러와의 전쟁에서 어떤 기술적 적용이 가장 효과적인지에 관한 연구를 진행하게 된다. 방위고등연구계획국에 정보 인식Information Awareness Office과 정보 활용Information Exploitation을 관장할 두 개의 새로운 연구 조직이 만들어진 것도 그 때문이다.

방위고등연구계획국은 테러에 대한 대응 전략으로 종합적 정보 인식Total Information Awareness: TIA 프로그램을 구상했다. 이 프로그램이 테러리스트와 테러 공격을 식별하려면 특정한 정보기술이 필요한데, 문제는 이것이 프라이버시를 침해할 소지가 있다는 점이었다. 결국 논란을 극복하지 못한 프로그램은 종료되었다. 한편 방위고등연구계획국은 이라크와 아프가니스탄에서 펼쳐지는 미군의 전략을 지원하기 위해 전술 로봇과 센서 시스템을 포함한 빠른 대응 프로그램을 개발했다. 안전하고 강력하며 자가 치유가 가능한 센서와 커뮤니케이션 네트워크가 가장 중요한 고려사항이었다.

방위고등연구계획국은 미래에 활용될 첨단기술에 관한 연구에도 역량을 쏟았다. 로봇, 인간과 기계의 상호작용, AI, 인지 컴퓨팅, 양자컴퓨팅, 그리고 자율 시스템 관련 연구를 진행하면서 조직 외부의 전문가 집단들과 협업 체계를 만들었다. 이와 더불어 로봇을 우주 공간에서 활용하고 위성의 위치를 재조정하는 등 우주 공간 활용과 관련한 오비탈 익스프레스Orbital Express 프로그램을 다시 시작했다.

2010년대 방위고등연구계획국의 주된 관심사는 범지구적 기술 환경에 어떻게 적응하고 안전을 도모할 것인가이다. 경쟁자들과의 기술 격차가 줄어들고 각종 형태의 테러가 자행되면서,

방위고등연구계획국은 생명과학에 관심을 집중하고 새로운 생명기술Biological Technologies Office 연구 조직을 신설했다. 이 조직은 유전공학의 한 형태인 합성 생물학을 활용해 유해 화합물의 감지와 효율적 바이오 물질 기술을 연구했다. 또한 전쟁에 참전했던 상이용사들의 치료 및 재활을 도울 수 있는 로봇 도구의 개발에도 힘을 기울였다.

방위고등연구계획국은 정보 영역에서의 대응 능력을 증진하는 기술에도 집중적 연구를 진행했다. 마이크로 전자공학의 발전에 집중하며 인공지능, 사이버 위협에 대응하는 보안 기술, 뇌가 정보를 처리하는 방법을 기반으로 한 양자컴퓨팅 및 신경 시냅스 프로세스에 관한 연구에 역량을 투입했다.

• 2020년 이후 방위고등연구계획국의 프로젝트와 R&D 전략

방위고등연구계획국은 뛰어난 적응력과 대응력을 통해 주어진 사명을 달성하는 조직으로, 그 특징을 한마디로 요약하면 '민첩성'이라 할 수 있다. 이런 민첩성 요구를 달성하기 위해 시대와 상황의 변화에 즉각적으로 대응할 수 있는 구조를 가지고 있다. 방위고등연구계획국이 추구하는 임무는 '국가 안보를 위한 획기적 기술 및 역량 창출'이다. 현재 방위고등연구계획국은 2020년 기준 35억5,600만 달러(약 4조 원)의 예산을 바탕으로 여섯 개의 기술 오피스를 구성해 운영하고 있다. 이 독립된 기술 오피스들은 수백 개의 혁신적 연구 프로그램을 진행하며 기업, 대학, 국방부, 연구기관 등과 2,000여 개가 넘는 연구 및 지원 계약을 체결하고 있다.

방위고등연구계획국은 자금 지원을 담당하고 기술적 연구를 총괄해 관리하는 기관이다. 자체적 실험실과 연구 인력을 보유하고

있지 않으면서도 연구와 실험을 진행하고 독려해 임무를 수행할 수 있는 구조로 운영되고 있다. 모든 연구와 실험은 미국 전역에 분포한 연구와 실험 기관들에서 이루어진다. 이러한 분산구조를 관리하고 예산을 지원하기 위해 100명의 프로그램 관리자와 이를 관리·감독하는 사무실 이사, 부국장, 에이전시 이사 및 부국장 체제로 운영된다.

방위고등연구계획국은 모자이크 전쟁Mosaic Warfare이라는 개념을 바탕으로 움직인다. 잘게 찢은 색종이를 한데 모아 큰 그림을 완성하듯이, 전쟁에 투입되는 인력, 병기, 물자 등을 네트워크로 통합해 하나로 완성된 거대한 전략을 구사한다는 개념이다. 당연한 이야기지만 이 개념이 실제 전투에서 효과적으로 기능을 발휘하려면 첨단화된 커뮤니케이션 네트워크 시스템이 뒷받침되어 있어야 한다.

방위고등연구계획국이 진행하는 기술 연구 프로그램은 협업 체계를 형성한 파트너들과 '혁신 생태계Ecosystem of Innovation'를 형성하는 것에서부터 시작된다. 혁신적 기술에 관한 기초연구 및 응용연구가 가능한 환경을 조성하고, 이를 통해 얻은 기술을 전통적 방위산업 기업, 민간 산업 기업, 스타트업 기업 등에 전달해 혁명적 기술과 가능성을 실제로 구현하는 형태로 변환하는 것이다. 이 같은 연구와 개발, 적용에 필요한 자원과 법적·제도적 지원은 국방부를 비롯한 정부 기관에 의해 제공된다.

중견 이상의 기업은 협업 체계를 구축해 필요한 기술을 구현할 방법을 찾고, 영세한 기업은 직접 지원해 혁신적 솔루션의 기반으로 발전시키는 안목과 능력이야말로 방위고등연구계획국과 국방부의 장기라 할 수 있다. 이를 위해 방위고등연구계획국 내의 소규모 사업 프로그램 운영 오피스Small Business Program Office: SBPO에서는 아낌없는 지원을 쏟아준다. 여기에는 '국가 안보를 위한 획기적 기술은 작은 아이디어에서 시작한다'는 믿음이 자리하고 있다.

혁신 생태계를 통해 창출된 신기술을 수용하는 육·해·공군 및 해병대 또한 방위고등연구계획국과 유기적 네트워크로 연결되어 있다. 각 군의 연락 담당자는 방위고등연구계획국의 국장실에도 배정되어 혁신기술의 전환 및 적용, 보완과 관련된 의견의 수렴과 전달 임무를 수행한다. 이를 통해 기술의 전환이 적절하게 이루어졌는지, 또 그 성과와 효과는 어떠했는지를 공유하고 차후의 기술 적용에 참고한다.

방위고등연구계획국의 혁신 생태계에는 일반 대중, 즉 국민과 미디어도 포함되어 있다. 일반 대중이 프로그램에 참여할 기회를 제공하고 방위고등연구계획국에서 역점을 두고 진행하는 신기술 연구와 개발에 관한 정보를 공식 정보 전달 기구Broad Agency Announcement: BAA로 공개함으로써, 대중의 관심과 협조, 참여를 유도하는 방식이며 모든 미디어 채널을 활용한 상호작용적 커뮤니케이션을 지향한다.

미국은 자국의 경제 성장과 안보를 위해 경쟁 우위를 유지할 수 있는 신기술에 초점을 맞추고 있고 방위고등연구계획국은 이런 기조를 지원하는 방향에서 기술 연구와 개발을 진행하고 있다. 방위고등연구계획국은 기본적으로 미국의 국가 방위 전략National Defense Strategy: NDS과 국가 안보 전략National Security Strategy: NSS에 따라 기술개발을 진행한다. 이 두 전략의 기본은 신기술개발의 추진력을 지속적으로 유지하고 진입 장벽이 낮은 더 많은 주체로 이 기조를 확장하는 동시에 기술개발의 속도를 높이는 것이다.

미국은 현재 다면적이고 다양한 위협에 직면하고 있거나 곧 직면하게 될 것이다. 이 때문에 방위고등연구계획국은 역동적이고 새로운 개념을 바탕으로 적보다 앞서는 획기적 기술력과 가능성을 창조해야 하는 임무를 맡고 있다. 이러한 현실적 과제와 미래의 혁신을 달성하기 위해, 방위고등연구계획국은 다음과 같은 네 가지 전략적 기술 연구와 개발 방향에 주력하고 있다.

첫째, 미국 본토의 방어에 초점을 맞추고 있다. 미 국방부의 기본적 임무는 본토와 세계의 우방 지역을 방어하는 것이며 방위고등연구계획국 또한 이런 임무를 뒷받침할 기술적 우위를 확보하기 위해 존재한다. 이런 관점에서 방위고등연구계획국의 핵심 임무는 자율 사이버 보안에서 전략적 사이버 억제, 대량 살상 감지 및 방어 무기 개발, 능동적인 생화학물질 감시 및 위협 대응 기술의 개발 기능을 포함하고 있다.

전 세계에서 가장 복잡한 네트워크 시스템을 자랑하는 미국은 바로 그렇기에 사이버 공격에 취약하고 그 피해도 클 수밖에 없다. 이 때문에 방위고등연구계획국은 사이버 사령부Cyber Command와 육군 사이버 방어 팀U.S. Army's Cyber Protection Teams과 협업해 네트워크 방어 프로젝트Network Defense Project를 개발하고 실용화시키는 동시에 계속 그 방어 능력을 증진할 수 있도록 기술을 업그레이드하고 있다.

미국의 군용 네트워크와 상업용 네트워크는 다양한 적들로부터 여러 형태의 위협을 받는 상황이다. 이에 자동으로 공격 징후를 감지하고 공격자를 특정 짓는 동시에 공격과 관련된 데이터를 수집해 대응하는 체이스 프로그램Cyber-Hunting at Scale: CHASE이 개발되고 있다. 이를 위해 사이버 그랜드 챌린지Cyber Grand Challenge 대회를 개최해 민간 전문가들의 기술을 접목하려는 시도도 이루어졌다.

또한 '복잡한 환경에서의 생물학적 견고성Biological Robustness in Complex Settings: BRICS' 프로그램을 개발해 혹시 모를 생화학 테러에도 대비하고 있다. 이는 각 개체의 지리적 출처를 식별하고 생물 오염 및 기타 손상으로부터 중요 시스템과 기반시설을 보호한다. 아울러 유해 화합 물질을 감지하거나 새로운 코팅, 연료, 약품의 효율적인 주문형 바이오 생산을 관리하는 일도 담당한다.

둘째, 최고 기술로 무장한 경쟁자를 저지하고 승리하는 것에 초점을 맞추고 있다. 적과 갑작스럽게 전쟁에 돌입하게 되는 시나리오를 가정해 공중, 땅, 바다, 우주, 전자기 스펙트럼 등 모든 영역과 기술에서 적을 압도할 수 있는 경쟁 우위를 확보하기 위한 전략을 준비하는 것이다. 전쟁과 관련된 모든 작업을 수행하도록 디자인되고 구축된 대규모 단일 플랫폼은 적기에 사용하기엔 우선 비용 면에서 효율성이 떨어지고 현장 적용에 시간이 오래 걸리며 기술적으로도 뒤떨어진 측면이 있다.

이러한 문제를 극복하기 위해 방위고등연구계획국은 새로운 비대칭적 이점을 고민했다. 적에게 타격을 주기 위한 역동적이고 조정 가능하며 고도로 자율적이면서도 유연한 구조를 가진 힘을 바탕으로 적이 생각하지 못하는 복잡성을 제공하는 전략을 구사할 수는 없는지를 고민하고 지속적으로 아이디어와 기술을 발전시키고 있다. 이런 고민의 결과 방위고등연구계획국은 공중, 지상, 그리고 해상에서의 장거리 타격 효과 증대, 공간 지배 능력 향상, 그리고 전자기 스펙트럼 활용 능력의 증대에 깊은 관심을 집중시키고 있다.

셋째, 안정화 노력을 수행하는 것에 초점을 맞추고 있다. 방위고등연구계획국은 오늘날의 안보 상황을 뒤바꿀 수 있는 현재 또는 미래 적국의 작전 환경과 위협 행위를 식별하고 제거하기 위해 더 안전하고 빠르며 효과적인 기술의 적용이 필요하다는 것을 인지하고 있다. 이런 안정화 노력과 기술 적용을 통해 미군은 위협을 제거할 힘을 획득함으로써 지상에서 벌어지는 작전에서 전투원과 민간인의 생명 구조 능력을 증진할 수 있다. 따라서 방위고등연구계획국은 전투 수행 능력의 모든 측면에 참여해 이를 개선하는 것이 도덕적 의무라는 생각에서 기술을 개발하고 있다.

방위고등연구계획국은 육상과 시가 전투 상황에서 전투원이 지형지물과 지하의 상황을 사전에 더 정확하게 파악하고 작전을 수행할 수 있는 기술적 장비의 개발에 힘을 쏟고 있다. 방위고등연구계획국의 분대 X^{Squad X} 프로그램은 새로운 기술을 적용해 전투원이 신체적·정신적 부담 없이 쉽게 사용할 수 있는 상황 인식 통합 장비를 개발 중이다. 보병 전투원이 작전 지역의 상황을 파악하는 데 쓰던 기존의 장비는 너무 무겁고 거추장스러워 휴대하기가 어려웠다. 이를 반영해 새로운 기술이 적용된 장비는 가볍고 통합된 네트워크 시스템을 이용해 복잡한 임무를 수행할 때도 유용하게 쓸 수 있도록 하는 것이 목표이다.

방위고등연구계획국은 전투 중 부상을 입고 재활이 필요한 장병을 위해 손의 고유 감지 능력 및 촉감 인터페이스^{Hand Proprioception and Touch Interfaces: HAPTIX} 프로그램을 진행하고 있다. 이 프로그램의 궁극적 목적은 신뢰성 있는 신경 인터페이스 기술^{Reliable Neural-Interface Technology: RE-NET}을 적용해 양방향 말초신경 임플란트를 통해 사용자가 인공 손과 팔을 자연스럽게 제어하도록 만드는 것이다.

넷째, 과학과 기술을 바탕으로 기반 연구를 앞당기는 것에 초점을 맞추고 있다. 방위고등연구계획국의 기본 임무는 기본 연구, 원리 증명 및 (불가능해 보이는 아이디어를 실제 기술로 구현하는) 초기 단계의 연구를 수행하는 것이다. 미 국방부 산하의 다른 기관들과 달리 혁신을 창출할 수 있다면 실패 가능성이 큰 프로젝트도 수행하는 것이 특징이다. 즉, 연구의 혁신성에 초점을 맞추는 동시에 위험도 관리해 우수한 성과를 도출하는 것이다. 이러한 기반 연구에 대한 노력은 국가 안보와 산업 발전에 지대한 영향을 미친다. 가령 인터넷으로 발전한 아파넷, 자율주행 자동차를 현실에서 가능하게 만드는 AI 등이 그러하다.

따라서 방위고등연구계획국의 기본 임무인 기반 기술 연구는 앞으로 다가올 미래에도 군사적인 영역뿐 아니라 민간 산업 부분에 계속 영향을 미치는 방향으로 발전할 것이다. 이런 기본적 연구 방향을 바탕으로 방위고등연구계획국은 AI와 기계 학습Machine Learning, 마이크로 시스템 보안과 차별화, 분자 정보학을 통한 새로운 컴퓨팅 접근법, 차세대 사회과학 분야 등에 관한 기반 기술 연구를 진행하고 있다.

- 방위고등연구계획국 프로젝트:
  (1) 극초음속 무기

장거리 타격 효과의 증대를 위해 방위고등연구계획국과 미 국방부는 극초음속 시스템 개발을 최우선 과제로 선정하고 있다. 현재의 무기체계보다 월등한 속도를 가진 극초음속 무기는 반응 시간을 단축해 효과적인 타격을 가능하게 한다.

방위고등연구계획국은 극초음속 무기체계 개발을 위해 '극초음속 공기 흡입 무기 개념Hypersonic Air-breathing weapon Concept: HAWC' 프로그램을 공군과 함께 진행하고 있다. 이 프로그램의 궁극적 목적은 효과적이고 활용 가능하며 경제성도 뛰어난 극초음속 순항미사일의 개발과 핵심기술 확보이다. 이 프로그램은 현재 핵심기술을 검증하기 위해 효율적이고 신속하며 저렴한 비행 테스트에 초점을 맞추고 있다.

극초음속 공기 흡입 무기 개념 　　　　　　(출처: Raytheon)

　　방위고등연구계획국과 공군은 이와 더불어 '전술 가속
글라이드Tactical Boost Glide: TBG' 프로그램도 진행하고 있다. TBG는
전술 폭격기에 탑재해 공중에서 발사하는 형태의 무기로 발사된
로켓은 전술적 범위 내에서 추진체와 분리된 후 탄두가 극초음속으로
활공하며 목표물을 타격한다. 현재 중국과 러시아가 극초음속 미사일
개발에 역량을 집중하고 있는 상황에 자극을 받아 개발되는 중이다.

　　극초음속 미사일과 함께 '장거리 대함 미사일Long Range Anti-
Ship Missile: LRASM'도 방위고등연구계획국과 해군연구소Office of
Naval Research: ONR가 공동으로 개발하고 있다. 이미 2009년부터
연구가 진행되었고 거의 모든 발사 실험이 완료된 상황이다.
대표적으로 거론되는 합동 공대함 순항미사일은 AGM-158C로 사거리
930킬로미터에 스텔스 기능과 위성 추적 시스템을 탑재하고 있다.
이 때문에 적 함대가 미사일의 접근을 감지하기 매우 어렵다. 이
미사일은 데이터 링크와 연결되어 있어 위성을 통해 전달받은 표적
정보를 바탕으로 목표물로 날아가는데, 이때 카메라로 촬영한 영상을
데이터 링크를 통해 지휘부에 전달하며 최종 목표물을 타격하기

직전까지 위치를 수정하고 확인해 명중률을 극대화할 수 있다. 그래서 이 미사일의 별명이 '함정 킬러'이다. 공군에서도 합동 공대지 장거리 순항미사일Joint Air-to-Surface Standoff Missile: JASSM인 AGM-158A와 AGM-158B 등을 F-35, F-16, F/A-18 등과 같은 전투기나 B-1B, B-2, B-52 등의 전폭기에 탑재해 발사한다.

- 방위고등연구계획국 프로젝트:
  (2) 우주비행체

방위고등연구계획국과 미 국방부는 우주에서의 기술적 우위를 확보하고 유지하기 위해 정기적으로 우주를 왕복할 수 있는 항공기 형태의 초음속 비행체 개발에도 관심을 보인다. 방위고등연구계획국은 이를 위해 '실험적 우주비행체Experimental Spaceplane' 프로그램을 가동해 비행체의 개발 연구를 시작했다. 지금까지 지구 궤도에 위성을 발사하거나 우주선을 쏘아 올리는 데는 막대한 비용과 오랜 시간이 필요했다. 따라서 경제성과 효율성 측면에서 그리 뛰어나다고 보기 어려웠다. 이 같은 비효율적 부분을 상쇄하고, 러시아나 중국보다 기술적 우위를 확보하는 동시에, 국가 안보를 더 공고히 할 방안의 하나로 극초음속 우주비행체 개발에 집중하는 것으로 보인다. 이를 통해 미국은 전 지구를 감시할 수 있는 다수의 소형 위성을 지구 궤도에 분산 배치해 전략을 한층 효과적으로 수행할 수 있을 것으로 예상된다.

- 방위고등연구계획국 프로젝트:
  (3) 무인 함정

방위고등연구계획국은 이런 미사일과 더불어 '고성능 자율 무인 함정Highly Autonomous Unmanned Ship'에도 심혈을 기울이고 있다.
방위고등연구계획국은 해군연구소ONR와 함께 '대잠수함전 지속
추적 무인 함정Anti-Submarine Warfare(ASW) Continuous Trail Unmanned Vessel:
ACTUV'의 개발과 건조를 위한 기술을 연구하고 있다. 이 함정의
별칭은 '바다의 사냥꾼' 혹은 '유령 사냥꾼'으로 원격 조종이 아닌
자율 시스템에 의해 항해하며 항법 및 충돌 방지에 대한 국제 규정을
준수하면서 수천 킬로미터의 넓은 바다를 운영하도록 설계되었다.
해군은 앞으로 5년 동안 이 함선의 개발과 건조를 위해 총 27억 달러(약
3조 원)의 예산을 신청했다. 이러한 함선의 개발을 통해 미국은
지금보다 더 넓은 바다에서 전투원의 피해 없이 위험한 임무를 수행할
수 있게 된다.

- 방위고등연구계획국 프로젝트:
  (4) 전자전

방위고등연구계획국이 적을 압도하기 위한 전략의 하나로 연구하는
또 다른 기술은 전자전을 보다 효율적으로 수행하기 위한 스펙트럼
다변화 기술이다. 아프가니스탄과 이라크 전쟁에서 보여준 미군의
전자전 능력에 자극받은 러시아와 중국은 새로운 전자기적 스펙트럼
개발과 다각적 활용에 큰 비용과 시간을 투입하며 미국을 추격하고
있다. 이에 미 국방부는 2020년 10월 29일 발표한 〈전자기 스펙트럼
우세 전략서Electromagnetic Spectrum Superiority Strategy: ESSS〉에서 전자기
스펙트럼 개발 전략을 더욱 강화하는 내용을 담았다.

미국은 러시아와 중국의 전자전 능력이 비약적으로 발전하는
모습을 보면서 차세대 전장에서의 승패는 전자기 스펙트럼이 좌우할
것이라는 인식을 갖게 되었다. 이는 이제까지 미군이 누려온 '전자기

대잠수함전 지속 추적 무인 함정 (출처: U.S. Navy)

스펙트럼 영역 내 작전행동의 자유'가 경쟁국들의 기술 추격으로 점차 사라지고 있다는 의미이다. 이 때문에 미군은 군사적 우위를 유지하기 위해 전자기 스펙트럼을 재정립할 필요를 느낀 것이다.

이런 인식을 반영하듯 해당 보고서에는 EMS의 효과적 개념 정립과 실천적 적용을 위한 다섯 가지 구체적 목표를 설정했다. 첫째, EMS 우세 능력을 개발한다. 전투 상황에서 적에게는 타격을 주면서도 아군의 전자기 플랫폼은 보호하는 기술적 개발이 필요하다는 것이다. 둘째, 통합된 EMS 기반 시스템을 구축한다. 각 군에 구축된 EMS 시스템을 하나의 통합된 시스템으로 재구성하는 것을 말한다. 이를 위해 현재 계획 단계에 있는, 지구 궤도에 배치할 다량의 초소형 위성 시스템의 구축을 서둘러야 한다는 내용이다. 셋째, 통합적 전술 EMS 준비 태세를 구축한다. 이제는 전자전의 공격과 방어를 나누어서 수행하는 개념이 그 중요성을 잃어가고 있기에, 두 가지를 동시에 수행할 수 있는 시스템이 필요하다는 것이다. 넷째, EMS 능력 향상에 이바지할 파트너십을 구축한다. 미 국방부가 국제통신연합International Telecommunication Union: ITU 등을 비롯한 국제연합과 유럽 나토군과의

EMS 상호협업 체계의 구축을 통해 초기 이니셔티브를 확보해야 한다는 것이다. 마지막 다섯 번째는 효과적 EMS 거버넌스 시스템 구축이다. 이는 현재 미국이 운용하는 EA-18 그라울러 전자전기나 RC-135V/W 리벳Rivet 합동 전자전기의 효과적인 작전 수행 및 정보 수집 활동을 위해 동맹국이나 파트너십 국가와의 긴밀한 협력관계 유지가 필요하다는 것을 의미한다.

- 방위고등연구계획국 프로젝트:

  (5) AI

방위고등연구계획국은 AI 기술의 패러다임 전환을 위해 더 강력한 AI 관련 기술을 연구하고 있다. 지금까지 방위고등연구계획국이 진행해온 AI 관련 연구는 1차와 2차 웨이브를 거치면서 기본적 개념 단계와 통계적 학습 단계의 기술을 개발하고 적용함으로써 진보적인 기계 학습 알고리즘과 하드웨어의 개발이라는 성과를 얻어냈다. 방위고등연구계획국의 다음 목표는 AI 넥스트AI Next 캠페인을 통해 3차 웨이브로의 기술적 전진을 이룩하는 것이다. 방위고등연구계획국은 기존 1, 2차 웨이브 단계에서 AI가 탑재된 기계가 상황을 인지하는 단계까지 발전한 것에 만족하지 않고 더 발전된 형태로의 진보를 준비하고 있다.

　　3차 웨이브로 명명된 이 시기에 방위고등연구계획국은 AI가 기계를 직접 통제하고 파트너들과 협업해 국가 안보와 관련된 문제를 자율적으로 해결할 수 있는 단계로까지 기술을 발전시킬 계획이다. 이미 2018년부터 20억 달러(약 2조2,000여억 원)의 예산을 투입해 AI 넥스트 프로젝트를 진행 중이다. 이 프로젝트는 깊이 있는 분석과 이론적 이해를 바탕으로 오늘날의 AI 기술이 어떻게 작동하고 있으며,

군 작전을 수행하는 데 어떤 효율적 적용이 이루어지고 있는지,
또 그 운용에 있어 안전에 중요한 시스템은 어떻게 확보하는지를
총괄적으로 살펴보는 것을 포함한다.

이 프로젝트의 세부 목표는 우선 AI 기술이 어디까지 적용
가능한지 파악하는 것이다. 이를 위해 사이버 공격을 실시간으로
분석하거나, 전시에 모든 군사 영역에서 역동적으로 공격 기능을
구성하거나, 인간의 언어를 분석하거나, 자동으로 목표물을
인식하거나, 생화학무기의 활용과 방어에 효과적인 방법을 찾거나,
인공신체의 작동을 더 자유롭게 유도하는 등 일련의 행동들에
AI가 얼마나 효과적으로 활용될 수 있는지 그 가능성을 다각적으로
살펴보고 있다.

이와 더불어 AI 기술을 강화하는 것도 연구의 범주에 속한다. AI
기술은 우주 기반 이미지 분석, 사이버 공격 경고, 공급 물류 및 미생물
시스템 분석과 같은 다양한 임무에서 그 가치를 입증하고 있다. 그런데
사람들은 AI 기술이 실패할 때 벌어질 상황에 대해서는 별다른 의식이
없는 편이다. 따라서 방위고등연구계획국은 분석적이고 경험적인
연구를 통해 AI가 가진 부족한 부분을 어떻게 해결할 것인지를
심각하게 고민하고 있다.

현재 가장 강력한 AI 기술은 기계 학습이지만 기계 학습 훈련에
사용되는 데이터는 누군가의 의도에 의해 쉽게 손상될 수 있고,
사이버 공격을 통해 소프트웨어의 오작동이 일어날 수도 있다. 따라서
방위고등연구계획국은 AI 지원 프로그램을 개발해 이러한 문제를
원천적으로 방지하는 한편, 사이버 공격을 이해하고 대응하기 위해
적대적 관계에 있는 국가의 AI를 연구하고 있다.

AI가 구동되기 위해서는 높은 성능의 컴퓨터 시스템이

필수적이다. 방위고등연구계획국은 AI 알고리즘을 더 빠르게 구동시키면서도 전력의 효율성은 높은 하드웨어의 개발을 진행하고 있다. 또한 AI가 반드시 숙지해야 하는 훈련 데이터에 대한 요구사항을 줄여 현재의 기계 학습 비효율성을 줄이기 위한 연구도 진행 중이다.

AI 넥스트 프로젝트는 궁극적으로 기존의 AI에 더해 '설명 가능한 인공지능의 개발'이라는 방향을 설정했다. 지금까지 AI 기술이 발전하면서 여러 혁신적 변화들이 일어났지만, AI는 아직 완성된 상태가 아니다. 따라서 AI 스스로 환경과 상황을 인지하고 분석해 적절히 대응할 수 있도록 하는 상황 추론Contextual Reasoning의 적용이 필요하다. 이를 통해 복잡한 운영 환경에서 적절하게 작동하는 자율 시스템을 실현할 수 있기 때문이다. 자율 모드가 완성되면 전투 상황에서 전투원과 AI가 더 효과적으로 협업하게 되고, 의사결정 또한 더욱 수월하게 도출된다. 이는 궁극적으로 성공적인 작전으로 이어진다.

- 방위고등연구계획국 프로젝트:
  (6) 마이크로 시스템

마이크로 시스템의 보안과 차별화 역시 방위고등연구계획국의 목표 가운데 하나이다. 반도체 집적회로의 성능이 2년마다 두 배씩 증가한다는 무어의 법칙이 기술적 한계로 실현되지 못하면서, 새로운 반도체의 개발을 둘러싼 논의가 활발하게 진행되고 있다. 방위고등연구계획국도 새로운 반도체를 개발하기 위해 '전자 부활 이니셔티브Electronics Resurgence Initiative: ERI'를 출범시켰다. ERI는 전통적인 회로 기술을 수정하고 새로운 전자소자의 개발을 통해 물리적 한계를 극복하는 한편, 기술개발 수요를 발생시켜 미국의 기술적 우위와 경제적 기회 확대를 목표로 하고 있다.

이를 위해 방위고등연구계획국은 색다른 재료의 통합으로 기존 실리콘 회로를 뛰어넘는 컴퓨팅 능력의 진보로 이어질 길을 모색하고 있다. 현재 전 지구적으로 디지털 데이터의 복잡성과 크기가 증가하면서 그것을 연산하고 저장할 수 있는 컴퓨팅 기술이 절실히 필요한 상황이다. 이런 도전적 상황에서 방위고등연구계획국의 분자 정보과학 프로그램Molecular Informatics Program은 2진법 디지털 로직을 기반으로 하는 컴퓨팅 시스템을 대체할 새로운 컴퓨팅 패러다임을 추구하고 있다.

화학, 컴퓨터 공학, 정보과학, 수학, 화학과 전자공학의 연구자들로 구성된 협업 체계를 통해 분자 정보과학의 새로운 지평을 열기 위해 노력 중인 방위고등연구계획국은 컴퓨팅 파워의 증대를 견인할 새로운 반도체 재료에도 주목하고 있는데 이것이 바로 질화갈륨이다. 질화갈륨은 기존의 반도체 재료인 실리콘보다 뛰어난 재료가 될 가능성이 크기 때문이다. 에너지를 더 효율적으로 관리하고 더 작은 공간에서 더 높은 전력 밀도를 달성할 수 있으며, 더 빠른 반응속도를 가진 데다 비용까지 저렴한 질화갈륨은 그야말로 꿈의 재료라 할 만하다. 따라서 이 재료로 반도체를 설계할 수 있다면 전자통신에 탑재되는 무선 주파수의 전력 증폭기 성능을 높일 수도 있다. 또한 반도체를 쓰는 장비들을 더욱 소형으로 제작할 수 있으므로 장비의 경량화를 통한 휴대 편리성도 달성된다.

이러한 향상된 기능은 군의 전자전 수행 능력의 획기적 전환을 견인하는 요소로 작용한다. 또한 적의 미사일을 효과적으로 탐지할 수 있는 레이더의 기능 향상은 물론, 방어시스템 전반의 기능 향상에도 커다란 이점으로 작용할 것이다. 따라서 질화갈륨의 응용 및 기술개발은 미래 전쟁을 승리로 이끌 전망이다.

- 방위고등연구계획국 프로젝트:
  (7) 감염병 대책

방위고등연구계획국이 집중하는 또 다른 연구 분야는 감염성 질병의 신속한 진단 기술개발이다. 코로나-19로 촉발된 전 지구적 팬데믹은 사회를 공포와 혼란으로 몰아넣었다. 현재의 기술로 감염성 질환을 진단하려면 최소 일주일에서 그 이상의 시간이 걸린다. 따라서 빠르게 감염성 질환을 진단할 수 있다면 그 치료도 훨씬 빨라질 수 있으며 확산의 속도도 늦출 수 있을 것이다.

방위고등연구계획국이 진행하는 '예방과 치료 자율 진단Autonomous Diagnostics to Enable Prevention and Therapeutics: ADEPT' 프로그램은 자연적으로 발생한, 또는 인위적인 질병 및 독소로 인한 위협을 신속하게 식별하고 대응할 수 있는 기술개발을 통해 군인들의 건강을 적극적으로 보호하는 것에 초점을 맞추고 있다. ADEPT는 핵산核酸을 기반으로 감염을 막는 기술을 개발해 적용하는 실적을 낸 바 있다. 이는 사람 스스로 항체를 만들어 외부의 감염 위협을 방어할 수 있게 하는 기술이다. 방위고등연구계획국은 이 프로그램을 인도주의적 차원에서 에볼라로 신음하는 콩고민주공화국에 제공하기도 했다.

방위고등연구계획국이 진행하는 다양한 연구와 프로그램은 궁극적으로 새롭고 비범한 기술을 개발해 미국이 기술적 우위를 유지하도록 하는 것이다. 방위고등연구계획국의 프로그램을 통해 개발된 혁신적 기술들은 우선 민간 부문으로 전달된다. 그리고 이 기술을 통해 민간에서 얻은 이익 일부가 방위고등연구계획국이 추진하는 새로운 연구를 위한 자본으로 투자된다. 이런 선순환 구조는 민간과 군사 시스템의 통합으로 전환되고 군의 능력 향상과 임무 수행의 수월성을 위한 새로운 기술의 개발로 이어진다.

에필로그

미래 전쟁을 대비한 게임 체인저는
ICT 응용에서 시작된다

2019년 12월 20일과 2020년 2월 14일, 각각 한국국방연구원KIDA과 한국국방과학연구소의 초청으로 많은 국방 분야 전문 연구자분 앞에서 〈4차 산업혁명의 시대, 할리우드 영화로 살펴본 미래의 무기체계〉라는 주제로 강연을 진행했다. 여기에서 4차 산업혁명의 핵심기술인 ICT와 ICT의 핵심인 ICBM+AI+양자컴퓨팅을 설명했다. 그리고 밀리테크의 관점에서 바라본 무기체계를 할리우드 영화에 등장하는 무기들을 예시로 들며 소개했다. 이후 이런 밀리테크 4.0의 도래를 앞둔 현실에서 대한민국은 어떤 전략으로 대응해야 할 것인지에 대한 생각을 정리해 발표했다.

　몇 달 후 메디치미디어 출판사로부터 《ICT가 승패를 결정한다, 모던 워페어》 집필 관련 미팅을 제안 받았다. 기쁘고 가벼운 마음으로 미팅에 참여했고 책 집필의 방향과 내용에 대한 자세한 논의가 이루어졌다. 논의가 이어지면 이어질수록 마음속에서 이런 질문이 들려왔다. "정말 할 수 있겠어?" 이 책의 진행을 담당한 메디치미디어 담당자분은 경제학, 무기체계, ICT 분야를 두루두루 잘 아는 전문가시니 분명 잘 쓸 수 있을 것이라 응원해주었지만, 마음속에선 계속 잘할 수 있을지에 대한 의문이 꼬리에 꼬리를 물었다.

　출판사 담당자분의 격려와 응원에 힘입어 덜컥 집필을 승낙하고 이어서 출판계약서에 서명을 한 2020년 7월 중순의 어느 날, 무더운 날씨보다 더 뜨거운 무언가가 가슴에서 올라오는 것을 느끼며 다짐했다. "그래 잘 만들어보자!" 그렇게 메디치미디어와 함께하는 《ICT가 승패를 결정한다, 모던 워페어》의 작업이 시작되었고, 9개월이 지난 2021년 4월 말에 완성된 마지막 장을 편집 담당자에게 보내며 오랜 시간 열심히 달려온 작업이 마무리되었다.

몇 달의 편집 작업을 거쳐 드디어 책이 완성되고 이 에필로그가 그 뒤에 실려 출간된다고 생각하니 그동안의 힘들었던 기분은 어딘가로 사라지고 기쁜 마음과 부담스러운 마음이 동시에 밀려와 조금은 혼란스럽다.

4차 산업혁명의 핵심인 ICT가 무기체계에 적용되어 미래의 전쟁 패러다임을 바꿀 것이라는 예상은 이미 몇 년 전부터 나왔다. 이런 변화의 물결은 거스를 수 없는 거대한 파도가 되어 세계를 강타하고 있고 한국도 이 파도를 고스란히 마주하고 있다. 이제까지 무기 시장을 주도한 미국을 비롯한 강대국들과 세계적 방위산업 기업들이 그동안 어떤 방향으로 미래 전쟁과 무기체계를 상상하고 달려왔는지 알고 싶었다. 그리고 한국이 그동안 이룩한 경제력과 국방력, 그리고 기술력을 통해 세계 질서 속에서 강력한 영향력을 가진 국가로 거듭난 시점에서 과연 미래 무기체계에 어떤 방향을 설정하고 있는지도 알고 싶었다.

각 장을 집필하기 위해 자료를 찾고 읽으며 정리하고 그 안에서 통찰을 끌어내 원고에 집어넣는 과정을 거치면서 강대국들이 어떤 모습과 생각으로 달려가고 있는지 자세히 확인할 수 있었다는 사실에 깊이 만족했다. 그리고 이것을 한국의 미래 모습에 적용해 더 발전시킬 방법은 무엇이고, 또 우리 스스로 개척해 강점으로 강조해야 할 부분은 무엇인지에 대해 깊이 고민할 수 있었다.

물론 이 책 한 권으로 미래 전쟁에 대비한 무기체계의 모든 정보를 다룰 수는 없을 것이다. 저자의 미력함으로 인해 부족한 부분이 많다는 점도 솔직히 인정한다. 그러나 최소한 한국이 어떤 방향에 매진해야 스스로를 지키고 더 강력한 힘을 가질 수 있는지에 대한 내용은 담았다고 생각한다.

강력한 국방력을 통해 그동안 우리가 그토록 원했던 자주국방을 이루고 한반도 주변을 둘러싼 강대국들의 각축전 틈바구니에서 당당히 우뚝 설 수 있는 대한민국의 모습을 기대해본다.

"강력한 국방력이 뒷받침되지 않는 국가의 외침은 아무도 들어주지 않는다!"

감사의 말

이 책의 집필을 제안하고 책이 세상에 나오기까지 조언과 협력을 아끼지 않은 메디치미디어와 실무 담당자에게 깊은 감사를 드린다. 그리고 편집과 디자인을 멋지게 해준 편집자, 편집팀, 디자인팀에도 깊이 감사함을 전한다.

늘 한결같은 예리함과 온화함을 겸비하고 조언, 격려 그리고 응원을 아낌없이 쏟아준 사랑하는 아내에게 깊은 사랑과 존경, 고마움을 전한다. 그리고 언제나 모범과 착실함, 사랑스러움이 무엇인지 보여주어 내 삶의 이유를 잊지 않게 해주고 긴장을 놓치지 않도록 해준 아들과 딸에게 뜨거운 사랑을 가득 담아 고마움을 전한다.

참고문헌

- 1장 미래 전쟁의 승패를 가를 ICT
  - 형성우, 〈미, 이라크전 무기체계 분석〉, 군사연구, 119집(2003).
  - Slow news, 윤대균, "마이크로소프트, 클라우드 시장 1위 꿈꾼다", 2019-09-23.
  - 월간 SW중심사회, "국방분야 OS 및 상용SW 사용실태와 문제점 조사", 2017-07.
  - The Verge, "Microsoft beats Amazon to win the Pentagon's $10 billion JEDI cloud contract", Oct 25, 2019.
  - Nextgov, "Amazon Web Services Announces Secret Cloud Region For CIA", Nov 20, 2017.
  - Enterprise Cloud U.S. Department of Defense, "JEDI Cloud."
  - Breaking DEFENSE, "Pentagon Will Not Split JEDI Award EXCLUSIVE", Mar 23, 2020.
  - Department of Defense, "DoD Cloud Strategy", Dec 2018.
  - "국방통합정보시스템 이전 사업 시선집중", 정보통신신문, 2013-10-25.
  - "국방부도 클라우드 컴퓨팅에 뛰어든다", PRESSS9, 2010-07-06.
  - "해외사 국내 클라우드시장 67% 점유, 안방 침투 가속화", NEWSIS, 2019-06-29.
  - "외국 클라우드사, 국내 점유율 67%", 한국경제, 20109-06-27.
  - 김성태, "클라우드 컴퓨팅의 동향과 군 도입 시 고려사항", KIDA Defense Weekly, 2012년 20호.
  - Hololens 2. https://www.microsoft.com/en-us/hololens
  - "마이크로소프트 홀로렌즈", 위키피디아. https://wikipidia.org
  - "'국방 인공지능(AI) 융합연구센터' 개소", IT TIMES, 2018-02-20.
  - "세계 로봇학자 50여 명 '카이스트와 공동 연구 거부'…왜?", KBS NEWS, 2018-04-06.
  - "Can AI Built to 'Benefit Humanity' Also Serve the Military?", WIRED, 2019-11-11. https://www.wired.com/story/can-ai-built-to-benefit-humanity-also-serve-military/
  - "'전쟁, 비디오게임 아니다' MS 직원들, 미군 계약 철회 요구", 연합뉴스, 2019-02-23. https://www.yna.co.kr/view/AKR20190223045900009
  - "Lockheed Martin-Microsoft Agreement to Bring Better Training to Warfighters", Lockheed Martin News Releases, 2009. https://news.lockheedmartin.com
  - "미래전 기술에 뛰어든 ICT 거대기업 '마이크로소프트'", 〈권호천의 ICT 인사이트〉, IT조선, 2021-07-07. http://it.chosun.com/site/data/html_dir/2021/07/07/2021070700907.html
  - "펜타곤, MS 단독 11조 클라우드 사업 취소……AWS 승기", ITChosun, 2021-07-07.
  - 정유헌 외, 〈국방 ICT 융합기술의 최근 연구동향〉, 한국통신학회지(정보와 통신), 37권 4호(2020), p. 54~62.
  - 「4차 산업혁명 스마트 국방혁신」 추진단 전체회의, 대한민국 정책브리핑, 2019-03-18. https://www.korea.kr/news/pressReleaseView.do?newsId=156321825
  - "대한항공, 중고도 무인항공기(MUAV) 양산 시작", 글로벌이코노믹, 2020-07-04. https://cmobile.g-enews.com/view.php?ud=20200704123747942lc5557f8da8_1&md=20200704131925_R
  - "한국형 중고도 무인기 개발사업", 위키백과. https://ko.wikipedia.org/wiki/%ED%95%9C%EA%B5%B5%

AD%ED%98%95_%EC%A4%91%EA%B3%A0%EB%8F%84_%EB%AC%B4%EC%9D%B8%EA%B8%B0_%EA%B0%9C%EB%B0%9C%EC%82%AC%EC%97%85

▸ "인간·로봇이 한 팀으로 싸우는 '멈티', 방산업계의 새 트렌드", 조선비즈, 2021-02-26. https://
   biz.chosun.com/site/data/html_dir/2021/02/25/2021022502498.html

● 2장 사이버 네트워크 전쟁
▸ "마음만 먹으면 인천공항도 마비시킨다", 동아일보, 2015-05-03. https://www.donga.com/news/
   Politics/article/all/20150503/71044888/1
▸ "사이버 테러 기우가 아니라 현실이다", ifs POST, 2016-03-08. https://ifs.or.kr/bbs/board.php?bo_table
   =News&wr_id=89
▸ "대한민국의 정보 보안 사고 목록", 위키백과. https://ko.wikipedia.org/wiki/%EB%8C%80%ED%95%9
   C%EB%AF%BC%EA%B5%AD%EC%9D%98_%EC%A0%95%EB%B3%B4_%EB%B3%B4%EC%95%88
   _%EC%82%AC%EA%B3%A0_%EB%AA%A9%EB%A1%9D
▸ 김인수, 〈북한 사이버전 수행능력의 평가와 전망〉, 통일정책연구, 제24권 1호(2015).
▸ "지리산서 체포된 보이스피싱 일당, 그 뒤엔 북 해커 있었다", 조선일보, 2020-11-16. https://
   www.chosun.com/politics/diplomacy-defense/2020/11/16/SDPGOWH36BG7XN5YMDDQZILIJU/
▸ "사이버 안보 위기 (1) 해커들의 놀이터, 한국", 경향신문, 2013-03-27. http://news.khan.co.kr/kh_news/
   khan_art_view.html?artid=201303272307005
▸ "사이버작전사령부", 나무위키. https://namu.wiki/w/%EC%82%AC%EC%9D%B4%EB%B2%84%EC%
   9E%91%EC%A0%84%EC%82%AC%EB%A0%B9%EB%B6%80
▸ 국정원 사이버안전센터. https://www.nis.go.kr:4016/AF/1_7.do
▸ "한국은 해커들의 놀이터", 조선비즈, 2014-04-01. https://biz.chosun.com/site/data/html_dir/2014/03/31
   /2014033104344.html
▸ "한국, 북한 사이버 공격 최대 피해국", VOA, 2019-08-14. https://www.voakorea.com/korea/korea-
   politics/5040846
▸ "해킹 사고 발생 시 배후 조직이나 국가를 어떻게 지목할까?", 보안뉴스, 2020-11-11. https://
   www.boannews.com/media/view.asp?idx=92500&kind=1&search=title&find=%BB%E7%C0%CC%B9%F
   6+%B0%F8%B0%DD
▸ "최근 사이버공격 주범 '탈륨', 한수원 해킹 '김수키'와 동일조직", 보안뉴스, 2020-11-12. https://
   www.boannews.com/media/view.asp?idx=92527
▸ "The key to beating perpetual cyberattacks", A Man Tech White Paper. https://www.uscybersecurity.net/
   On-demandCyberTrainingWhite-Paper_3-0029.pdf
▸ DARPA. https://en.wikipedia.org/wiki/DARPA
▸ Christopher Brown, "Developing a Reliable Methodology for Assessing the Computer Network
   Operations Threat of North Korea", Naval Post Graduate School September 2004, http://www.dtic.mil/cgi-
   bin/GetTRDoc?AD=ADA427292&Location=U2.
▸ "Building the Bridge to a Cyberculture", SmartFocus on Cybersecurity in Business, Virginia Tech.
   https://www.uscybersecurity.net/VTMIT_SmartFocus_CyberCulture.pdf
▸ "해킹으로 갈등 커지는 '미국과 중국'", ITWorld http://www.itworld.co.kr/news/82817?page=0,0
▸ 데이비드 E. 생어, 정혜윤 옮김, 《퍼펙트 웨폰: 핵보다 파괴적인 사이버 무기와 미국의 새로운
   전쟁》(2018), 미래의 창.

▸ "인구 130만 명 에스토이나, 전 세계 컴퓨터 100만 대가 디도스 공격", 조선비즈, 2013-01-25. https://biz.chosun.com/site/data/html_dir/2013/01/24/2013012402645.html

▸ "[기획연재-1] 사이버 전쟁을 주도하는 국가정보기관: 연재를 시작하며", 보안뉴스, 2020-03-11. https://www.boannews.com/media/view.asp?idx=86898

▸ "이란 핵시설 공격 스턱스넷(Stuxnet·악성코드)은 이스라엘·美 작품", 조선일보, 2011-01-17. https://www.chosun.com/site/data/html_dir/2011/01/17/2011011700132.html

▸ "The World Once Laughed at North Korean Cyberpower. No More", The New York Times, 2017-10-15. https://www.nytimes.com/2017/10/15/world/asia/north-korea-hacking-cyber-sony.html

▸ "N.S.A. Breached North Korean Networks Before Sony Attack, Officials Say", The New York Times, 2015-01-18. https://www.nytimes.com/2015/01/19/world/asia/nsa-tapped-into-north-korean-networks-before-sony-attack-officials-say.html

▸ "Speak Loudly and Carry a Small Stick: The North Korean Cyber Menace", 38North, 2010-09-07. https://www.38north.org/2010/09/speak-loudly-and-carry-a-small-stick-the-north-korean-cyber-menace/

▸ "North Korea's School for Hackers", Wired News, 2003-06-02. https://www.wired.com/2003/06/north-koreas-school-for-hackers/

▸ "North Korea has 600 computer hackers, South Korea claims", Associated Press, 2004-10-05. https://www.securityfocus.com/news/9649

▸ "북한 사이버 공격 능력 세계 최상위…정예요원 7천명", VOA, 2019-08-16. https://www.voakorea.com/korea/korea-politics/5043950

▸ "Catch Me If You Can: North Korea Works to Improve Communications Security", 38North, 2017-04-12. https://www.38north.org/2017/04/mwilliams041217/

▸ "North Korea and the Internet: Building for the Future", 38North, 2018-08-01. https://www.38north.org/2018/08/mwilliams080118/

▸ "Russia Provides New Internet Connection to North Korea", 38North, 2017-10-01. https://www.38north.org/2017/10/mwilliams100117/

▸ "Cyber Attacks May Spark New War in Korea", 38North, 2012-07-09. https://www.38north.org/2012/07/lpetrov070912/

● 3장 ICT의 비대칭 전략병기

▸ "[민군협력으로 강한 국방] 무기 개발도 4차산업혁명…상상 속 전투장면 현실로", 매일경제, 2017-03-14. https://www.mk.co.kr/news/special-edition/view/2017/03/172502/

▸ 김홍근, 〈사이버 공격자는 누구인가〉, KISA Report vol.9(2020).

▸ 이호균·임종인·이경호, 〈국방 사이버 무기체계와 기존 재래식 무기체계의 핵심기술 수준 및 특성 비교 연구〉, 정보보호학회논문지, vol.26, no.4, 2016년 8월.

▸ (유튜브) 자율무기체계란 무엇인가? https://www.youtube.com/watch?v=2aFywMC9NQY

▸ "인공지능과 인간의 대결", 조선일보. https://issue.chosun.com/issue/timeline.html?issu_id=10043&sort=1

▸ 이동훈 과학칼럼리스트, "영화 〈스텔스〉로 엿본 무인기 시대의 그림자". https://m.blog.naver.com/PostView.nhn?blogId=keit_newtech&logNo=220706953590&proxyReferer=http:%2F%2Fwww.google.com%2Furl%3Fsa%3Dt%26rct%3Dj%26q%3D%26esrc%3Ds%26source%3Dweb%26cd%3D%26ved%3D2ahUKEwj42ILtxqztAhUGQd4KHaOYAZEQFjAIegQIHhAC%26url%3Dhttp

%253A%252F%252Fm.blog.naver.com%252Fkeit_newtech%252F220706953590%26usg
%3DAOvVaw0d5oqlYUVy-NLwLeIUmWjh

‣ "AI VS 인간⋯전투기 공중전 대결 승자는?", AI타임스, 2020-08-10. http://www.aitimes.com/ news/articleView.html?idxno=131421

‣ "AI 조종사, 가상 전투기 공중전서 인간에 완승", AI타임스, 2020-08-24. http://www.aitimes.com/ news/articleView.html?idxno=131680

‣ "도망만 다닌 베테랑 조종사 격추⋯세기의 공중전 승자는 AI", 중앙일보, 2020-08-30. https://news.joins.com/article/23859924

‣ "AlphaDogfight Trials Foreshadow Future of Human-Machine Symbiosis", DARPA, 2020-08-26. https://www.darpa.mil/news-events/2020-08-26

‣ "AlphaDogfight Trials Final Event", DARPAtv, 2020-08-20. https://www.youtube.com/ watch?v=NzdhIA2S35w

‣ "[2019년 3월호] 미래에 등장할 주요 무인전투기는?", 월간항공, 2019-03-04. http://www.aviation.co.kr/bbs/m/mcb_data_view.php?type=mcb&ep=ep136619553152f0a2d5928db&gp= all&item=md15289976695c7cd58429419

‣ "Northrop Grumman X-47B", Wikipedia. https://en.wikipedia.org/wiki/Northrop_Grumman_X-47B

‣ "미 공군, 2023년까지 무인 전투기 '스카이보그' 개발한다", 로봇신문, 2019-04-05. http://www.irobotnews.com/news/articleView.html?idxno=16835

‣ "프랑스, 유럽무인전투기개발 뉴런(Neuron) 프로젝트 주도", 조선일보, 2006-04-11. http://bemil.chosun.com/nbrd/bbs/view.html?b_bbs_id=10040&num=29432

‣ "英 극비 무인기 '타라니스' 첫 시험비행 성공", 연합뉴스, 2014-02-06. https://www.yna.co.kr/view/AKR20140206166500009

‣ "Taranis passes the test", BAE Systems, 2012-06-10. https://www.baesystems.com/en/article/taranis-passes-the-test

‣ "국방과학연구소 스텔스 무인전투기 사업공개", 밀리터리 리뷰 이지, 2020-08-09. https://m.blog.naver.com/rgm84d/222055703282

‣ "[양낙규의 Defence Club] 한국형 스텔스 무인전투기는", 아시아경제, 2020-08-05. https://www.asiae.co.kr/article/2020080510432553018

‣ "국방과학연구소의 국방전략기술-② 한국형 스텔스 무인전투기 곧 나온다", 아시아경제, 2020-09-05. https://www.asiae.co.kr/article/2020090407441630744

‣ "6개월 잠수하는 획기적인 무인 잠수함", 동아사이언스, 2016-03-27. http://dongascience.donga.com/news.php?idx=11042

‣ "Echo Voyager: Part of Boeing's UUV Family", BOEING, 2016-03-10. http://www.boeing.com/features /2016/03/bds-echo-voyager-03-16.page

‣ "Boeing unveils game-changing autonomous submarine", NEW ATLAS, 2016-03-11. https://newatlas.com/boeing-echo-voyager/42272/

‣ "[와우! 과학] 미 해군 '무인 잠수정' 도입-로봇 군함 시대 다가온다", Now News, 2019-02-20. https://nownews.seoul.co.kr/news/newsView.php?id=20190220601007

‣ "영국해군, 테스트용 초대형 무인잠수함 제작; 감시·정찰·대잠수함전에 투입될 예정", 로봇신문, 2020-03-10. http://www.irobotnews.com/news/articleView.html?idxno=19912

‣ "[유용원의 밀리터리 시크릿] 한반도 주변 4강은 극초음속 무기 경쟁, 한국은?", 조선일보,

2020-10-20. https://www.chosun.com/politics/diplomacy-defense/2020/10/20/
IXNXHRUXQFCCPP3Y5WEMQ7JVIU/

- "소리보다 빠르고 핵무기보다 더 치명적이다", 국방홍보원, 2019-08-14. https://1boon.kakao.com/
dema/5d5397253fc431353648d5a3

- "극초음속 무기 개발 중⋯2023년 비행시험 완료 전망", 동아일보, 2020-06-10. https://www.donga.com/
news/Politics/article/all/20200610/101451519/1

- "[민군협력으로 강한 국방] 무기 개발도 4차산업혁명⋯상상 속 전투장면 현실로", 매일경제, 2017-03-
14. https://www.mk.co.kr/news/special-edition/view/2017/03/172502/

- "세계 최강 미국 미쳤다 레이저를 쏘는 핵 항공모함의 개발 현대 해전의 개념을 갈아엎다",
군사돋보기, 2020-08-16.

- "바다에서 레이저로⋯하늘 위 드론을 '빠지직'", 조선일보, 2020-05-24. https://www.chosun.com/site/
data/html_dir/2020/05/24/2020052400504.html

- "미래의 화포가 될 '레일건' [밀리터리 과학상식] 전기의 힘만으로 마하 10의 속도 구현", The Science
Times, 2019-08-21. https://www.sciencetimes.co.kr/news/%EB%AF%B8%EB%9E%98%EC%9D%98-
%ED%99%94%ED%8F%AC-%EB%A0%88%EC%9D%BC%EA%B1%B4-
%ED%8C%8C%ED%97%A4%EC%B9%98%EB%8B%A4/

- "새로운 총포시대를 열 '레일건'", The Science Times, 2019-03-29. https://www.sciencetimes.co.kr/
news/%EC%83%88%EB%A1%9C%EC%9A%B4-%EC%B4%9D%ED%8F%AC%EC%8B%9C%EB%8C%8
0%EB%A5%BC-%EC%97%B4-%EB%A0%88%EC%9D%BC%EA%B1%B4/

- "레일건(RAILGUN); 탄환 속도 음속의 6배, 사거리 200km 발사 때 전력 2만 가구〈25만 MW〉 사용량
필요", EconomyChosun 155호, 2016-06-20. http://economychosun.com/client/news/view.php?boardNa
me=C12&t_num=9970

- "Are insect robots the future of military drones?", Ubergizmo, 2012-06-19. https://
www.ubergizmo.com/2012/06/are-insect-robots-the-future-of-military-drones/

- "TERMINATOR and SKYNET ARE REALITY. PART-1", 2017-03-05. https://www.youtube.com/
watch?v=tmT4qv9NuGs&t=2

- "10 Amazing Robot Animals That Really Exist", 2019-12-18. https://www.youtube.com/
watch?v=bO9urdlni9Y

- 15 Most Incredible Giant Robots In The World. https://www.youtube.com/watch?v=-iMOVKJvv3Q

- "Top 30 Future Weapons and Modern Fighting Vehicles Already Being Used | Future Technology",
Ultimate Fact, 2020-04-26. https://www.youtube.com/watch?v=xcSRLdlWJM8

- "10 MOST ADVANCED MILITARY TECHNOLOGIES", TechZone, 2020-05-15. https://www.youtube.com/
watch?v=cqJmpJhX5n4

- "The 10 most Secret and Dangerous military Inventions in the World!", MAD LAB, 2019-11-30. https://
www.youtube.com/watch?v=uppg0-prJTA

- "Top 5 UNREAL Micro Robots", Top Fives, 2018-10-31. https://www.youtube.com/watch?v=k8IsYb3lHe8

- "DARPA - robots and technologies for the future management of advanced US research", DARPA, 2020-
10-09. https://www.youtube.com/watch?v=E2B_FE5zYfU

- "BEST MILITARY ROBOTS AND TECHNOLOGIES", Pro Robots, 2020-07-06. https://www.youtube.com/
watch?v=lO3JlxHB5Mw&list=PLcyYMmVvkTuRuEq3hDlBM26OOGoAYAC1H

▸ "미군 '로봇탱크' 2024년 나온다…무인화·자동방호 능력 갖춰", 중앙일보, 2018-07-26. https://news.joins.com/article/22834917

▸ [군사대로] 자율주행 장갑차, 무인 스텔스 전차 등이 바꿀 '미래 전투'", NEWSIS, 2020-07-19. https://newsis.com/view/?id=NISX20200706_0001085548

▸ "미-중 내년 AI 무인 잠수함 개발", The Science Monitor. http://scimonitors.com/%E7%BE%8E-%E4%B8%AD-%EB%82%B4%EB%85%84-ai-%EB%AC%B4%EC%9D%B8%EC%9E%A0%EC%88%98%ED%95%A8-%EA%B0%9C%EB%B0%9C/

▸ "가공할 '킬러드론' MQ-9 리퍼에 AI 탑재", AI타임스, 2020-09-08. http://www.aitimes.com/news/articleView.html?idxno=132054

▸ "AI 탑재한 무인 킬러 로봇 '로열 윙맨' 떴다", 조선일보, 2021-03-07. https://www.chosun.com/politics/politics_general/2021/03/07/UD3YLLG4WRBWLEIX3PTIKO2FAQ/

▸ "자율무기체계 AWS…얼마만큼 도래했나", AI타임스, 2021-03-12. http://www.aitimes.com/news/articleView.html?idxno=137287

▸ 한희원, 〈인공지능(AI) 기반의 치명적 자율무기에 대한 법적·윤리적 쟁점 기초연구〉, 국가정보연구, 제12권 1호(2019).

▸ "Internet of Things(IoT)의 정의 및 중요성", SAS. https://www.sas.com/ko_kr/insights/big-data/internet-of-things.html

▸ "오사마 빈라덴 죽음", 위키백과. https://ko.wikipedia.org/wiki/%EC%98%A4%EC%82%AC%EB%A7%88_%EB%B9%88%EB%9D%BC%EB%8D%B4%EC%9D%98_%EC%A3%BD%EC%9D%8C

▸ "국방부 첨단 'IoT 전투사단' 구축 어찌되어 가나", Digital Today, 2015-06-15. http://www.digitaltoday.co.kr/news/articleView.html?idxno=62006

▸ "5G 네트워크란-기술, 속도, 차이점 및 비교", RedHat. https://www.redhat.com/ko/topics/5g-networks

▸ 〈5G 이동통신 기술이 가속화시킬 국방분야 발전 방향〉, 국방과학기술정보 96호, 2020-11-04.

▸ "6년 후엔 로봇병사가 전투…정부, 5G기술 국방에 도입키로", 조선비즈, 2019-05-23. https://biz.chosun.com/site/data/html_dir/2019/05/22/2019052202832.html

▸ "5G 시대, '아이언 맨' 군인 등장", The Science Times, 2019-07-04. https://www.sciencetimes.co.kr/news/5g-%EC%8B%9C%EB%8C%80-%EC%95%84%EC%9D%B4%EC%96%B8-%EB%A7%A8-%EA%B5%B0%EC%9D%B8-%EB%93%B1%EC%9E%A5/

▸ 안병오, 〈중장기 합동지휘통제·통신 발전 방향〉, KIDA Brief, no.2020-군사-22(2020).

▸ "한국형 합동전술데이터링크 개요", 국방 컨설턴트. http://mndpjt.egloos.com/1258154

▸ "클라우드 컴퓨팅", 위키백과. https://ko.wikipedia.org/wiki/%ED%81%B4%EB%9D%BC%EC%9A%B0%EB%93%9C_%EC%BB%B4%ED%93%A8%ED%8C%85

▸ "IaaS, PaaS, SaaS란 무엇인가요?", HOSTWAY. https://www.hostway.co.kr/support/faq/iaas-paas-saas%EB%9E%80-%EB%AC%B4%EC%97%87%EC%9D%B8%EA%B0%80%EC%9A%94

▸ 박준규·이상훈·박기웅, 〈국방 지휘통제체계의 클라우드 도입 방안〉, 디지털문화아카이브지 vol.2, no.1(2019).

▸ "Will DoD Strategy Change Cloud PLM Future?", Beyond Plm, 2012-08-02. http://beyondplm.com/2012/08/02/will-dod-strategy-change-cloud-plm-future/

▸ "Internet of Things Meets the Military and Battlefield", IEEE Computer Society. https://www.computer.org/publications/tech-news/research/internet-of-military-battlefield-things-iomt-iobt

- "FMN for Coalition Operations", NCI Agency, 2016-06.
- "ManTech's Secure Tactical Edge Platform (ST3P™)", ManTech. https://www.mantech.com/secure-tactical-edge-platform
- "네트워크 중심전", 나무위키. https://namu.wiki/w/%EB%84%A4%ED%8A%B8%EC%9B%8C%ED%81%AC%20%EC%A4%91%EC%8B%AC%EC%A0%84
- 이종섭, 〈미래전 수행을 위한 국방시스템 구축 및 발전 방안〉.
- 박상준·강정호, 〈빅데이터/클라우드 기반 미래 C4I체계 사이버위협 관리체계 적용 방안 연구〉, 융합보안논문지, 제20권, 제4호(2020).
- "빅 데이터", 위키백과 https://ko.wikipedia.org/wiki/%EB%B9%85_%EB%8D%B0%EC%9D%B4%ED%84%B0
- KT경제경영연구소, 《2020 빅 체인지: 새로운 10년을 지배하는 20가지 ICT 트렌드》(2019), 한스미디어.
- 클라우스 슈밥, 송경진 옮김, 《클라우스 슈밥의 제4차 산업혁명》(2016), 새로운현재.
- 한국전략문제연구소, 〈국방분야 빅데이터 활용 방안〉(2013).
- "국방빅데이터센터 구축…군대생활 스마트해진다", 전자신문, 2019-08-21. https://www.etnews.com/20190821000092?m=1
- "국방 빅데이터 활용 '첫 삽'…국방 빅데이터센터 설립", 2015-10-18. https://www.etnews.com/20151016000111
- 국방전산정보원. https://ndisc.mnd.go.kr/mbshome/mbs/dcia/
- "[2020 부처 업무계획] ④ 국방부 '빅데이터' 구축 'AI' 활용…스마트 국방 추진", 중소기업뉴스, 2020-01-22. http://www.kbiznews.co.kr/news/articleView.html?idxno=62858
- "[AI 365] '군은 AI기술의 보고(寶庫), 민군 협력 앞장설 터'", IT조선, 2019-08-29. http://it.chosun.com/site/data/html_dir/2019/08/29/2019082900456.html
- "Big Data in the Military–Preparing for AI", EMERJ, 2019-05-08. https://emerj.com/ai-sector-overviews/big-data-military/
- "FOXTEN", Raytheon Technologies. https://www.raytheon.com/capabilities/products/foxten
- "인간이 되고 싶은 로봇, 그리스 신화에도 있었네", 조선일보, 2020-06-27. https://www.chosun.com/site/data/html_dir/2020/06/26/2020062604481.html
- "[책의 향기] 수천 년 전에도 걱정했다, 로봇이 인간을 넘어설까봐", 동아일보, 2020-06-27. https://www.donga.com/news/Culture/article/all/20200626/101709028/1
- "인공지능이란 무엇일까요?", Infineon. https://www.infineon.com/cms/kr/discoveries/definition-artificial-intelligence/
- "인공지능", 위키백과. https://ko.wikipedia.org/wiki/%EC%9D%B8%EA%B3%B5%EC%A7%80%EB%8A%A5
- "AI, 산업과 사회에서 군사무기로…국방 AI 개발 가속화", 인공지능 신문, 2020-01-28. https://www.aitimes.kr/news/articleView.html?idxno=15204
- "[김민석의 Mr. 밀리터리] 성큼 다가온 인간과 전투로봇의 전쟁", 중앙일보, 2020-02-28. https://news.joins.com/article/23717625
- "Accelerating America's Leadership in Artificial Intelligence", White House, 2019-02-11. https://www.whitehouse.gov/articles/accelerating-americas-leadership-in-artificial-intelligence/
- "Executive Order on Maintaining American Leadership in Artificial Intelligence", White House, 2019-02-

ll. https://www.whitehouse.gov/presidential-actions/executive-order-maintaining-american-leadership-artificial-intelligence/

- DoD. 〈Summary of the 2018 Department of Defense Artificial Intelligence Strategy〉.
- "총 대신 SW로 싸우는 시대…국방 AI, 두 토끼 잡는다", ZDNet Korea, 2020-05-26. https://zdnet.co.kr/view/?no=20200525101036
- "0과 1이 공존하는 무한의 세계‒양자컴퓨터", Techworld, 2019-03-21. http://www.epnc.co.kr/news/articleView.html?idxno=82687
- "기술 혁신을 이끌 '양자 컴퓨팅' A to Z", HelloT, 2018-08-02. http://www.hellot.net/new_hellot/magazine/magazine_read.html?code=202&sub=200&idx=42085&ver=1
- 정지형·최병철, 〈빛의 속도로 계산하는 꿈의 컴퓨터, 양자컴퓨터〉, 한국과학기술기획평가원(KISTEP) Issue Paper(2019).
- 〈CES 2019에서 공개된 49-큐비트 양자칩, 'Tangle-Lake'〉. https://youtu.be/oq7tv_kdsw8
- "1000 큐비트 양자컴퓨터 개발한다 : 2023년 목표, 모든 바이러스 해독해 맞춤 신약 개발 가능", The Science Times, 2020-09-18. https://www.sciencetimes.co.kr/news/1000-%ED%81%90%EB%B9%84%ED%8A%B8-%EC%96%91%EC%9E%90%EC%BB%B4%ED%93%A8%ED%84%B0-%EA%B0%9C%EB%B0%9C%ED%95%9C%EB%8B%A4/
- "방대한 '빅데이터' 시대, 양자컴퓨팅이 답이다", 애플경제, 2020-07-20. https://www.apple-economy.com/news/articleView.html?idxno=59866
- 한국국방연구원, 〈양자컴퓨터 기술개발동향과 미래 군사적 영향력 탐색〉, 국방이슈브리핑시리즈, 2019-18.
- "Quantum Hegemony? China's Ambitions and the Challenge to U.S. Innovation Leadership", CNAS, 2018-09-21. https://www.cnas.org/publications/podcast/quantum-hegemony-chinas-ambitions-and-the-challenge-to-u-s-innovation-leadership
- "남몰래 더 빨리 해킹…사이버 전쟁터 된 한국", 한국경제, 2019-01-28. https://www.hankyung.com/it/article/2019012868031
- "미·중은 지금 양자컴퓨터 혈투 중", Science On, 2018-04-16. https://scienceon.kisti.re.kr/srch/selectPORSrchTrend.do?cn=SCTM00176232&dbt=SCTM
- "[양자컴퓨터 시대 열리나] ① 韓 양자컴퓨터 기술 美보다 8년 뒤져져…'예산·인력 턱없이 부족'", 아주경제, 2019-10-28. https://www.ajunews.com/view/20191027092823747
- 〈미·중 기술패권 경쟁의 핵심, 양자 정보기술의 현황〉, 산업경제분석, 2019-11.

- 5장 ICT 핵심발전기술 ② 첨단 소재 병기
- "워리어 플랫폼", LibreWiki. https://librewiki.net/wiki/%EC%9B%8C%EB%A6%AC%EC%96%B4_%ED%94%8C%EB%9E%AB%ED%8F%BC
- "전투원에게 강력한 피부를 입혀라!", 육군본부, 2020-07-02. https://blog.naver.com/armynuri2017/222019024174
- "The Most Terrifying and Powerful Protective Uniforms in the World!", Mind Warehouse, 2019-05-10. https://www.youtube.com/watch?v=tTVfJDMX3H0
- "10 Most Powerful Military Uniforms In The World", Mad Lab, 2020-01-28. https://www.youtube.com/watch?v=iAH3_GSkN4M
- "15 Most Powerful Protective Uniforms in the World", The Finest, 2020-12-15. https://www.youtube.com/

watch?v=LPdZIWHCFnk

- "5G 시대, '아이언 맨' 군인 등장: 세계 각국 '워리어 플랫폼' 경쟁 가속화", The Science Times, 2019-07-04. https://www.sciencetimes.co.kr/news/5g-%EC%8B%9C%EB%8C%80-%EC%95%84%EC%9D%B4%EC%96%B8-%EB%A7%A8-%EA%B5%B0%EC%9D%B8-%EB%93%B1%EC%9E%A5/

- "Most Terrifying Military Uniforms", TheRichest, 2020-04-04. https://www.youtube.com/watch?v=Xi-OALSnKfc

- 김도수·김태곤·조익천·우성은, 〈MR유체 제어 기술을 적용한 첨단무기체계 개발 제안〉, 국방과 기술, 408호(2013), p.77~83.

- "미래보병체계", 나무위키. https://namu.wiki/w/%EB%AF%B8%EB%9E%98%EB%B3%B4%EB%B3%91%EC%B2%B4%EA%B3%84

- "Are these the humble beginnings of an Iron Man suit?", C4ISRNET, 2019-03-14. https://www.c4isrnet.com/news/your-military/2019/03/14/are-these-the-humble-beginnings-of-an-iron-man-suit/

- "만능 군복은 없다 '선택과 집중'해야", 국방일보, 2020-02-20. https://kookbang.dema.mil.kr/newsWeb/20200221/1/BBSMSTR_000000100105/view.do

- "해리포터 투명망토 현실화될까?", Institute for Basic Science. https://www.ibs.re.kr/cop/bbs/BBSMSTR_000000000901/selectBoardArticle.do?nttId=15861&pageIndex=1&mno=sitemap_02&searchCnd=&searchWrd=

- "국방부 첨단 'IoT 전투사단' 구축 어찌되어 가나", Digital Today, 2015-06-15. http://www.digitaltoday.co.kr/news/articleView.html?idxno=62006

- "메타물질 개발로 꿈꾸는 투명 잠수함", SCIENCE ON, 2009-11-20. https://scienceon.kisti.re.kr/srch/selectPORSrchTrend.do?cn=SCTM00077842

- "스텔스 기능 구현 가상화 메타물질 개발", The Science Monitor, 2020-01-14. http://scimonitors.com/%EC%8A%A4%ED%85%94%EC%8A%A4-%EA%B0%80%EC%83%81%ED%99%94-%EC%9D%8C%ED%96%A5-%EB%A9%94%ED%83%80%EB%AC%BC%EC%A7%88-%EA%B0%9C%EB%B0%9C/

- "메타물질 개발로 꿈꾸는 투명 잠수함", Science On, 2009-11-20. https://scienceon.kisti.re.kr/srch/selectPORSrchTrend.do?cn=SCTM00077842

- "'뇌-컴퓨터 연결'로 AI 위협 넘자 머스크 꿈 구체화", 이야기넷, 2019-07-25. http://blog.daum.net/newslife/12784194

- "일론 머스크는 정말로…인류를 지배하려고 하는 걸까?", 리뷰엉이, 2020-11-01. https://www.youtube.com/watch?v=xwh9ANDIQyY

- "뇌-컴퓨터의 연결, 뉴럴링크! 어디까지 왔을까? [안될과학-긴급과학]", 안될과학, 2020-09-05. https://www.youtube.com/watch?v=LuwMvSWQmIE&t=15s

- U.S.ARMY Combat Capabilities Development Command Chemical Biological Center, 〈Cyborg Soldier 2050: Human/Machine Fusion and the Implications for the Future of the DoD〉, CCDC CBC-TR-1599.

- "Are these the humble beginnings of an Iron Man suit?", C4ISRNET, 2019-03-14. https://www.c4isrnet.com/news/your-military/2019/03/14/are-these-the-humble-beginnings-of-an-iron-man-suit/

- "뇌-컴퓨터 접속(BCI)와 뇌-기계 접속(BMI)의 차이", 뇌를 바꾼 공학 공학을 바꾼 뇌. http://

blog.naver.com/PostView.nhn?blogId=bookmid&logNo=220446863045

‣ Vahle, Mark W., "Opportunities and Implications of Brain-Computer Interface Technology", Wright Flyer Papers no.75, Air University Press.

‣ "The New Wave of Brain-Computer Interface Technology", PITT Swanson Engineering Department, 2019-05-20. https://www.engineering.pitt.edu/News/2019/DARPA-N3/

‣ "[4차 산업 생생 용어] 인간의 뇌와 컴퓨터를 연결한다…BMI란?", 조선비즈, 2017-07-31. https://biz.chosun.com/site/data/html_dir/2017/07/30/2017073001633.html

‣ "DARPA's New Project Is Investing Millions in Brain-Machine Interface Tech", SingularityHub, 2019-06-05. https://singularityhub.com/2019/06/05/darpas-new-project-is-investing-millions-in-brain-machine-interface-tech/

‣ "Brain Computer Interfaces Developed by DARPA, US Department of Defense", ideaXme, 2020-07-29. https://www.youtube.com/watch?v=vsbDQm2yISc

‣ DARPA, "Next-Generation Non-Surgical Neurotechnology(N3)", Broad Agency Announcement(2018).

‣ "Smart contacts: The future of the wearable you won't even see", New Atlas, 2019-11-20. https://newatlas.com/wearables/contact-lens-future-wearable-augmented-reality/

‣ "DARPA is Eyeing a High-Tech Contact Lens Straight Out of 'Mission: Impossible'", The National Interest, 2019-04-28. https://nationalinterest.org/blog/buzz/darpa-eyeing-high-tech-contact-lens-straight-out-mission-impossible-54617

‣ "Is your eye the next frontier for small screen tech? First look at new smart contact lens", The Register-Guard, 2020-01-16. https://www.registerguard.com/zz/news/20200116/is-your-eye-next-frontier-for-small-screen-tech-first-look-at-new-smart-contact-lens

‣ "Future of AR in our eyeballs: Mojo Vision demos coolest smart contact lens and it's nothing short of dream", Silicon Canals, 2020-01-17. https://siliconcanals.com/news/mojo-vision-demos-coolest-smart-contact-lens/

‣ "VR/AR/MR 디지털콘텐츠 사업", (주)타임기술. http://timett.co.kr/index.php?mid=biz3

‣ "VR AR MR을 아우르는 확장현실 eXtended Reality 기술 동향", Samsung SDS, 2018-12-13. https://www.samsungsds.com/kr/insights/VR-AR-MR-XR.html

‣ "5G 시대엔 혼합현실(MR) 주목하라: 스마트폰 대체할 차세대 플랫폼 유력 후보", The Science Times, 2018-10-24. https://www.sciencetimes.co.kr/news/5g-%EC%8B%9C%EB%8C%80%EC%97%94-%ED%98%BC%ED%95%A9%ED%98%84%EC%8B%A4mr-%EC%A3%BC%EB%AA%A9%ED%95%98%EB%9D%BC/

‣ "XR-The Future of VR, AR & MR in One Extended Reality", Science Time, 2020-07-12. https://www.youtube.com/watch?v=E0QLVj9FJ0A&t=424s

‣ "MS, 세계 최초 웨어러블 홀로그래픽 컴퓨터 '홀로렌즈2' 출시", 조선비즈, 2020-11-02. https://biz.chosun.com/site/data/html_dir/2020/11/02/2020110201680.html

‣ "성큼 다가온 5G 상용화…대륙간 '킹스맨' 회의 시대 열린다", 중앙일보, 2019-03-05. https://news.joins.com/article/23402353

‣ 정보통신기술진흥센터, 〈MR 기술의 국방 응용 현황 및 이슈〉, 주간기술동향 기획시리즈-AR·VR·MR, 2018-12-12.

‣ "[그것이 알고 싶군 지식포커스] 스마트! 국방의 일상이 되다", 국방TV, 2020-11-06. https://www.youtube.com/watch?v=6G5Te8qA6Yc

- "F-35 라이트닝 II", 위키백과. https://ko.wikipedia.org/wiki/F-35_%EB%9D%BC%EC%9D%B4%ED%8A%B8%EB%8B%9D_II
- "훈련도 실전처럼! 국방기술 속 VR·AR 알아보기", 방위사업청 블로그, 2020-09-21. https://blog.naver.com/dapapr/222092079676
- "공군, 4차 산업혁명 기술 활용 교육혁신", 국방일보, 2020-02-18. https://kookbang.dema.mil.kr/newsWeb/20200219/4/BBSMSTR_000000010025/view.do
- "육사 'XR(확장현실) 통합관측 훈련체계' 개발한다", 국방일보, 2020-04-27. https://kookbang.dema.mil.kr/newsWeb/20200428/12/BBSMSTR_000000010023/view.do
- "미래의 전장환경을 지배할 전자전: 적의 눈과 귀를 멀게 하는 전자전 장비", The Science Times, 2010-12-03. https://www.sciencetimes.co.kr/news/%EB%AF%B8%EB%9E%98%EC%9D%98-%EC%A0%84%EC%9E%A5%ED%99%98%EA%B2%BD%EC%9D%84-%EC%A7%80%EB%B0%B0%ED%95%A0-%EC%A0%84%EC%9E%90%EC%A0%84/
- "[사이언스 포커스] 전자전(electronic warfare)", 전자신문, 2010-12-10. https://m.etnews.com/201012090031?obj=Tzo4OiJzdGRDbGFzcyI6Mjp7czo3OiJyZWZlcmVyIjtOO3M6MNzoiZm9yd2FyZCI7czoxMzoid2ViIHRvIGlvYmlsZSI7fQ%3D%3D
- "전자전", 위키백과. https://ko.wikipedia.org/wiki/%EC%A0%84%EC%9E%90%EC%A0%84
- "Electromagnetic environment", The Free Dictionary. https://www.thefreedictionary.com/electromagnetic+environment
- "전자전", 나무위키. https://namu.wiki/w/%EC%A0%84%EC%9E%90%EC%A0%84
- "연평도 포격", 위키백과. https://ko.wikipedia.org/wiki/%EC%97%B0%ED%8F%89%EB%8F%84_%ED%8F%AC%EA%B2%A9
- "한국형 전자전기 개발사업 현황입니다", AckDog, 2020-04-21. https://m.blog.naver.com/rgm84d/221896185090
- "'김정은의 레이더' 파괴할 전자전기 개발착수", 아시아경제, 2020-07-25. https://www.asiae.co.kr/article/2020072407413124052
- "세계 최강의 전자전기 'EA-18G 그라울러'", 최신뉴스, 2019-07-04. https://www.youtube.com/watch?v=t0RP7ol0x-Q
- "EA-18G 그라울러", 조선일보, 2019-09-06. https://bemil.chosun.com/site/data/html_dir/2019/09/05/2019090501227.html?1boon

- 6장 ICT와 재래식무기의 시너지
- KT경제경영연구소, 《2020 빅 체인지-새로운 10년을 지배하는 20가지 ICT 트렌드》, 한스미디어(2019), p.347.
- 국민보고대회팀, 〈밀리테크4.0: 기술패권시대, 신성장전략 보고서〉, 매일경제(2019).
- "게임하듯 표적만 제거…솔레이마니 암살로 본 드론 공습", 아시아경제, 2020-01-05. http://www.asiae.co.kr/article/2020010512480738099
- "본토서 조종한 美드론…닌자폭탄 장착해 '핀셋 타격'-솔레이마니 제거한 드론 리퍼", 조선일보, 2020-01-06. https://www.chosun.com/site/data/html_dir/2020/01/06/2020010600315.html
- "사우디 아람코 석유시설 2곳, 드론 공격으로 화재…'유전 시설 겨냥'", 동아일보 2019-09-14. https://www.donga.com/news/article/all/20190914/97403752/1
- "베네수엘라 대통령 드론 암살 시도…전 세계 '드론 주의보' 내려지나", 중앙일보 2018-08-05.

https://news.joins.com/article/22860742

‣ "드론이 탱크 박살냈다…세계가 무시한 이 전쟁서 벌어진 일", 중앙일보, 2020-11-08. https://news.joins.com/article/23914558

‣ "군사용 드론 현황 및 대 드론 대책", 유용원의 군사세계, 2018-06-15. http://bemil.chosun.com/nbrd/bbs/view.html?b_bbs_id=10008&num=133

‣ 김영산, 《현대 항공우주무기체계》, 페이시스(2019).

‣ "글로벌호크 오늘 새벽 도착…군, 한반도 밖까지 감시한다", 한겨레, 2019-12-23. http://www.hani.co.kr/arti/politics/defense/921780.html

‣ "죽음의 사신 리퍼와 그레이 이글의 탄생비화 순삭밀톡-리얼웨폰26", 국방TV, 2020-02-12. https://www.youtube.com/watch?v=foz3QLLDtM4&t=304s

‣ "[막 내린 42년 독재] 카다피가 위성전화 걸자 → 美, 본토서 드론(무인기) 조종해 공습", 조선일보, 2011-10-22. https://www.chosun.com/site/data/html_dir/2011/10/22/2011102200189.html

‣ "미국 무인폭격기 카다피 잡으러 간다", 중앙일보, 2011-04-23. https://news.joins.com/article/5390233

‣ "[월드피플] 최후 맞은 이슬람 전사 '알 자르카위'", 주간경향, 2006-06-20. https://weekly.khan.co.kr/khnm.html?mode=view&artid=12169&code=117#csidx6aeee4c24366bc2ab3ab8a7a685e46b

‣ "CIA 변신…드론 띄워 알카에다 핵심 사살", 중앙일보, 2011-10-03. https://news.joins.com/article/6322826

‣ "알카에다 2인자(아부 야히아 알-리비) 美 무인기 공격으로 사망", 부산일보, 2012-06-23. http://www.busan.com/view/busan/view.php?code=20120606000078

‣ "美 최신 '킬러 드론' 연내 주한미군 배치", 조선일보, 2020-04-06. https://www.chosun.com/site/data/html_dir/2020/04/06/2020040600481.html

‣ "MQ-9 리퍼(Reaper)무인공격기를 대체할 차세대 프레데터 C 어벤저(Avenger)", GIANTT, 2014-06-08. https://giantt.co.kr/5410

‣ "세계최강 무인공격기!! 차세대 프레데터C 어벤저(Avenger)", 유용원의 군사세계, 2019-03-20. http://bemil.chosun.com/nbrd/bbs/view.html?b_bbs_id=10040&num=92883

‣ "[밀톡] 김정은이 가장 겁내는 F-35가격 70% 폭락, 이참에 더 사?", 조선일보, 2020-04-15. https://www.chosun.com/site/data/html_dir/2020/04/15/2020041500676.html

‣ "MQ-9 리퍼 무인항공기", 유용원의 군사세계, 2018-04-11. http://bemil.chosun.com/site/data/html_dir/2018/04/11/2018041101700.html?1boon

‣ "MQ-9 리퍼", 위키백과. https://ko.wikipedia.org/wiki/MQ-9_%EB%A6%AC%ED%8D%BC

‣ "[권호천의 ICT 인사이트] 드론, '발상의 전환'이 만든 새 무기체계", IT조선, 2020-08-05. http://it.chosun.com/site/data/html_dir/2020/08/04/2020080402140.html

‣ "지옥의 불구덩이는 바로 이것? 헬파이어 순삭밀톡-리얼웨폰25", 국방TV, 2020-02-05. https://www.youtube.com/watch?v=iu8hLCfAMWY&t=559s

‣ [육군비전 2050 기획연재] ⑦ 지능 자율형 전차, 자주포, 헬기의 미래, 육군본부, 2020-06-29. https://blog.naver.com/armynuri2017/222015277880

‣ "AI와 드론이 만나면? 순삭밀톡—리얼웨폰29", 국방TV, 2020-03-04. https://www.youtube.com/watch?v=0yv8LxtUh8Q&t=419s

‣ "무인 헬기와 자율 주행 무인 차량이 만나다", 고든의 블로그 구글 분점, 2016-01-23. http://jjy0501.blogspot.com/2016/01/

UAV-and-UGV.html

‣ JOINT PRECISION AIRDROP SYSTEM(JPADS), U.S.ARMY, 2020. https://asc.army.mil/web/portfolio-item/cs-css-joint-
precision-airdrop-system-jpads/

‣ "JPADS continues 'revolution in airdrop technology'", U.S. AIR FORCE, 2007-01-18.
https://www.af.mil/News/Article-Display/Article/128356/jpads-continues-revolution-in-airdrop-
technology/

‣ "TARDEC CAPABILITIES", TARDEC. https://api.army.mil/e2/c/downloads/358121.pdf

‣ "어부의 어망, '해군력 건설'의 첨병 도구-인도네시아 어부 중국 수중 드론 건져", 신바람 이선생.
http://blog.naver.com/
PostView.nhn?blogId=djlee5248&logNo=222195804857&parentCategoryNo=&categoryNo=23&view
Date=&isShowPopularPosts=false&from=postView

‣ "인도네시아 어부, 중국산 추정 '수중 드론' 발견…세 번째", 연합뉴스, 2021-01-04.
https://www.yna.co.kr/view/AKR20210104082100104

‣ "[김민석의 Mr. 밀리터리] 2025년 미국 '유령함대'와 중국 항모전단이 맞선다", 중앙일보,
2020-01-31. https://news.joins.com/article/23694280

‣ "[김민석 Mr. 밀리터리] 전쟁을 뒤집을 지상군 무인 전투체계", 중앙일보, 2018-10-26.
https://news.joins.com/article/23067067

‣ "SF영화처럼 '벌떼 드론' 뜬다", 조선일보, 2018-04-04. https://www.chosun.com/site/data/html_dir
/2018/04/04/2018040400022.html

‣ "美·中 '벌떼 드론' 부대 구체화…미래戰 대표 무기로: 정찰·잠수함 공격·탄약 수송 '다재다능'…韓,
지상전력 30%까지 확충", 문화일보, 2018-08-10. http://www.munhwa.com/news/view.html?no=
2018081001033230114001

‣ "軍, '드론 벌떼 공격' 작전활용 가능성 연구 착수", The Science Times, 2017-03-13.
https://www.sciencetimes.co.kr/news/
%E8%BB%8D-%EB%93%9C%EB%A1%A0-%EB%B2%8C%EB%96%BC-%EA%B3%B5%EA%B2%
A9-%EC%
9E%91%EC%A0%84%ED%99%9C%EC%9A%A9-%EA%B0%80%EB%8A%A5%EC%84%B1-%
EC%97%B0%
EA%B5%AC-%EC%B0%A9%EC%88%98/

‣ "FA-18 3대 날아와 소형 무인기 103대를 날려 보내더니…", 조선Weekly Biz, 2018-09-14.
http://weeklybiz.chosun.com/site/data/html_dir/2018/09/13/2018091301889.html

‣ "美·中, AI가 모는 '벌떼 드론' 실전배치…한국은 무방비", 조선비즈, 2019-06-04.
https://biz.chosun.com/site/data/html_dir/2019/06/04/2019060400015.html

‣ "미군, 수송기에서 드론 대량 발사·회수 기술 확보 추진", 동아사이언스, 2020-08-31.
http://dongascience.donga.com/news.php?idx=39411

‣ "Dynetics X-61A Gremlins", Wikipedia. https://en.wikipedia.org/wiki/Dynetics_X-61_Gremlins

‣ "X-47 무인전투체계(UCAV)", 조선일보, 2019-03-29. https://bemil.chosun.com/site/data/
html_dir/2019/03/
08/2019030802636.html

‣ "US missile defense system. 3-Part I", Military Review, 2016-04-06. https://en.topwar.ru/93296

sistema-pro-ssha-chast-3-ya.html

- "패트리엇·사드·SM3…미사일 잡는 미사일 '초고속 진화'", 서울신문, 2020-03-12. https://www.seoul.co.kr/news/newsView.php?id=20200313022002
- "지상 기반 외기권 방어", 위키백과. https://ko.wikipedia.org/wiki/%EC%A7%80%EC%83%81_%EA%B8%B0%EB%B0%98_%EC%99%B8%EA%B8%B0%EA%B6%8C_%EB%B0%A9%EC%96%B4
- "사드", 위키백과. https://ko.wikipedia.org/wiki/%EC%82%AC%EB%93%9C
- "PATRIOT Advanced Capability-3 (PAC-3)", USA ASC. https://asc.army.mil/web/portfolio-item/ms-pac-3_mse/
- "이스라엘, 다층 미사일방어체계 구축 마무리…통합운영", 연합뉴스, 2017-04-03. https://www.yna.co.kr/view/AKR20170403123900009
- "이지스 전투 시스템", 위키백과. https://ko.wikipedia.org/wiki/%EC%9D%B4%EC%A7%80%EC%8A%A4_%EC%A0%84%ED%88%AC_%EC%8B%9C%EC%8A%A4%ED%85%9C
- "Party with the US Missile Defense Agency", Warfare Today, 2017-02-23. http://www.warfare.today/2017/02/23/party-with-the-us-missile-defense-agency/
- "탄도탄요격미사일 'SM-3' 도입 결정", 조선일보, 2018-10-13. https://www.chosun.com/site/data/html_dir/2018/10/13/2018101300167.html
- "RIM-161 스탠더드 미사일 3", 위키백과. https://ko.wikipedia.org/wiki/RIM-161_%EC%8A%A4%ED%83%A0%EB%8D%94%EB%93%9C_%EB%AF%B8%EC%82%AC%EC%9D%BC_3
- "'해상의 사드' SM-3 있지만…세종대왕함 '무용지물'", KBS News, 2017-03-09. https://news.kbs.co.kr/news/view.do?ncd=3442049
- [유용원의 밀리터리 시크릿] 북한은 왜 신형 SLBM 개발에 집착할까?", 조선일보, 2020-09-29. https://www.chosun.com/politics/diplomacy-defense/2020/09/29/IWXRHK376BBFRMYKRNBSPFNJCZ4/
- "美 CIA도 인정한 北 방공망…'최고수준, 이란보다 몇 수 위'", 동아일보, 2020-01-17. https://www.donga.com/news/Politics/article/all/20200117/99273687/1
- "[군사대로] 북한이 SLBM을 완성하면 무슨 일이 벌어질까", NEWSIS, 2020-09-20. https://newsis.com/view/?id=NISX20200916_0001168789

- 7장 세계 군사 강국의 차세대 전략무기와 방산 전략

- "LRHW(Long Range Hypersonic Weapon)", 나무위키. https://namu.wiki/w/LRHW
- "극초음속 미사일", 나무위키. https://namu.wiki/w/%EA%B7%B9%EC%B4%88%EC%9D%8C%EC%86%8D%20%EB%AF%B8%EC%82%AC%EC%9D%BC3
- "남·북 극초음속 미사일(HCM) 개발 경쟁 불붙다", 문화일보, 2021-01-12. http://www.munhwa.com/news/view.html?no=20210112MW091556807992
- 형혁규, 〈극초음속 무기체계 국제개발동향과 군사안보적 함의〉, NARS 현안분석(2020).
- 박주현, 〈극초음속 미사일의 군사전략적 의미〉, KIMS Periscope, 제209호(2020).
- "램제트 엔진", 나무위키. https://namu.wiki/w/%EB%9E%A8%EC%A0%9C%ED%8A%B8%20%EC%97%94%EC%A7%84?from=%EC%8A%A4%ED%81%AC%EB%9E%A8%EC%A0%9C%ED%8A%B8%20

%EC%97%94%EC%A7%84#s-4

- ChinaPower, 〈What Does China Really Spend on its Military?〉. https://chinapower.csis.org/military-spending/
- SIPRI, 〈SIPRI Military Expenditure Database〉. https://www.sipri.org/databases/milex
- "Anti-Access/Area Denial (A2/AD)", 2020-09-30. https://thediplomat.com/tag/anti-accessarea-denial-a2ad/
- "A2/AD", 나무위키. https://namu.wiki/w/A2%C2%B7AD?from=A2AD
- "[박희준의 육도삼략] 中 초음속활강비행체(HGV) 美항모 침몰시킬까?", 아시아경제, 2015-06-13. https://news.naver.com/main/read.nhn?mode=LSD&mid=sec&sid1=104&oid=277&aid=0003519060
- "New Pentagon budget request invests in 4 advanced technologies", C4ISRnet, 2020-02-10. https://www.c4isrnet.com/battlefield-tech/2020/02/10/new-pentagon-budget-request-invests-in-4-advanced-technologies/
- "최첨단 무기로 해외시장 공략하는 한국 방위산업", 매거진 한경, 2019-10-29. https://magazine.hankyung.com/business/article/201910298172b
- "U.S. Military Forces in FY 2020: The Strategic and Budget Context", CSIS, 2019-09-30. https://www.csis.org/analysis/us-military-forces-fy-2020-strategic-and-budget-context
- "DOD Releases Fiscal Year 2021 Budget Proposal", DoD, 2020-02-10. https://www.defense.gov/Newsroom/Releases/Release/Article/2079489/dod-releases-fiscal-year-2021-budget-proposal/
- "Hypersonic Missiles Are Unstoppable. And They're Starting a New Global Arms Race", NY Times Magazine, 2019-06-19. https://www.nytimes.com/2019/06/19/magazine/hypersonic-missiles.html
- "High Speed, Low-Yield: A U.S. Dual-Use Hypersonic Weapon", War On the Rocks, 2020-09-17. https://warontherocks.com/2020/09/high-speed-low-yield-a-u-s-dual-use-hypersonic-weapon/
- "Hype or Hypersonic?", The Diplomat, 2020-09-16. https://thediplomat.com/2020/09/hype-or-hypersonic/
- Speier, Richard H. et al., 〈Hypersonic Missile Nonproliferation: Hindering the Spread of a New Class of Weapons〉, RAND Corporation(2017). https://www.rand.org/content/dam/rand/pubs/research_reports/RR2100/RR2137/RAND_RR2137.pdf
- Congressional Research Service, 〈Hypersonic Weapons: Background and Issues for Congress〉, CRS Report(March 2020). https://crsreports.congress.gov/product/pdf/R/R45811
- DARPA, 〈Tactical Boost Glide (TBG)〉. https://www.darpa.mil/program/tactical-boost-glide
- "Hypersonic vehicles from around the world via Naval News", SNAFU, 2018-03-03. https://www.snafu-solomon.com/2018/03/hypersonic-vehicles-from-around-world.html
- UN, 〈United Nations Office of Disarmament Affairs, Hypersonic Weapons: A Challenge and Opportunity for Strategic Arms Control〉(February 2019). https://www.un.org/disarmament/wp-content/uploads/2019/02/hypersonic-weapons-study.pdf
- "President of Russia, 'Presidential Address to the Federal Assembly'", 2018-03-01 http://en.kremlin.ru/

events/president/news/56957
- "아방가르드(미사일)", 위키백과. https://ko.wikipedia.org/wiki/%EC%95%84%EB%B0%A9%EA%B0%80%EB%A5%B4%EB%93%9C_(%EB%AF%B8%EC%82%AC%EC%9D%BC)
- "Avangard(Hypersonic Glide Vehicle)", MDAA. https://missiledefenseadvocacy.org/missile-threat-and-proliferation/todays-missile-threat/russia/avangard-hypersonic-glide-vehicle/
- "미중러 초강국들의 요격 불가 극초음속 무기개발 경쟁", BEMIL 군사세계, 2020-03-16. https://1boon.daum.net/bemil/5e5e057c10b5763b694b67f7
- "3M22 Zircon", MDAA. https://missiledefenseadvocacy.org/missile-threat-and-proliferation/todays-missile-threat/russia/3m22-zircon/
- "Kh-47M2 Kinzhal("Dagger")", MDAA. https://missiledefenseadvocacy.org/missile-threat-and-proliferation/todays-missile-threat/russia/kh-47m2-kinzhal-dagger/
- Acton, James M., 〈China's Advanced Weapons〉, Testimony: U.S.-China Economic and Security Review Commission. Carnegie Endowment for International Peace, February 23, 2017. https://carnegieendowment.org/2017/02/23/china-s-advanced-weapons-pub-68095
- Watts, John T. et al., 〈Primer on Hypersonic Weapons in the Indo-Pacific Region〉, Atlantic Council(August 2020). https://www.atlanticcouncil.org/wp-content/uploads/2020/08/Hypersonics-Weapons-Primer-Report.pdf
- "India successfully test-fires BrahMos supersonic cruise missile", The Economic Times, 2018-05-21. https://economictimes.indiatimes.com/news/defence/india-successfully-test-fires-brahmos-cruise-missile/articleshow/64255805.cms
- "중·러만 가진 극초음속 미사일…정경두 '한국도 개발' 첫 언급", 중앙일보, 2020-08-05. https://news.joins.com/article/23841950
- "Hypersonic Missile, Gliding missiles that fly faster than Mach 5 are coming," The Economist, 2019-04-06. https://www.economist.com/science-and-technology/2019/04/06/gliding-missiles-that-fly-faster-than-mach-5-are-coming
- "Hypersonic missiles: What are they and can they be stopped?", Partyard Military Division. https://partyardmilitary.com/hypersonic-missiles-what-are-they-and-can-they-be-stopped/
- Sayler, Kelley M. et al., 〈Hypersonic Missile Defense: Issues for Congress〉, Congressional Research Service(2021-01-13).
- "SpaceX and L3Harris pursue hypersonic missile defense system for Department of Defense", Geospatial World, 2021-01-18. https://www.geospatialworld.net/news/spacex-and-l3harris-pursue-hypersonic-missile-defense-system-for-department-of-defense/
- "How Do You Stop a Hypersonic Weapon? DARPA Is Looking for the Answer", Popular Mechanics, 2020-01-28. https://www.popularmechanics.com/military/weapons/a30679336/darpa-hypersonic-missile/

- 8장 세계 방위산업 기업의 미래 전쟁 전략
- "[첨단 정보통신기술X스마트 국방] 영화 속 상상이 현실이 된다!", 국방부 블로그, 2019-06-13. https://m.blog.naver.com/mnd9090/221561086890
- 세계 군사력 순위 2020. https://www.google.com
- "2021 Military Strength Ranking", GFP(Global Fire Power). https://www.globalfirepower.com/countries-listing.asp

- "군사력 순위 6위 韓, 잠수함 전력도 세계 6위", 이슈밸리, 2021-01-18. http://www.issuevalley.com/news/articleView.html?idxno=8779
- SIPRI, 〈SIPRI Military Expenditure Database〉. https://www.sipri.org/databases/milex
- ChinaPower, 〈What Does China Really Spend on its Military?〉. https://chinapower.csis.org/military-spending/
- "미국 국방비 압도적 1위…2-11위국 총합보다 많다", 한겨레, 2020-12-14. http://www.hani.co.kr/arti/PRINT/974076.html
- "Top 100 for 2020", DefenseNews(연도별 top 100 방산업체 리스트). https://people.defensenews.com/top-100/
- Forecast International. https://www.forecastinternational.com/
- Janes. https://www.janes.com/
- "최첨단 무기로 해외시장 공략하는 한국 방위산업", 매거진 한경, 2019-10-29. https://magazine.hankyung.com/business/article/201910298172b
- "한화, 매출 5조원 돌파…글로벌 방산순위 27위", 시사포커스, 2020-01-22. http://www.sisafocus.co.kr/news/articleView.html?idxno=230616
- 국방기술품질원, 〈2019 세계 방산시장 연감〉(2019).
- 국방기술품질원, 〈2020 세계 방산시장 연감〉(2020).
- 국방기술품질원, 〈2020 세계 방산시장 연감 발간 보도자료〉.
- "방위산업체", 나무위키. https://namu.wiki/w/%EB%B0%A9%EC%9C%84%EC%82%B0%EC%97%85%EC%B2%B4
- "세계 100대 방산업체에 중국 8개, 일본 6개, 한국은 3개 업체 포함", 서울경제, 2020-12-14. https://www.sedaily.com/NewsVIew/1ZBOIBXEE1
- 2019년 세계 100대 방위산업체 매출 순위(한국 4개 업체 진입). https://m.blog.naver.com/iloveyu74/221658401710
- "국방기술품질원, '2020 세계 방산시장 연감' 발간…방위산업 수출 전략 수립 지원", 기계신문, 2020-12-14. http://www.mtnews.net/news/view.php?idx=9802
- "Global arms industry: Sales by the top 25 companies up 8.5 per cent; Big players active in Global South", SIPRI, 2020-12-07. https://www.sipri.org/media/press-release/2020/global-arms-industry-sales-top-25-companies-85-cent-big-players-active-global-south
- "Global arms industry: US companies dominate the Top 100; Russian arms industry moves to second place", SIPRI, 2018-12-10. https://www.sipri.org/media/press-release/2018/global-arms-industry-us-companies-dominate-top-100-russian-arms-industry-moves-second-place
- "세계 100대 방산업체 매출액 500조원 기록…4년 연속 증가: 한국에어로스페이스·KAI·LIG넥스원 등 韓 업체 3곳 포함", 무역뉴스(KITA.net), 2019-12-10. https://www.kita.net/cmmrcInfo/cmmrcNews/cmmrcNews/cmmrcNewsDetail.do?pageIndex=1&nIndex=55879&sSiteid=1
- "Arms industry", Wikipedia. https://en.wikipedia.org/wiki/Arms_industry
- SIPRI, 〈The SIPRI Top 100 Arms-producing and Military Services Companies, 2018〉.
- "The World's Largest Arms-Producing Companies", Statista, 2020-12-07. https://www.statista.com/chart/12221/the-worlds-biggest-arms-companies/
- "Defense and arms-Statistics & Facts", Statista, 2020-11-20. https://www.statista.com/topics/1696/defense-and-arms/

- "Global arms industry: Sales by the top 25 companies up 8.5 per cent; Big players active in Global South", SIPRI, 2020-12-07. https://sipri.org/media/press-release/2020/global-arms-industry-sales-top-25-companies-85-cent-big-players-active-global-south
- SIPRI, 〈SIPRI Arms Industry Database〉. https://www.sipri.org/databases/armsindustry
- 〈THE U.S. DEFENSE INDUSTRY AND ARMS SALES〉. https://web.stanford.edu/class/e297a/U.S.%20Defense%20Industry%20and%20Arms%20Sales.htm
- SIPRI, 〈International Arms Transfers〉. https://www.sipri.org/research/armament-and-disarmament/arms-and-military-expenditure/international-arms-transfers
- Statista Research Department, 〈Defense and arms - Statistics & Facts〉. Statista(2020-11-20). https://www.statista.com/topics/1696/defense-and-arms/#dossierSummary__chapter4
- "AGM-183 ARRW", 위키백과. https://ko.wikipedia.org/wiki/AGM-183_ARRW
- 〈Lockheed Martin〉. https://www.lockheedmartin.com/
- 〈미 공군의 전투기용 전술 레이전 무기 TALWS〉. https://www.facebook.com/watch/?v=353199712713412
- "록히드마틴, 적 미사일 무력화 레이저무기 동영상 공개", 이슈밸리, 2020-09-17. https://www.issuevalley.com/news/articleView.html?idxno=6677
- 〈Boeing〉. https://www.boeing.com/
- "보잉", 위키백과. https://ko.wikipedia.org/wiki/%EB%B3%B4%EC%9E%89
- 〈Northrop Grumman〉. https://www.northropgrumman.com/
- "Northrop Grumman", Wikipedia. https://en.wikipedia.org/wiki/Northrop_Grumman
- 〈Raytheon Technologies〉. https://www.rtx.com/
- "Raytheon Technologies", Wikipedia. https://en.wikipedia.org/wiki/Raytheon_Technologies
- 〈General Dynamics〉. https://www.gd.com/
- "General Dynamics", Wikipedia. https://en.wikipedia.org/wiki/General_Dynamics
- "BAE 시스템스", 나무위키. https://namu.wiki/w/BAE%20%EC%8B%9C%EC%8A%A4%ED%85%9C%EC%8A%A4?from=BAE%20Systems
- 〈BAE Systems〉. https://www.baesystems.com/en/home
- "BAE Systems", Wikipedia. https://en.wikipedia.org/wiki/BAE_Systems
- 〈C4ISR〉, AKKA. https://www.akka-technologies.com/c4isr-command-control-communications-computers-intelligence-surveillance-and-reconnaissance/
- "자주국방의 핵심은 '정보화'", The Science Times, 2015-12-01. https://www.sciencetimes.co.kr/news/%EC%9E%90%EC%A3%BC%EA%B5%AD%EB%B0%A9%EC%9D%98-%ED%95%B5%EC%8B%AC%EC%9D%80-%EC%A0%95%EB%B3%B4%ED%99%94/
- "'중국 해군력 실체 드러나 폭소' 中 세계최고 자부하더니 알고 보니 최악 '중국항모 만들다 조선업 붕괴' 美 해군 제독 말 한마디에 시진핑 혼절한 이유", 리얼리즘, 2021-03-08. https://www.youtube.com/watch?v=TjXcqpmRIuQ
- 명중률 30%, 망망대해 표류…中군함 계속 찍어내는 이유는? https://www.youtube.com/watch?v=MwpEJfgJjRE
- "중국항공공업집단공사", 위키백과. https://ko.wikipedia.org/wiki/%EC%A4%91%EA%B5%AD%ED%95%AD%EA%B3%B5%EA%B3%B5%EC%97%85%EC%A7%91%EB%8B%A8%EA%B3%B5%EC%82%AC
- "Aviation Industry Corporation of China", Wikipedia. https://en.wikipedia.org/wiki/Aviation_Industry_

Corporation_of_China

‣ AVIC. https://enm.avic.com/

‣ "[중국 조선업의 추락 下] 중국 조선업의 몰락은 '낮은 품질'", 아주경제, 2021-03-10. https://www.ajunews.com/view/20200127221337800

‣ "조선업", 나무위키. https://namu.wiki/w/%EC%A1%B0%EC%84%A0%EC%97%85

‣ "알마즈-안테이", 유용원의 군사세계, 2018-11-15. https://bemil.chosun.com/site/data/html_dir/2018/11/13/2018111302840.html

‣ 〈알마즈-안테이〉, Meta-Defense.fr. https://www.meta-defense.fr/ko/%ED%95%B5%EC%8B%AC%EC%96%B4/%EC%95%8C%EB%A7%88%EC%A6%88-%EC%95%8C%EB%A0%88%EB%A5%B4%EA%B8%B0/

‣ "'한화·LIG 유력' 인도 3조원 무기사업…러시아 막판뒤집기 시도", The GURU, 2019-11-04. https://www.theguru.co.kr/news/article.html?no=5806

‣ "'러시아판 사드' S-500 배치 카운트다운…2020년까지 완료", 한국경제, 2017-10-25. https://www.hankyung.com/International/article/201710250426Y

‣ "Almaz-Antey", Wikipedia. https://en.wikipedia.org/wiki/Almaz-Antey

● 9장 대한민국 자주국방의 필수 전략

‣ 세계 군사력 순위 2020. https://www.google.com

‣ "2021 Military Strength Ranking", GFP(Global Fire Power). https://www.globalfirepower.com/countries-listing.asp

‣ "Top 100 for 2020", DefenseNews(연도별 top 100 방산업체 리스트). https://people.defensenews.com/top-100/

‣ "군사력 순위 6위 韓, 잠수함 전력도 세계 6위", 이슈밸리, 2021-01-18. http://www.issuevalley.com/news/articleView.html?idxno=8779

‣ "세계 100대 방산업체 매출액 500조원 기록…4년 연속 증가: 한국에어로스페이스·KAI·LIG넥스원 등 韓 업체 3곳 포함", 무역뉴스(KITA.net), 2019-12-10. https://www.kita.net/cmmrcInfo/cmmrcNews/cmmrcNews/cmmrcNewsDetail.do?pageIndex=1&nIndex=55879&sSiteid=1

‣ SIPRI, 〈SIPRI Military Expenditure Database〉. https://www.sipri.org/databases/milex

‣ ChinaPower, 〈What Does China Really Spend on its Military?〉. https://chinapower.csis.org/military-spending/

‣ Forecast International. https://www.forecastinternational.com/

‣ Janes. https://www.janes.com/

‣ "한화그룹", 나무위키. https://namu.wiki/w/%ED%95%9C%ED%99%94%EA%B7%B8%EB%A3%B9

‣ "한화, 매출 5조원 돌파…글로벌 방산순위 27위", 시사포커스, 2020-01-22. http://www.sisafocus.co.kr/news/articleView.html?idxno=230616

‣ 〈한화그룹 사업분야〉. https://www.hanwha.co.kr/business/group.do

‣ 〈Hanwha Profile 2020〉, 한화그룹.

‣ "'한화·LIG 유력' 인도 3조원 무기사업…러시아 막판뒤집기 시도", The GURU, 2019-11-04. https://www.theguru.co.kr/news/article.html?no=5806

‣ "최첨단 무기로 해외시장 공략하는 한국 방위산업", 매거진 한경, 2019-10-29. https://magazine.hankyung.com/business/article/201910298172b

- "레드백 장갑차", 위키백과. https://ko.wikipedia.org/wiki/%EB%A0%88%EB%93%9C%EB%B0%B1_%EC%9E%A5%EA%B0%91%EC%B0%A8
- KAI. https://www.koreaaero.com/KO/Business/AerostructuresMilitary.aspx
- "아파치 헬기의 동체구조물을 독점 생산업무를 맡고 있는 조립생산팀1직", KAI 블로그, 2014-10-13. https://koreaaero.tistory.com/393
- "KAI, 육군 공격형 헬기 '아파치' 동체 1호기 납품", 연합뉴스, 2015-02-13. https://www.yna.co.kr/view/AKR20150213056300052
- "LIG넥스원", 나무위키. https://namu.wiki/w/LIG%EB%84%A5%EC%8A%A4%EC%9B%90
- LIG넥스원. https://www.lignex1.com/web/kor/main.do
- "현대로템", 위키백과. https://ko.wikipedia.org/wiki/%ED%98%84%EB%8C%80%EB%A1%9C%ED%85%9C
- 현대로템. https://www.hyundai-rotem.co.kr/
- "미국 경고, 한국 정부는 왜 미국에 120대의 KFX 비행기 판매를 거부 했습니까? 무서운 진짜 이유. KFX 전투기 프로젝트가 한국 경제에 미치는 영향", Korean Army, 2020-12-26. https://www.youtube.com/watch?v=_fTJOWMa2ow
- "자주국방, 대한민국은 가능합니까", 오마이뉴스, 2020-07-12. http://www.ohmynews.com/NWS_Web/View/at_pg.aspx?CNTN_CD=A0002657372
- "자주국방을 생각한다—자주국방의 조건, '골든 가디언'", 미래한국, 2019-03-20. http://www.futurekorea.co.kr/news/articleView.html?idxno=116133
- "정부는 국민에게 자주국방의 중요성을 설명하라.", 세종타임즈, 2017-08-14. http://www.sejongtimes.kr/111199
- "자주국방", 중앙일보, 1968-02-15. https://news.joins.com/article/1151124
- "2020년 국방예산, 50조원 시대 개막", 대한민국 정책브리핑, 2019-08-29. https://www.korea.kr/news/pressReleaseView.do?newsId=156347762
- "2021년 국방예산 확정" 대한민국 정책브리핑, 2020-12-02. https://www.korea.kr/news/pressReleaseView.do?newsId=156424688
- "국가별 명목 GDP 순위", 나무위키. https://namu.wiki/w/%EA%B5%AD%EA%B0%80%EB%B3%84%20%EB%AA%85%EB%AA%A9%20GDP%20%EC%88%9C%EC%9C%84
- 〈국가과학기술자문회의 제6회 심의회의 자료〉, 국가과학기술자문회의 보도자료, 2019-06-28.
- 방위사업청, 국방기술품질원, 〈4차 산업혁명과 연계한 미래국방기술〉(2017).
- 국방부, 〈국민과 함께 평화를 만드는 강한 국방〉, 2020년 국방부 업무보고(2020-01-21).
- "스마트한 강군건설 비전 구현을 위한 국방과학기술", 조선일보, 2020-08-03. https://bemil.chosun.com/nbrd/bbs/view.html?b_bbs_id=10008&pn=1&num=223
- "대한민국 차세대 전투기 사업", 위키백과. https://ko.wikipedia.org/wiki/%EB%8C%80%ED%95%9C%EB%AF%BC%EA%B5%AD_%EC%B0%A8%EC%84%B8%EB%8C%80_%EC%A0%84%ED%88%AC%EA%B8%B0_%EC%82%AC%EC%97%85
- "KF-X", 나무위키. https://namu.wiki/w/KF-X
- "[르포] 18.6조원 들여 한국형 전투기 개발…'단군 이래 최대사업'", 조선비즈, 2021-03-01. https://biz.chosun.com/site/data/html_dir/2021/02/28/2021022800230.html
- "韓 전투기 독립 선언 임박…KF-X 시제기 출고 초읽기", Newsis, 2021-03-01. https://newsis.com/view/

?id=NISX20210226_0001353270

- "2021년 이후 F-35A 대당 가격 930억원 이하로 떨어져(종합)", 아시아투데이, 2019-10-31. https://www.asiatoday.co.kr/view.php?key=20191031010018022
- "해군 첫 스텔스구축함 KDDX의 모든 것-미국 이지스 넘본다!", 신동아, 2020-08-28. https://shindonga.donga.com/3/all/13/2163296/1
- "KDDX", 나무위키. https://namu.wiki/w/KDDX
- "한국형 차기 구축함", 위키백과. https://ko.wikipedia.org/wiki/%ED%95%9C%EA%B5%AD%ED%98%95_%EC%B0%A8%EA%B8%B0_%EA%B5%AC%EC%B6%95%ED%95%A8
- "대우조선해양의 스마트 삼동선형 KDDX", 조선일보, 2020-06-11. https://bemil.chosun.com/nbrd/bbs/view.html?b_bbs_id=10040&pn=1&num=95067
- "현대重-대우조선 합병, EU 승인 3월내 결론", PAXNet news, 2021-01-12. https://paxnetnews.com/articles/69720
- "'LNG선 독점 우려 풀리지 않았다'… EU, 대우조선 승인 계속 미적", 뉴데일리경제, 2021-02-02. http://biz.newdaily.co.kr/site/data/html/2021/02/02/2021020200052.html
- "055형 구축함", 위키백과. https://ko.wikipedia.org/wiki/055%ED%98%95_%EA%B5%AC%EC%B6%95%ED%95%A8
- "1조 함정 KDDX 도전하는 LIG넥스원을 가다", 주간조선, 2020-07-20. http://weekly.chosun.com/client/news/viw.asp?ctcd=C02&nNewsNumb=002617100015
- "한화시스템, 5400억원 규모 한국형 차기구축함 계약 체결", 조선비즈, 2020-12-24. https://biz.chosun.com/site/data/html_dir/2020/12/24/2020122401325.html
- "한국형 차기 구축함(KDDX) 기본설계사업 입찰 공고", 대한민국 정책브리핑, 2020-05-29. https://www.korea.kr/news/pressReleaseView.do?newsId=156392759
- 〈한국형 차기 구축함(KDDX) 기본설계사업 입찰공고〉, 방위사업청 보도자료, 2020-05-29.
- "방사청, 한국형 수직발사체계 KVLS-II 개발 업체 선정한다", 동아일보, 2020-08-17. https://www.donga.com/news/Politics/article/all/20200817/102516817/1
- "LVS", 나무위키. https://namu.wiki/w/VLS
- "잠수함 발사 탄도 미사일", 나무위키. https://namu.wiki/w/%EC%9E%A0%EC%88%98%ED%95%A8%20%EB%B0%9C%EC%82%AC%20%ED%83%84%EB%8F%84%20%EB%AF%B8%EC%82%AC%EC%9D%BC?from=SLBM
- "대한민국의 SLBM 개발 사업", 위키백과. https://ko.wikipedia.org/wiki/%EB%8C%80%ED%95%9C%EB%AF%BC%EA%B5%AD%EC%9D%98_SLBM_%EA%B0%9C%EB%B0%9C_%EC%82%AC%EC%97%85
- "한국형 SLBM 이미 개발 중…4년 뒤 실전배치", 중앙일보, 2016-05-27. https://news.joins.com/article/20085844
- 〈K-SLBM(한국형 잠수함 발사 탄도탄) & 극초음속 부스트 글라이드 개발현황〉, 밀리터리 리뷰 이지 블로그, 2020-07-31. https://m.blog.naver.com/rgm84d/222047687704
- "국방개혁2.0 4편: 첨단무기체계혁신 편", 국방TV, 2020-12-08. https://www.youtube.com/watch?v=2hoTA2LpgRI
- 육군본부, 〈제4차 산업혁명을 넘어서는 육군의 장기전략: 육군비전 2050〉(2019-12-31).
- "한국형 미사일 방어체계", 나무위키. https://namu.wiki/w/%ED%95%9C%EA%B5%AD%ED%98%95%20%EB%AF%B8%EC%82%AC%EC%9D%BC%20%EB

%B0%A9%EC%96%B4%EC%B2%B4%EA%B3%84

▸ "육군미사일사령부", 위키백과. https://ko.wikipedia.org/wiki/%EC%9C%A1%EA%B5%B0%EB%AF%B8%EC%82%AC%EC%9D%BC%EC%82%AC%EB%A0%B9%EB%B6%80

▸ "방사포 잡는 '한국형 아이언 돔' 2025년 나온다", 한국경제, 2020-08-10. https://www.hankyung.com/politics/article/2020081011151

▸ "'한국형 아이언돔' 만든다…북위협서 서울 방어", 매일경제, 2020-08-10. https://www.mk.co.kr/news/politics/view/2020/08/820915/

▸ [심층분석] 한국형 아이언 돔, '서울 불바다' 北 장사정포 완벽히 막아낼 수 있나", 뉴스핌, 2020-08-17. https://m.newspim.com/news/view/20200814000713

▸ "자주국방의 핵심은 '정보화'", The Science Times, 2015-12-01. https://www.sciencetimes.co.kr/news/%EC%9E%90%EC%A3%BC%EA%B5%AD%EB%B0%A9%EC%9D%98-%ED%95%B5%EC%8B%AC%EC%9D%80-%EC%A0%95%EB%B3%B4%ED%99%94/

▸ "AGM-114 헬파이어", 위키백과. https://ko.wikipedia.org/wiki/AGM-114_%ED%97%AC%ED%8C%8C%EC%9D%B4%EC%96%B4

▸ "현무 미사일", 나무위키. https://namu.wiki/w/%ED%98%84%EB%AC%B4%20%EB%AF%B8%EC%82%AC%EC%9D%BC

▸ "현무(유도탄)", 위키백과. https://ko.wikipedia.org/wiki/%ED%98%84%EB%AC%B4_(%EC%9C%A0%EB%8F%84%ED%83%84)

▸ 국방기술품질원, 〈2019 세계 방산시장 연감〉(2019).

▸ 국방기술품질원, 〈2020 세계 방산시장 연감〉(2020).

▸ 국방기술품질원, 〈2020 세계 방산시장 연감 발간 보도자료〉.

▸ 박창권, 〈문제인 정부의 국방개혁 2.0 추진방향과 고려요소〉, KIDA.

▸ 형혁규, 〈국방개혁 2.0의 평가와 향후과제〉, 국회입법조사처 현안분석(2020).

▸ 대한민국 국방부, 〈국방개혁 2.0〉(2019).

▸ 노석조, 《강한 이스라엘 군대의 비밀》(2018), 메디치미디어 출판사.

▸ "한국판 '탈피오트'…엘리트 R&D 전문장교 처음으로 나왔다", 서울경제, 2020-05-31. https://www.sedaily.com/NewsVIew/1Z2YRK8CM0

• 10장 핵심기술 1등 기업의 킨소시엄 전략

▸ "방위산업 미래 먹거리 사업으로 주목", 철강금속신문, 2019-10-23. https://www.snmnews.com/news/articleView.html?idxno=454140

▸ "한국경제, 코로나 국면서 세계 10위 탈환…첫 9위도 가능?", 연합뉴스, 2021-03-15. https://www.yna.co.kr/view/AKR20210314033200002

▸ "1인당 국민소득 '3만 달러 시대' 개막…'4만 달러' 가는 길은 첩첩산중", 중앙일보, 2018-12-01. https://news.joins.com/article/23172066

▸ "밀리테크 4.0 '300조 시장 빅뱅'", 매일경제, 2019-03-19. https://www.mk.co.kr/news/economy/view/2019/03/165863/

▸ SIPRI "한국, 2014-2018년 세계 무기수출 11위·무기수입 9위", 한국경제, 2019-03-18. https://www.hankyung.com/international/article/201903184235Y

▸ 국민보고대회팀, 〈밀리테크4.0: 기술패권시대, 신성장전략 보고서〉, 매일경제(2019).

▸ 김상훈 외, 〈4차 산업혁명 연관 기술 도입 효과와 관계성 분석〉, 산업연구원(2020).

- KIET(산업연구원) 산업별 기초분석. https://www.kiet.re.kr/kiet_web/?sub_num=723&state=view&idx=7317
- McKinsey Center for Future Mobility, 〈The Future of Mobility Is At Our Doorstep: Compendium 2019/2020〉, McKinsey & Company.
- 〈2021년 산업별 전망〉, Deloitte Insights.
- "5세대 이동통신", 위키백과. https://ko.wikipedia.org/wiki/5%EC%84%B8%EB%8C%80_%EC%9D%B4%EB%8F%99_%ED%86%B5%EC%8B%A0
- "5G", 나무위키. https://namu.wiki/w/5G
- "LTE(전기통신)", 위키백과. https://ko.wikipedia.org/wiki/LTE_(%EC%A0%84%EA%B8%B0%ED%86%B5%EC%8B%A0)
- "[이슈분석]세계 92개 이통사 상용화·개도국 선제 대응…'5G급' 투자 확대", 전자신문, 2020-08-27. https://m.etnews.com/20200827000119
- 주대영, 〈반도체산업의 기초분석〉, 산업연구원.
- "한국, 반도체 재료매출 2위 국가로 성장", 산업일보, 2016-04-12. http://www.kidd.co.kr/news/184949
- "[틴틴경제] 메모리반도체와 시스템반도체 뭐가 다른가요?", 중앙일보, 2013-11-06. https://news.joins.com/article/13058344
- "SK 빅딜로 '코리아 반도체' 점유율↑…세계 시장 이끈다", News1, 2020-10-21. https://www.news1.kr/articles/?4093001
- "SK하이닉스, 인텔 낸드사업 인수…메모리 반도체 글로벌 선두권 도약", 한국경제, 2021-02-15. https://www.hankyung.com/economy/article/2021021568621
- "전기·자율주행 자동차 시대에, 차량용 반도체가 관심을 끌다", Automotive Report, 2015-11-05. http://www.automotivereport.co.kr/news/articleView.html?idxno=774
- "2025년 시스템반도체 규모 374조…'한국, 정책적 지원, 협력관계 필요'-수은 해외경제연구소 '시스템반도체산업 현황 및 전망' 보고서", KITA, 2020-12-24. https://www.kita.net/cmmrcInfo/cmmrcNews/cmmrcNews/cmmrcNewsDetail.do?pageIndex=1&nIndex=61432&sSiteid=1
- "ETRI, 군용 레이더·이동통신용 고출력 전력소자 국산화 길 열었다", 동아사이언스, 2019-12-05. http://dongascience.donga.com/news.php?idx=32817
- "국산화로 한 걸음 나아가는 차세대 반도체 연구개발의 길", ETRI Webzine, vol.144, 2019-12. https://www.etri.re.kr/webzine/20191227/sub01.html
- "미래 무기체계 국산화 '군수용 반도체' 연구 착수", 연합뉴스, 2019-10-02. https://www.yna.co.kr/view/AKR20191002027800063
- "국방 반도체·무기용 소재·부품도 국산화 도전", 조선비즈, 2020-05-29. https://biz.chosun.com/site/data/html_dir/2020/05/29/2020052901667.html
- 전투기 레이더 핵심부품 '에이사 집적회로' 국산화 성공", 조선비즈, 2020-11-24. https://biz.chosun.com/site/data/html_dir/2020/11/24/2020112401110.html
- 김경유, 〈자동차산업의 기초분석〉, 산업연구원.
- 한국자동차산업협회, 〈자동차산업 동향 및 향후 전망〉.
- "현대차, 글로벌 자동차 브랜드가치 '톱 5' 첫 달성", 매일경제, 2020-10-20. https://www.mk.co.kr/news/business/view/2020/10/1073722/
- "[우리나라의 자동차 역사] 상륙 100년 만에 세계 6위 생산국", 대한민국 정책브리핑, 2004-05-12. https://www.korea.kr/news/policyNewsView.do?newsId=65029233

- "대한민국의 자동차 산업", 위키백과. https://ko.wikipedia.org/wiki/%EB%8C%80%ED%95%9C%E
  B%AF%BC%EA%B5%AD%EC%9D%98_%EC%9E%90%EB%8F%99%EC%B0%A8_%EC%82%B0%
  EC%97%85
- "한국의 자동차 역사(上)", Kama web Journal, vol.330, 2016. http://www.kama.or.kr/jsp/webzine/201609/
  pages/story_02.jsp
- "조선업", 나무위키. https://namu.wiki/w/%EC%A1%B0%EC%84%A0%EC%97%85
- "고사 직전까지 간 세계 1위 한국 조선업이 극적으로 회생 성공한 까닭", 1boon, 2019-10-18.
  https://1boon.kakao.com/ziptoss/5da6e319be37dd4ca2eeeba6
- "대우조선 합병위해…현대중공업, 중형사로 LNG선 기술이전", 한국경제, 2021-03-04. https://
  www.hankyung.com/economy/article/2021030493291
- "지역감정으로 번진 KDDX 사업…방사청 국감서도 뜨거운 감자", 조선비즈, 2020-10-20. https://
  biz.chosun.com/site/data/html_dir/2020/10/20/2020102002021.html
- "국내 기술로 개발된 첫 3천t급 잠수함…건조비용만 1조원 들어", 연합뉴스, 2018-09-14. https://
  www.yna.co.kr/view/AKR20180913168000014
- "한국형 원자력 잠수함", 위키백과. https://ko.wikipedia.org/wiki/%ED%95%9C%EA%B5%AD%ED%
  98%95_%EC%9B%90%EC%9E%90%EB%A0%A5_%EC%9E%A0%EC%88%98%ED%95%A8

- 부록 전장의 혁신자
- "Beyond the Battlefield: DARPA's Everyday Tech", DARPAtv, 2018-12-07. https://www.youtube.com/
  watch?v=ka4qqVc5Llg
- DARPA. https://web.archive.org/web/20200115130051/https://www.darpa.mil/
- DARPA, 〈DARPADARPA(Defense Advanced Research Projects Agency): 60 YEARS 1958-2018〉, Faircount
  Media Group(2018).
- "방위고등연구계획국", 위키백과. https://ko.wikipedia.org/wiki/%EB%B0%A9%EC%9C%84%EA%B3
  %A0%EB%93%B1%EC%97%B0%EA%B5%AC%EA%B3%84%ED%9A%8D%EA%B5%AD
- DARPA, 〈DARPA: Creating Technology Breakthroughs and New Capabilities for National
  Security〉(2019).
- "DARPA Completes Key Milestone on Hypersonic Air-breathing Weapons Program", DARPA, 2020-09-
  01. https://www.darpa.mil/news-events/2020-09-01
- "Two hypersonic weapons complete new developmental milestone", DefenseNews, 2020-09-01. https://
  www.defensenews.com/air/2020/09/01/two-hypersonic-weapons-just-completed-a-new-milestone-in-
  development/
- "Meet the LRASM Missile: The US Navy's Latest Real Ship Killer", US Military News, 2020-09-18.
  https://www.youtube.com/watch?v=94EDonUZAyI
- "AGM-158 JASSM(Joint Air-to-Surface Standoff Missile: 합동 공대지 장거리 미사일", 위키백과.
  https://ko.wikipedia.org/wiki/AGM-158_JASSM
- "미국의 순항유도탄 분류", 위키백과. https://ko.wikipedia.org/wiki/%EB%B6%84%EB%A5%98:%E
  B%AF%B8%EA%B5%AD%EC%9D%98_%EC%88%9C%ED%95%AD%EC%9C%A0%EB%8F%84
  ED%83%84
- "Winning the Invisible Fight: The Need for Spectrum Superiority", CSIS, 2016-12-21. https://
  www.csis.org/analysis/winning-invisible-fight-need-spectrum-superiority

- "미래 한국군 정보통신부대 조직 발전 방향에 관한 연구", 합동참모본부 연구보고서, 2020.01
- "미국『전자기 스펙트럼우세 전략서(ESSS)』발간", KIMA Newsletter, 2020-11-04. https://kima.re.kr/3. html?Table=ins_kima_newsletter&section=&mode=view&uid=909?Table=ins_kima_newsletter&s=11
- DoD, 〈Electromagnetic Spectrum Superiority Strategy〉, 2020-10-29.
- "Hand Proprioception and Touch Interfaces (HAPTIX)", DARPA. https://www.darpa.mil/program/hand-proprioception-and-touch-interfaces
- "Prosthesis with neuromorphic multilayered e-dermis perceives touch and pain", Science Robotics, 2018-06-20. https://robotics.sciencemag.org/content/3/19/eaat3818/tab-figures-data
- "질화갈륨", 나무위키. https://namu.wiki/w/%EC%A7%88%ED%99%94%20%EA%B0%88%EB%A5%A8
- "'무어의 법칙' 한계 넘는다", Science Times, 2020-05-08. https://www.sciencetimes.co.kr/news/%EB%AC%B4%EC%96%B4%EC%9D%98-%EB%B2%95%EC%B9%99-%ED%95%9C%EA%B3%84-%EB%84%98%EB%8A%94%EB%8B%A4/
- "'질화갈륨(GaN) 반도체' 중간점검, 기술 경쟁은 계속된다", HelloT, 2020-07-23. http://www.hellot.net/new_hellot/magazine/magazine_read.html?code=202&sub=001&idx=53500
- MIT Media Lab. https://www.media.mit.edu/
- [해외연구소 R&D동향] MIT 미디어랩, IT R&D 동향, 2011-05.
- "상상력의 천국, MIT 미디어랩", Science Times, 2004-09-24. https://www.sciencetimes.co.kr/news/%EC%83%81%EC%83%81%EB%A0%A5%EC%9D%98-%EC%B2%9C%EA%B5%AD-mit-%EB%AF%B8%EB%94%94%EC%96%B4%EB%9E%A9/
- [르포]'상상력 공장' '꿈의 연구소' MIT 미디어랩을 가다…혁신과 열정이 넘치는 현장", 중앙일보, 2017-06-07. https://news.joins.com/article/21645175
- "MIT 미디어랩", 위키백과. https://ko.wikipedia.org/wiki/MIT_%EB%AF%B8%EB%94%94%EC%96%B4_%EB%9E%A9
- [글로벌 리포트]'꿈의 발전소' MIT 미디어 랩", KBS News, 2019-04-20. https://news.kbs.co.kr/news/view.do?ncd=4184661
- Lincoln Laboratory: Massachusetts Institute of Technology. https://www.ll.mit.edu/
- "'미, 軍·學 협력 가속…MIT에 매년 수조원 투자'", 한국경제, 2019-06-24. https://www.hankyung.com/politics/article/2019062431051